DIANFEN GAIXING JISHU JIQI
DUI DIANFEN JIEGOU HE XINGZHI DE YINGXIANG

淀粉改性技术及其对淀粉结构和性质的影响

陈治光 钟海霞 甘国超 著

中国纺织出版社有限公司

图书在版编目（CIP）数据

淀粉改性技术及其对淀粉结构和性质的影响 / 陈治光，钟海霞，甘国超著. -- 北京：中国纺织出版社有限公司，2025.6. -- ISBN 978-7-5229-2718-3

Ⅰ.O636.1

中国国家版本馆 CIP 数据核字第 2025C3U350 号

责任编辑：罗晓莉　国　帅　　责任校对：高　涵
责任印制：王艳丽

中国纺织出版社有限公司出版发行
地址：北京市朝阳区百子湾东里 A407 号楼　邮政编码：100124
销售电话：010—67004422　传真：010—87155801
http://www.c-textilep.com
中国纺织出版社天猫旗舰店
官方微博 http://weibo.com/2119887771
三河市宏盛印务有限公司印刷　各地新华书店经销
2025 年 6 月第 1 版第 1 次印刷
开本：710×1000　1/16　印张：16
字数：253 千字　定价：98.00 元

凡购本书，如有缺页、倒页、脱页，由本社图书营销中心调换

前言

淀粉是自然界中最重要的可再生资源之一，也是人类最主要的能量来源。目前，淀粉已广泛应用于食品、饲料、化工、医疗等各个领域。天然淀粉由于受天然物理化学性质的影响，具有应用局限性，如谷物淀粉的易老化、透明度低、黏度有限等，根茎类淀粉颗粒较大、不稳定、抗性差等。所以天然淀粉已经不能满足现代工业生产的要求。为了适应各种工业应用的发展需要，提高淀粉的各种加工工艺性能，如通过合理变性使淀粉高温稳定性、抗剪切力提高，使淀粉更适用于高温杀菌、机械搅拌、泵的输送，通过变性处理提高淀粉的亲水性、冻融稳定性、透明度、成膜性等，以提高淀粉基食品的品质。另外，淀粉的变性技术不仅改善了天然淀粉的性质，还可以开发其新性质，扩大淀粉的应用范围，如离子凝胶等。目前，淀粉最常用的改性方式是物理及化学改性技术，包括湿热处理、干热处理、韧化处理、超声处理、氧化处理、辐照处理、盐处理等手段。

结构决定性质，性质决定应用。理解淀粉的结构与性质对于推动淀粉精深加工，提高经济效应具有重要意义。本书系统介绍了淀粉的多尺结构（颗粒结构、结晶结构、分子结构等）和理化性质（糊化特性、老化特性、凝胶特性、热学特性等）。此外，还介绍了生物、化学及物理改性手段（包括酶处理、湿热处理、干热处理、韧化处理、超声处理、氧化处理、盐离子处理等）对淀粉多尺结构和理化性质的影响。

全书共十四章节，约25.3万字。陈治光主要负责编写第一章~第五章（约10万字），钟海霞主要负责编写第六章~第十章（约8万字），甘国超负责编写第十一章~第十四章（约7万字）。陈治光负责统筹及后期修订工作。

本书出版得到了攀西特色作物四川省重实验室发展基金（No.SZ22ZZ01）和西昌学院科研项目（No.YBZ202212）的资助。

著者

2025年4月

目 录

绪 论 ·· 1
　第一节　改变淀粉性质的必要性和改性淀粉的应用 ················ 1
　第二节　淀粉改性的方法 ·· 2
　第三节　改性淀粉的应用 ·· 3

模块一　概述

第一章　淀粉的结构与性质 ··· 7
　第一节　淀粉的结构 ··· 7
　第二节　淀粉的性质 ··· 16

第二章　淀粉改性技术概述 ··· 22
　第一节　淀粉改性的必要性与目的 ····································· 22
　第二节　淀粉改性的概念与方法 ·· 24

第三章　淀粉常用的表征手段 ·· 32
　第一节　淀粉颗粒形貌表征 ·· 32
　第二节　光谱分析技术 ·· 38
　第三节　色谱技术 ·· 40
　第四节　核磁共振技术 ·· 42
　第五节　X射线衍射技术 ··· 43
　第六节　热分析技术 ··· 44

模块二　物理改性

第四章　高压处理对淀粉结构、性质的影响 ···························· 49
　第一节　高压对淀粉结构的影响 ·· 49

第二节　高压对淀粉性质的影响 …………………………………… 58
　　第三节　高压改性淀粉的应用 …………………………………… 81

第五章　超声对淀粉结构与功能的影响 …………………………………… 84
　　第一节　超声对淀粉结构的影响 …………………………………… 84
　　第二节　超声波对淀粉性质的影响 ………………………………… 86
　　第三节　超声波改性淀粉的应用 …………………………………… 91

第六章　韧化处理对淀粉分子结构和性质的影响 ………………………… 94
　　第一节　韧化处理对淀粉结构的影响 ……………………………… 96
　　第二节　韧化对淀粉性质的影响 …………………………………… 98
　　第三节　韧化淀粉的应用 ………………………………………… 102

第七章　湿热对淀粉结构和性质的影响 ………………………………… 103
　　第一节　湿热处理对淀粉结构的影响 …………………………… 105
　　第二节　湿热处理对淀粉性质的影响 …………………………… 107
　　第三节　湿热处理淀粉的应用 …………………………………… 116

第八章　干热处理对淀粉结构、性质的影响 …………………………… 120
　　第一节　干热处理对淀粉结构的影响 …………………………… 122
　　第二节　干热处理对淀粉性质的影响 …………………………… 125
　　第三节　干热改性淀粉的应用 …………………………………… 128

第九章　辐照处理对淀粉结构和性质的影响 …………………………… 133
　　第一节　辐照对淀粉结构的影响 ………………………………… 133
　　第二节　辐照处理对淀粉性质的影响 …………………………… 141
　　第三节　辐照改性淀粉的应用 …………………………………… 155

模块三　化学改性

第十章　氧化处理对淀粉的分子结构和物理化学性质的影响 ………… 161
　　第一节　氧化对淀粉结构的影响 ………………………………… 166

第二节　氧化处理对淀粉性质的影响 …………………………… 168
　　第三节　氧化淀粉的应用 ……………………………………… 171

第十一章　盐对淀粉结构、性质的影响 ………………………………… 175
　　第一节　盐对淀粉结构的影响 ………………………………… 175
　　第二节　盐对淀粉性质的影响 ………………………………… 178
　　第三节　离子改性淀粉的应用 ………………………………… 187

第十二章　酸水解对淀粉结构与性质的影响 …………………………… 189
　　第一节　酸水解对淀粉结构的影响 …………………………… 189
　　第二节　酸水解对淀粉性质的影响 …………………………… 196
　　第三节　酸水解淀粉的应用 …………………………………… 199

第十三章　淀粉糊化度对淀粉结构与性质的影响 ……………………… 201
　　第一节　淀粉糊化度对淀粉结构的影响 ……………………… 201
　　第二节　淀粉糊化度对淀粉性质的影响 ……………………… 204
　　第三节　淀粉糊化度改性淀粉的应用 ………………………… 210

模块四　生物改性

第十四章　酶改性对淀粉结构与性质的影响 …………………………… 215
　　第一节　酶法改性的优势 ……………………………………… 215
　　第二节　酶法改性的酶的类型 ………………………………… 216
　　第三节　酶法改性对淀粉结构及性质的影响 ………………… 221
　　第四节　酶法改性淀粉的应用 ………………………………… 242

绪 论

第一节 改变淀粉性质的必要性和改性淀粉的应用

在自然界中淀粉的来源广泛，数量多，可持续再生。天然淀粉由于受其物理化学性质的影响，应用具有局限性，如谷物淀粉的易老化、透明度低、黏度有限等。根茎类淀粉，颗粒较大、不稳定、抗性差等。所以天然淀粉已经不能满足现代工业生产的要求。为了适应各种工业应用的发展需要，淀粉的改性技术是提高淀粉的各种加工工艺性能的重要途径。一方面，改性技术可改善天然淀粉的性质，如通过合理变性使淀粉具有耐高温、抗剪切力，具有较高的稳定性，那么就更适用于高温杀菌、机械搅拌、泵的输送；改性处理使淀粉具有强的亲水性，可以提高冷冻食品的冻融稳定性；改性淀粉在酸性环境下有较高的稳定性，可以作为偏酸性食品的添加剂；改性处理可以提高淀粉透明度和成膜性，可以生产高品质的食品。另一方面，淀粉的改性技术还开发了淀粉的新性质，扩大了淀粉的应用范围。例如，在淀粉软糖、饮料、冷食、面制食品、肉制品以及调味品的生产中，羟乙基淀粉被广泛应用。此外，糊精、冷水可溶淀粉、淀粉磷酸酯、交联淀粉、羧甲基淀粉、羟丙基淀粉及酸改性淀粉等都是常在食品加工工业中使用的改性淀粉。其中交联淀粉具有耐酸、耐热、抗机械剪切力等稳定作用，羧甲基淀粉具有良好的水溶性。因此，根据结构与功能的关系，利用淀粉的结构和理化性质的特点，不断发展淀粉的改性技术可使淀粉具有适应不同需要的性质。改性淀粉的应用不但可以提高产品的观赏性和实用性能，缩减生产成本，提高产量，在新产品开发中占有竞争优势，而且改性淀粉可以保证产品的一致性及延长货架期。综上，淀粉的改性扩大了淀粉的应用范围，提高了淀粉的应用效果。

第二节 淀粉改性的方法

淀粉的改性方法主要有物理改性、化学改性、生物改性（酶法改性）及复合改性四类。

物理改性：通过各种物理技术（如微波技术、γ射线技术、超声波技术）或者仅通过加热、加压使淀粉结构和性质发生变化，产生功能独特和性质优良的改性淀粉。应用这些技术生产的淀粉主要有颗粒态冷水可溶淀粉、辐射处理淀粉、微细化淀粉和预糊化淀粉等。

化学改性：为了符合应用的要求，利用某种化学试剂对天然淀粉进行处理，改变天然淀粉的结构，从而改变它的性质或产生新的性质。根据化学改性后淀粉分子量的变化，改性淀粉主要分为两类，一类是通过合成反应增加淀粉的分子量，如羧甲基淀粉、交联淀粉、酯化淀粉等；另一类是通过分解反应降低分子量，如氧化淀粉、酸解淀粉等。

酶法改性：淀粉在适宜条件下被酶适度水解，从而使淀粉理化性质和形态性质发生改变，以此生产出满足应用需要的淀粉。利用酶水解法生产的改性淀粉主要有多孔淀粉、抗性淀粉、缓慢消化淀粉等。

复合改性：通过同时对淀粉使用两种或两种以上的处理方法进行改性。利用多次化学方法制备的复合改性淀粉主要有氧化交联淀粉、交联酯化淀粉等；利用化学和物理方法相结合的方法制备的复合改性淀粉主要有醚化预糊化淀粉等。复合改性法具有叠加处理效果的作用，这种生产方式使改性淀粉具有更全面的性质。

淀粉是自然界重要的可再生资源，同时是食品加工的主要原料。淀粉加工的实质是改变外界加工条件如温度、压强、离子浓度等，使其宏观性质向生产者需要的方向转变。结构决定性质，性质决定应用。淀粉分子构象是影响淀粉宏观性质的最基础结构特征，研究不同环境下淀粉分子构象变化有助于从纳米级的原子或分子水平，到微米级的颗粒水平，再到宏观性质水平，深入全面理解加工条件对淀粉影响的内在机制，对于提高淀粉产品的加工效率及产品品质具有重要的意义。

第三节 改性淀粉的应用

一、食用性

世界淀粉加工中食品行业占主导地位，对于改性淀粉来说，某些化学物质与淀粉作用，在淀粉分子链中生成的官能团可以提高凝胶在烹饪、混合和冷冻过程中的透明度和稳定性。这些化学物质包括环氧丙烷、乙酸和偏磷酸盐等。它们对淀粉的化学改性产物可以形成特制的亲水胶体，如甜点、冰激凌、布丁、葡萄酒胶等。改性淀粉作为食品质构改性剂被广泛应用在食品工业中，如增稠剂、稳定剂、胶凝剂、黏结剂等，用于布丁、蛋黄酱、汤、酱汁、肉汁、馅饼馅料和沙拉调料，以及制作面条和面团。具有不同功能的改性淀粉正大量应用于食品，满足人们对安全、健康、营养、低脂、生态等方面的需要。

二、非食用性

在淀粉非食用材料中，通常是以淀粉来制备工业化生产实物，如造纸、纸板的黏结剂、纺织品的浆料；提高材料表面和界面性能，如黏合剂和涂层涂饰剂；环保填充和复合材料，如与合成高聚物共混提高其生物可降解性；作为生物转化的原材料，如生物转化乳酸、琥珀酸等用途的工业原料。

显而易见，淀粉不能作为结构材料。主要是因为淀粉 α-糖苷键连接的葡萄糖单元，与 β-糖苷键连接的纤维素相比，可形成分子内的强氢键，导致了淀粉材料的硬脆性，并且其力学性能受到环境湿度和温度的影响，限制了它们在受力构件材料方面的工业应用。因此，淀粉基复合材料的发展需要扬长避短，根据淀粉材料的特点扩展其用途。除了在食用和生物转化化学品上的应用以外，淀粉及改性淀粉材料在淀粉膜、纳米复合材料、黏合剂、吸附材料、包装材料等方面将有重要的发展前景。

模块一 概述

第一章　淀粉的结构与性质

第一节　淀粉的结构

一、颗粒结构

通过光学显微镜、扫描电镜等可发现天然淀粉主要以颗粒形式存在，其颗粒大小和形貌特征根据植物来源不同而体现出明显差异。淀粉颗粒粒径大小在 $0.5\sim120\mu m$，通常情况下，薯类淀粉大于豆类淀粉，豆类淀粉大于谷类淀粉。如图 1-1 所示，颗粒形状包括椭圆形、球形、圆饼形、多角形、扁豆型、切端型以及其他不规则的形状。某些品种的淀粉可同时存在两种形貌的淀粉颗粒，如小麦淀粉存在大颗粒（A 型）和小颗粒（B 型）两种形貌：A 型为圆形，粒径在 $15\sim30\mu m$；B 型为椭圆形，粒径通常为 $2\sim10\mu m$。绝大多数淀粉品种颗粒表面较粗糙。某些淀粉（如马铃薯）颗粒表面存在许多直径为 $10\sim300nm$ 的节点结构，对该节点结构的研究为淀粉小体结构的建立奠定了基础。还有研究者发现某些谷类淀粉颗粒表面存在微孔结构，而在块茎和根茎类淀粉颗粒并未发现类似结构，其直径在 $70\sim100nm$，在许多研究中发现孔道中存在蛋白质和磷脂成分。推测孔道结构是连接颗粒表面与脐点空腔的桥梁，该孔道结构允许淀粉酶及其他小分子化学物质进入淀粉颗粒内部，提供作用位点，使其可直接作用于淀粉内部，改变淀粉的酶解及其他反应的敏感度。

研究发现淀粉的外壳似乎与内部结构组成不同。如通过乙酸体系下略低于淀粉糊化温度处理颗粒后，可以在下层中获得大量还未被破坏的淀粉颗粒外壳，而此时淀粉颗粒结构已不复存在，且内部分子已在外部环境作用下从颗粒中溶出，参与凝胶的形成。因此，推测淀粉颗粒的外壳结构可能比内部组织更加紧密，在受到外力作用时更易于保持原有形貌。如图 1-1

所示，不同品种淀粉颗粒的外壳厚度均都在 1μm 以内，内部中空且几乎无附着物。

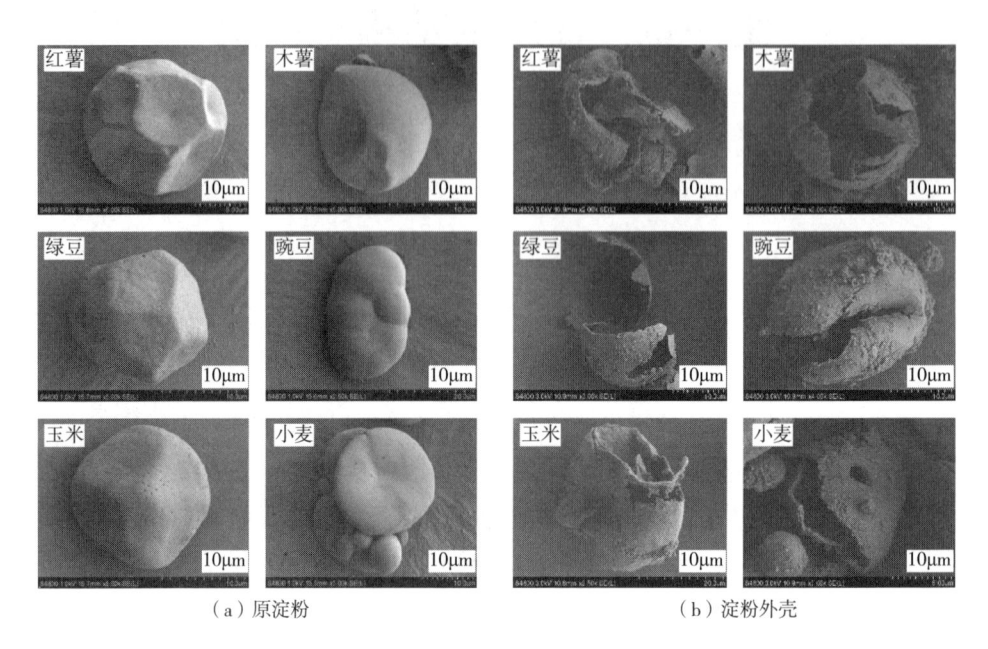

（a）原淀粉　　　　　　　　　　（b）淀粉外壳

图 1-1　原淀粉和淀粉外壳的扫描电镜图

此外，研究表明，淀粉颗粒外壳中直链淀粉含量明显低于内部结构，而平均分子量明显大于内部结构，正是由于外壳中大量的支链淀粉，分子量较大，使其结构相对紧密，有利于保持原有形貌。并且，这种主要由支链分子相互紧密堆叠连接形成的外壳，可能是淀粉抵御酶、酸、热等一系列作用的第一道屏障，一定程度上决定了淀粉的性质。

二、生长环结构

如图 1-2 所示，淀粉的壳层结构又称生长环结构，是围绕着颗粒脐心交替排列的同心环状空间结构，尺寸为 100~400nm，包括无定形区域和半结晶区域，这两种层状结构以淀粉脐点为中心交替出现，其间并无明显的界限，推测其形成与淀粉颗粒的昼夜交替生长存在一定关系。然而，令人惊讶的是，在最近的一项研究中，这一结论并没有得到证实，因为在恒定光照下，小麦淀粉中仍保留着生长环结构。具有较大粒径的淀粉颗粒的生长环较为明显，而粒径较小的淀粉颗粒的生长环不易观察到。

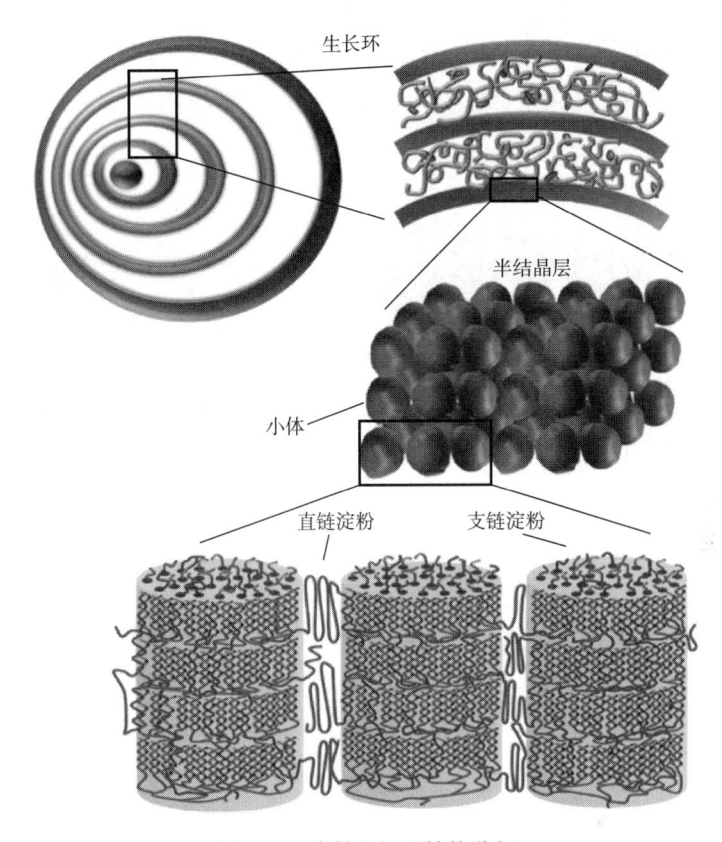

图1-2 淀粉生长环结构分解

淀粉颗粒生长环中半结晶区域是由结晶片层与无定形片层构成，结晶片层被认为是由支链淀粉短枝构成的双股螺旋平行排列形成，通过小角X射线衍射可计算出其重复距离为9~10nm。不同来源的淀粉结晶度不同，一般在15%~45%。根据X射线衍射结果不同，淀粉分为A型、B型、C型及V型四种结晶类型。A型结晶衍射峰在2θ为15°、17°、18°和23°出现；B型结晶衍射峰在2θ为5.6°、17°、22°和24°出现；C型结晶为A型和B型的混合型，和A型相比在5.6°处有一个中强峰，与B型相比，在23°处显示的是一个单峰；V型为糊化后或直链淀粉与脂质、碘、二甲基亚砜互作后形成的特殊衍射峰，主要存在于高直链的淀粉品种中。晶体参数方面，A型淀粉为单斜晶格，B2空间群，晶格参数为$a=2.124$nm、$b=1.172$nm、$c=$

1.069nm、$y=123.58°$，密度为 1.48g/mL，双螺旋体积约为 15nm³，可容纳 8 个结晶水。B 型淀粉为立方晶格，P61 空间群，其晶格参数为 $a=b=$ 1.85nm、$c=1.04$nm、$y=120°$，密度为 1.41g/mL，双螺旋体积约为 26nm³，可容纳 36 个结晶水。由于其晶格参数的不同，A 型结晶相比于 B 型结晶结构更为致密（图 1-3）。

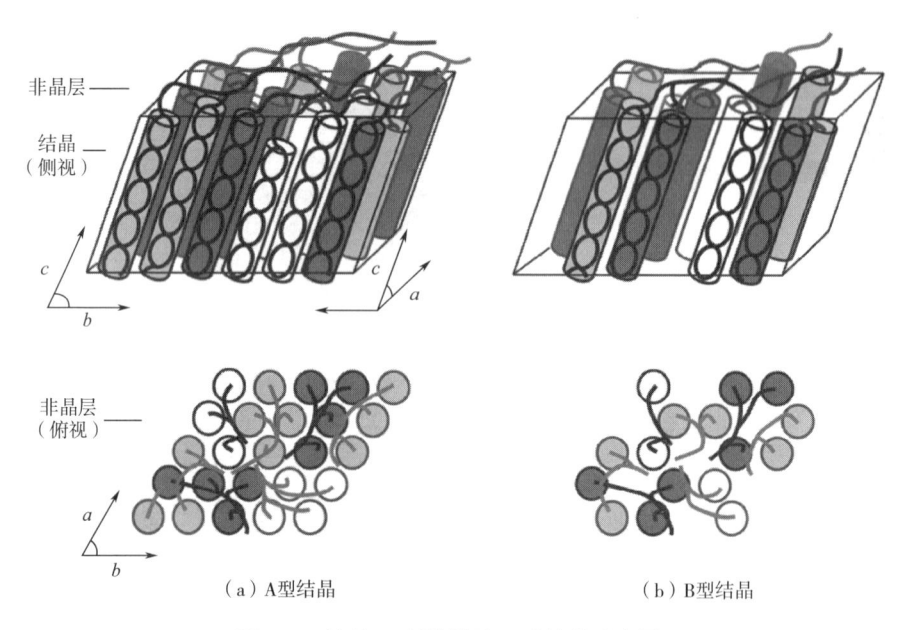

（a）A型结晶　　　　　　　　（b）B型结晶

图 1-3　淀粉 A 型结晶及 B 型结晶示意图

A 型结晶中水分较少同时结构较致密，而 B 型结晶中水分子含量较高且结构更疏松。相比于 A 型结晶，B 型结晶更容易受热处理等外界条件影响。通过热台显微镜和 X 射线衍射分析了淀粉热糊化过程，发现当加热至 70℃时，B 型结晶消失，加热至 75℃时，C 型结晶被破坏，当温度提高至 85℃时，A 型结晶才被破坏，最终形成无定形结构，颗粒完全糊化，说明在热糊化过程中 A 型结晶热稳定性最强，而 B 型结晶热稳定性最差。除了耐热性，山药淀粉中的 A 型结晶比 B 型结晶更耐受酸水解。同样地，研究者们还发现 A 型结晶较 B 型结晶具有更强的碱耐受性，在碱作用下，B 型结晶会先分解，之后 C 型结晶会转变为 A 型结晶。不同的是，B 型结晶虽然热稳定性和酸碱稳定性较弱，但却具有较高的耐高压稳定性，并且这种现象已在多种淀粉品种中发现。然而，导致上述现象出现的原因目前还仅能解释为 A 型结晶与 B 型结晶结构的不同，其具体机制还有待更深入地探索。

三、小体结构

有研究者认为淀粉小体是构成淀粉的最小单元，早在20世纪30年代，研究者通过化学法降解淀粉颗粒时发现其间存在一种天然的稳定小单元，并命名其为小体（blocklets），随着原子力显微镜及扫描电镜的广泛运用也证实了淀粉颗粒中小体的存在。对淀粉小体的理解：可将淀粉颗粒比喻为一个石榴，淀粉外壳相当于石榴皮，内部小体则相当于石榴籽粒。根据淀粉来源不同，小体尺寸大小也存在差异，一般在20~500nm。

淀粉在糊化过程中，颗粒吸水膨胀，内部小体间的排列规则被打破，同时内部壳层结构瓦解；外壳可以认为是包裹在颗粒外部致密的弹簧网状结构，随着颗粒不断吸水膨胀，网状结构发生拉伸和变形，达到一定限度时外壳最薄弱处发生破裂，内部小体大量溢出，同时小体在加热过程中发生膨胀，链伸展并与周围小体连接形成拉丝状、串珠状，体积变大，随着糊化的继续进行，小体间融合最终形成疏松的网络结构，即淀粉凝胶。

目前关于淀粉小体的具体组成、精细结构的报道存在争议。如图1-4所示，研究人员在研究外壳与内部小体的差异时发现，较小的小体分布于淀粉颗粒外层，而较大的小体主要存在于淀粉内部。然而也有研究者认为较大的小体松散地排列在内部，而较小的小体紧密排列形成淀粉颗粒的外层。有研究推测淀粉颗粒内部存在两种小体，一种是由支链淀粉分子构成正常小体，其结构较为紧密，主要存在于结晶区，另一种由直链淀粉分子参与形成的缺陷小体，其结构较为疏松，主要存在于淀粉颗粒的无定形区。由于目前发现的小体尺寸与支链淀粉分子回转半径相近，有不少学者认为小体主要由支链淀粉构成，如研究者通过原子力显微镜比较了普通马铃薯和蜡质马铃薯淀粉颗粒表面的小体特征，结果发现，相比于普通马铃薯淀粉，蜡质马铃薯淀粉颗粒表面小体结构更致密，大小更均匀。他推测该结构致密、大小均匀的小体结构是由支链淀粉侧链组成的。然而有研究者通过碘染色法研究高直链玉米淀粉和蜡质玉米淀粉颗粒表面的小体时却发现，在这两种淀粉颗粒表面的小体上均存在发丝状的碘—直链淀粉复合物，即证明直链淀粉也参与了小体的组成。目前，小体的具体精细结构尚未阐明，团队前期虽已建立了淀粉不完全糊化方法，通过该方法可将淀粉外壳与小体进行分离，紧接着对该法进行了改进，即在不完全糊化后通过微孔膜对上清液进行过滤，提高了小体分离的效率。然而，建立非破坏性的小体分离方法是研究小体精细结构的关键。而迄今为止，并无非破坏性的方法可从淀粉颗粒中分离得到小体，使小体精细结构的研究依然无法实现。

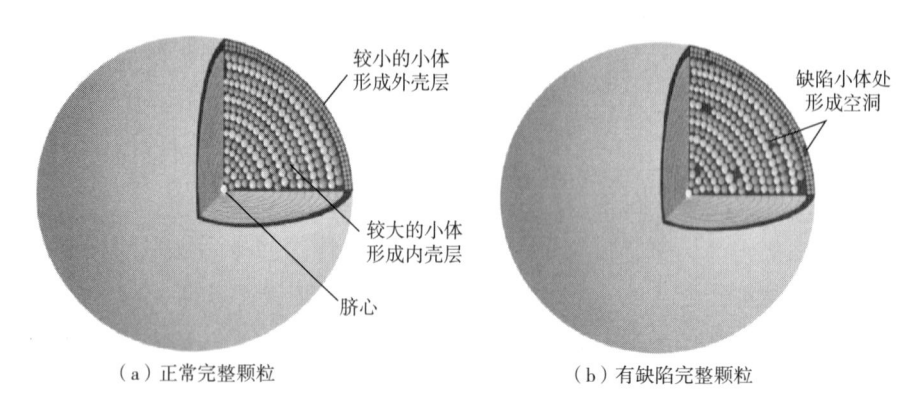

（a）正常完整颗粒　　　　　　（b）有缺陷完整颗粒

图1-4　马铃薯淀粉颗粒小体结构模型图

四、分子结构

直链淀粉分子是由葡萄糖残基通过 α-1,4 糖苷键连接而成，分子量为 $1\times10^5 \sim 1\times10^6$，聚合度在 2000~12000 线性高分子聚合物，其分子量和聚合度主要根据淀粉来源不同而不同。部分直链分子含有少数通过 α-1,6-糖苷键连接而成的分支，分子量越大，分支存在的可能性越高。玉米、大米、小麦等谷物类淀粉的直链分子聚合度分布较窄（DP 为 190~3880），且小分子质量组分（$DP<1000$）占比高达 50%~75%，而马铃薯、木薯、甘薯等块茎类淀粉直链分子的 DP 分布较宽（DP 为 440~9770），其小分子质量组分占比仅 10%~25%。

支链淀粉是在直链淀粉的基础上，通过 α-1,6-糖苷键连接而成的分支，其中包含 5% 左右的分支点，分子量较直链淀粉大，约为 10^8，仅主链上含有一个还原性末端。根据分支链聚合度的不同可将其分为短链（$DP<36$）和长链（$DP>36$）；根据链所在的位置不同可将其分为主链（C链）、侧链（B链）和外链（A链），而根据B链的长度可将其分为B1、B2、B3，目前广泛认同的支链淀粉A:B链比例通常在 0.8~1.5，通常情况下，直链淀粉分子含量占

15%~30%，其余为支链淀粉分子。不同植物的直链/支链淀粉分子比例不同，一些突变株或人工基因工程修饰淀粉品种的支链或直链质量分数甚至可以高达100%。

如图1-5所示，目前关于支链淀粉的结构主要有两种学说，即传统的簇模型（cluster model）和构筑模块骨架模型（building block backbone model），传统的簇模型[图1-5（a）]结晶区域主要由支链淀粉的双螺旋构成，而非晶区域主要由还原性末端以及长支链构成，即B2链可跨越2个簇结构，B3链可跨越3个簇结构。自簇模型提出以来，有许多研究证实了它的合理性，如经酸处理后的淀粉颗粒，大部分无定形区被破坏，而结晶区基本保存下来。对酸处理后的残存颗粒的分子尺寸分布进行研究发现，第一，绝大部分的分支被破坏，糊精部分为DP为13~16的线性分子，这表明分支部分主要集中在无定形区，并与结晶区的支链淀粉短链相连；第二，淀粉颗粒在交叉偏振光下具有的马耳他十字，这表明分子组分在颗粒中呈放射状排列；第三，淀粉颗粒同位生长，因此淀粉成分（至少半结晶环中的支链淀粉）的非还原端必须朝向颗粒的表面。然而随着研究的深入，研究者们发现了许多用簇模型解释不了的现象；如有学者仅在较短的链中发现了周期性，而在较长的链中却未发现，这一现象无法解释B2、B3或主链等较长的链穿越了整个簇结构；此外，按簇模型的预测，分离出的小团簇结构中应仅包含较短的链，因为若要分离出小团簇，长链必须被切断，然而，有学者却在分离的团簇中发现了较多的长链。基于此，构筑模块骨架被提出，构筑模块骨架同簇模型支持结晶区域由支链淀粉双螺旋构成，且其双螺旋可以由两条A链构成，也可通过两条B链构成，还可以由A链和B链共同构成[图1-5（b）]。不同于簇模型的是，其分支方向垂直于主链，且无定形区主要由主链及其他部分较长分支构成。尽管目前已有大量研究都证实了构筑模块骨架模型的合理性，然而，也有学者对此提出了质疑，有学者在对蜡质玉米淀粉和蜡质马铃薯淀粉进行酸水解时发现，剩余的短链的非还原端存在少量的分支。这些分支可能存在于结晶区域未能被酸水解去除，而构筑模块骨架模型并不能直接解释这种分支的存在，而传统簇模型可以解释它们是片层中下一个集群层次的一部分。迄今为止，簇模型和构筑模块骨架模型是两种较为被广泛接受的淀粉结构模型。然而，它们虽然被较为广泛地认同，却也存在一些模型无法解释的现象和实验事实，因此尚存在争议，有待深入研究。

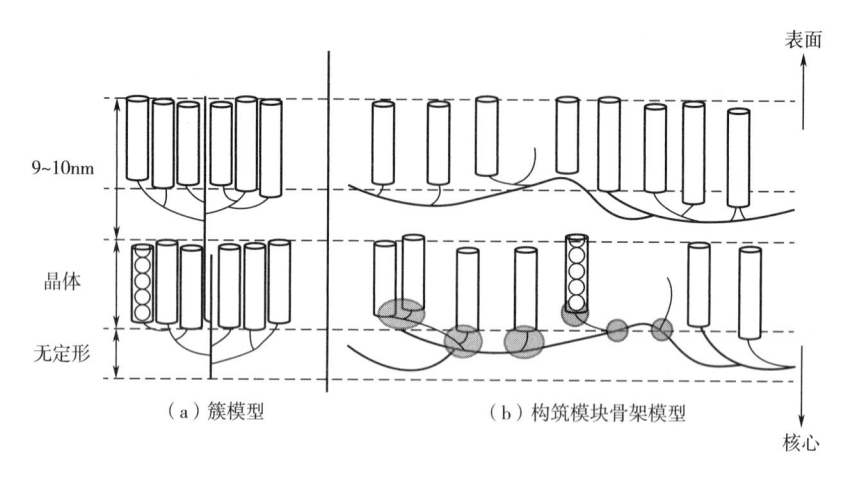

图 1-5　支链淀粉分子的簇模型和构筑模块骨架模型

在直链淀粉方面，探索直链淀粉在淀粉结构形成中的作用，对于理解淀粉的精细结构有着非常重要的意义，然而目前关于直链淀粉到底如何参与淀粉颗粒的形成则是众说纷纭。即使直链淀粉通常被认为在淀粉颗粒中处于非晶形状态，但在颗粒中直链淀粉的实际定位仍然是一个有争议的问题。有研究者通过激光共聚焦显微镜发现马铃薯淀粉中直链淀粉主要存在于淀粉颗粒的外部，而支链淀粉主要存在于内部。同时，当淀粉颗粒在水悬浮液中加热时，根据温度膨胀到不同程度，直链淀粉倾向于从颗粒中浸出。有研究者则认为直链淀粉与支链淀粉并无密切的缠绕、连接，更倾向于自身集中分布在淀粉颗粒外部；也有学者认为直链淀粉位于颗粒内部同时或以束状或单独随机分布在支链淀粉簇的半晶区或无定形区。相反地，有研究发现不同比例的直链淀粉会影响小角 X 射线衍射对小麦淀粉层状结构的分析结果，表明直链淀粉和支链淀粉共同参与了层状堆积，此外，在直链淀粉存在的情况下，颗粒通常会更加稳定，如相对较高的糊化温度和较低的膨胀能力。这一趋势表明直链淀粉起到了稳定剂的作用，并可能延伸穿过片层。因此，有研究者则推测在颗粒中，直链淀粉与支链淀粉是交叉相连的，共同构成了整个淀粉颗粒结构。

五、其他组分

淀粉颗粒是由 α-D-吡喃葡萄糖残基通过 α-1,4 或 α-1,6-糖苷键连接而成的高分子聚合物，并根据一定规律堆砌形成大小不等的颗粒。颗粒中除了绝大多数的碳水化合物外，还包括少量其他如脂类、蛋白质、无机盐离子等组分。这些物质虽然含量相比碳水化合物低许多，但它们对维持淀粉结构和淀粉的性质具有十分重要的意义。

脂质普遍存在于许多谷物淀粉中，约占淀粉干重的0.8%。不同淀粉品种中存在的脂类的种类和数量均不同，如玉米淀粉中存在少量脂肪酸和磷脂，大米淀粉中含有大量脂肪酸和少量磷脂，大麦和小麦淀粉中存在大量磷脂和少量脂肪酸，而马铃薯淀粉中脂类物质含量极低。目前，研究者们广泛认同脂类在淀粉颗粒中是以淀粉分子—脂质络合物的形式存在，即脂质被包裹于直链分子或支链分子的较长侧链的空腔内，并存在于淀粉颗粒的无定形区域中。并且研究者们通过X射线衍射和差示扫描量热仪印证了这种络合物的观点。如在脂质和淀粉互作后，通过X射线衍射发现了在2θ为20°左右的新结晶峰；淀粉颗粒原本存在于差示扫描量热图谱中的一个峰在脱脂处理后消失。根据脂肪酸碳链的长度不同，研究者们推测可能需要2~3圈葡萄糖残基将其完全包裹，每圈6~8个葡萄糖残基。而维持脂质—淀粉络合物的主要作用力可能是范德瓦耳斯力、静电相互作用力或疏水相互作用力。此外，研究者们通过X射线衍射仪与电子能谱仪分析发现淀粉-脂质络合物的形成与稳定性与直链淀粉的链长有着正相关性，即链长越长，络合物形成越多同时越稳定。而通过魔角旋转核磁共振分析发现，淀粉颗粒中并非全部的脂质都会与淀粉分子以络合物的形式存在，其余的脂质是以游离形式存在的，并且根据淀粉品种、直链/支链比，链长分布不同而体现出不同的络合度，通常在10%~60%。

除了脂质，淀粉颗粒中还存在少量的蛋白质，不同品种含量不同，约为0.5%。研究推测，淀粉颗粒中的蛋白质可能主要存在于颗粒表面，对于淀粉颗粒的膨胀有一定的限制作用，同时，颗粒表面蛋白质的存在可能是淀粉外壳和内部组织对外界环境表现出不同抵抗性的重要原因之一。此外，研究者通过对大米、玉米、小麦等多个淀粉品种中的蛋白质研究后发现，颗粒中的蛋白质含量对淀粉的溶解度、膨胀度等有较显著的影响。而将淀粉颗粒中蛋白质脱除后发现淀粉颗粒的结晶度有所降低。然而，由于该实验对照设计较困难，因此是否是脱除蛋白的方法（如酸处理）本身对淀粉颗粒结晶度造成的影响，还是蛋白质对结晶度造成的影响很难清晰判断。另外，对于一些颗粒中存在孔道结构的淀粉品种，研究发现，在这些孔道结构中同样存在大量蛋白质，且通过氨基酸测序分析，发现存在大量的脆性1蛋白。

除了脂质和蛋白质，淀粉颗粒中还存在少量的无机盐离子，如马铃薯淀粉中分别含有1.8%、0.1%、0.14%、0.15%和0.2%的钾、镁、氯、硫和磷。由于表征方法的限制，这些离子的存在位置，具体是如何参与淀粉颗粒结构的维持，对淀粉颗粒性质的影响等尚不完全清楚，还有待进一步研究。

第二节　淀粉的性质

一、吸附性质

淀粉是一种常见的碳水化合物，广泛存在于植物中。它具有特殊的吸附作用，可以吸附许多有机化合物和无机化合物，如水分、颜色、气味等物质。淀粉的吸附作用主要是通过其多孔结构实现的。淀粉分子由大量葡萄糖分子组成，这些葡萄糖分子通过 α-1,4-糖苷键连接在一起，形成直链和分枝结构。这种分支结构使得淀粉具有丰富的孔隙和表面积，使其能够充分接触和吸附其他物质。淀粉的吸附作用在食品工业中有着广泛的应用。例如，在食品加工过程中，淀粉可以吸附水分，增加食品的保湿性和口感。此外，淀粉还可以吸附食品中的色素和气味物质，改善食品的色泽和味道。淀粉还可以用作食品包装材料的吸湿剂，延长食品的保质期。淀粉的吸附作用在环境领域也有着重要的应用。例如，在废水处理过程中，淀粉可以作为吸附剂，吸附废水中的有机物和重金属离子，起到净化水体的作用。此外，淀粉还可以用于土壤修复，吸附土壤中的有害物质，提高土壤的质量。除了以上应用，淀粉的吸附作用还可以在医药领域得到应用。例如，在药物制剂中，淀粉可以作为载体，吸附药物分子，增加药物的稳定性和溶解度。此外，淀粉还可以用于制备人工血管和组织工程材料，吸附体内的细菌和毒素，起到抗菌和解毒的作用。尽管淀粉的吸附作用已经有了广泛的应用，但仍然存在一些挑战和待解决的问题。首先，淀粉的吸附能力有限，对于某些物质的吸附效果不理想。其次，淀粉的吸附速度较慢，需要较长的时间才能达到平衡。最后，淀粉的吸附作用还受到环境条件的影响，如温度、pH等。

为了进一步发展淀粉的吸附作用，可以从以下几个方面进行研究。首先，可以通过改变淀粉的结构和性质，提高其吸附能力和速度。其次，可以结合其他材料，如纳米材料和功能性高分子材料，以提高淀粉的吸附性能。最后，还可以通过优化吸附条件和工艺，提高淀粉的吸附效率和稳定性。淀粉具有独特的吸附作用，在食品、环境和医药等领域有着广泛的应用前景。随着科学技术不断进步，淀粉的吸附作用将会得到更好的理解和应用，为人类的生活和健康创造更多的价值。

二、溶解度与膨胀度

淀粉的溶解度与膨胀度反映淀粉分子与水结合能力的大小，由淀粉颗粒吸水能力及淀粉分子与水分子的结合程度所决定。研究发现，各类淀粉的溶解度与膨胀度均随温度的上升而增大，受淀粉种类、颗粒结构与大小、直链淀粉含量等因素的影响，通常情况下，薯类淀粉的溶解度与膨胀度高于谷类淀粉。研究发现不同品种及不同地区芸豆淀粉的溶解度与膨胀度随温度的升高而增大，但差异不显著，且都小于同等温度下马铃薯淀粉的溶解度与膨胀度。研究指出苦荞和甜荞淀粉的溶解度显著低于马铃薯淀粉。高直链玉米淀粉的溶解度大于普通玉米淀粉及糯玉米淀粉，分析认为淀粉的溶解度由淀粉粒游离出的直链淀粉的量决定，糊化时游离出的直链淀粉越多，溶解度越大；高直链玉米淀粉的膨胀度小于糯玉米淀粉和普通玉米淀粉。淀粉的膨胀度与溶解度由淀粉结构特性决定，受到其他成分（如 NaCl、糖类、脂肪、蛋白质）及酸碱度的影响。研究发现添加 NaCl 或蔗糖能够使小米淀粉的溶解度降低，适度升高 pH 能够升高小米淀粉的溶解度；相同条件下，小米淀粉的溶解度和膨胀度高于小米粉，原因可能是小米粉中淀粉粒被蛋白质、脂肪等大分子包裹，不利于淀粉粒的溶解和膨胀。

三、糊化

将淀粉悬浮液进行加热，淀粉颗粒开始吸水膨胀，达到一定温度后，淀粉颗粒突然迅速膨胀，继续升温，体积可达原来的几十倍甚至数百倍，悬浮液变成半透明的黏稠状胶体溶液，这种现象称为淀粉的糊化。淀粉要完成整个糊化过程，必须要经过三个阶段：即可逆吸水阶段、不可逆吸水阶段和颗粒解体阶段。

1. 可逆吸水阶段

淀粉处在室温条件下，浸泡在冷水中不会发生任何性质的变化。存在于冷水中的淀粉经搅拌后则成为悬浊液，若停止搅拌淀粉颗粒又会慢慢重新下沉。在冷水浸泡的过程中，淀粉颗粒虽然由于吸收少量的水分使得体积略有膨胀，但却未影响到颗粒中的结晶部分，所以淀粉的基本性质并不改变。处在这一阶段的淀粉颗粒，进入颗粒内的水分子可以随着淀粉的重新干燥而将吸入的水分子排出，干燥后仍完全恢复到原来的状态，故这一阶段称为淀粉的可逆吸水阶段。

2. 不可逆吸水阶段

淀粉与水处在受热加温的条件下，水分子开始逐渐进入淀粉颗粒内的结晶区域，这时便出现了不可逆吸水的现象。这是因为外界的温度升高，淀粉分子内的一些化学键变得很不稳定，从而有利于这些键的断裂。随着这些化学键的断裂，淀粉颗粒内结晶区域则由原来排列紧密的状态变为疏松状态，使得淀粉的吸水量迅速增加。淀粉颗粒的体积也由此急剧膨胀，其体积可膨胀到原始体积的 50~100 倍。处在这一阶段的淀粉如果把它重新进行干燥，其水分也不会完全排出而恢复到原来的结构，故称为不可逆吸水阶段。

3. 颗粒解体阶段

淀粉颗粒经过第二阶段的不可逆吸水后，很快进入第三阶段——颗粒解体阶段。因为，这时淀粉所处的环境温度还在继续提高，所以淀粉颗粒仍在继续吸水膨胀。当其体积膨胀到一定限度后，颗粒便出现破裂现象，颗粒内的淀粉分子向各方向伸展扩散，溶出颗粒体外，扩展开来的淀粉分子之间会互相联结、缠绕，形成一个网状的含水胶体。这就是淀粉完成糊化后所表现出来的糊状体。

四、回生

淀粉的回生是指经完全糊化的淀粉在较低温度下自然冷却或缓慢脱水干燥，使在糊化时被破坏的淀粉分子氢键再度结合，分子重新变成有序排列的现象，也叫淀粉的老化。

淀粉的回生可以分为两个阶段：短期回生和长期回生。短期回生主要是由直链淀粉的胶凝有序和结晶所引起，该过程可以在糊化后较短的时间（几小时或十几小时）内完成，发生在淀粉回生的前期；而长期的回生（以天计）则主要是由支链淀粉外侧短链的重结晶所引起，该过程是一个缓慢长期的过程。淀粉的短期回生主要由直链淀粉分子的缠绕有序所引起。作为线性高分子，直链淀粉链内和链间聚合有序的趋势较强，从而使直链淀粉回生（结晶）趋势很强。淀粉的长期回生是指糊化后的淀粉凝胶在储藏过程中会逐步变硬、发脆，凝胶的保水能力逐步变差，这主要是由于支链淀粉分子外部短链缓慢结晶所引起的淀粉长期回生所致。淀粉的长期回生是引起食品品质劣变的主要因素。其主要原因是支链淀粉的老化速率慢，是个长期的过程；其次是支链淀粉分子结晶熔融温度约为60℃易于回生，但其回生后的食品加热至60℃之后可以消除由支链淀粉引起的回生老化现象。

淀粉回生作用与淀粉的种类、直链淀粉与支链淀粉含量之比、支链淀粉侧链的链长、糊化淀粉冷却储藏温度等因素有关。不同种类淀粉回生速率不同，研究表明，短期回生速率为玉米淀粉>马铃薯淀粉>大米淀粉>小麦淀粉；长期回生速率为马铃薯淀粉>玉米淀粉>大米淀粉>小麦淀粉。直链淀粉与支链淀粉含量之比也是影响回生速率的因素之一，在淀粉糊中，直链淀粉分子链易于取向凝沉；而支链淀粉则主要取决于侧链的长短，并在局部形成结晶区。因而高直链玉米淀粉较糯玉米淀粉和糯米淀粉易于回生老化。此外，回生速率还受到支链淀粉侧链的链长的影响，研究发现支链淀粉侧链葡萄糖单元聚合度 $DP<6$~9 或者 $DP>25$，淀粉回生速率较低；若 DP 在 12~22，淀粉回生焓则显著增加。这主要归因于淀粉形成双螺旋所需最低葡萄糖聚合度 DP 为6，若 DP 过高，分子迁移阻力增加，也不利于支链淀粉侧链取向重排。淀粉冷却储藏温度也会影响淀粉的回生速率，在4℃条件下，淀粉回生有最大的晶体成核速率；在25℃条件下更有利于淀粉重结晶晶体增长；在4~25℃之间变温储藏则抑制淀粉回生过程并显著提高淀粉的慢消化性。

五、热焓特性

淀粉的热焓特性一般采用差示扫描量热仪（differential scanning calorimetry，DSC）来测定，反映淀粉在糊化吸热过程中热力学变化的情况。DSC是通过测定淀粉样品在糊化过程中吸收的热量，主要得到淀粉样品糊化的起始温度、峰值温度、终止温度及热焓值四个参数值，分别用 T_o、T_p、T_c 和 ΔH 来表示。热焓值的大小即为淀粉糊化所需的热量大小，反映了淀粉糊化的难易程度。淀粉的热焓特性主要与淀粉种类、颗粒大小和直链分子与支链分子比例等因素有关。

六、淀粉糊透明度

透明度反映淀粉糊与水结合的能力，是淀粉糊的重要特征，影响其加工品质及感官特性，一般用透光率表示。不同品种的淀粉糊透明度不同，此外淀粉糊透明度还受到淀粉分子分支特性、添加剂、颗粒大小、储存时间等因素的影响。淀粉糊透明度一般用透光率来表征，透光率越高表示淀粉糊的透明度越好，加工后淀粉产品的亮度越高。有研究报道了不同品种芸豆淀粉糊透光率，结果表明芸豆淀粉糊透光率明显小于马铃薯淀粉，几种芸豆淀粉糊透明度中，红芸豆淀粉糊透明度较高，小红芸豆最低，花芸豆淀粉的透光率与玉米相近。此外，研究发现土豆、红薯、绿豆、玉米、小麦等几种淀粉的透明度，土豆淀粉的透明度最高，说明土豆淀粉与水结合能力最强，分析原因可能是由于土豆淀粉粒径较大，结构比较松散；几种淀粉中，小麦淀粉的透明度最低，红薯淀粉略低于土豆淀粉，玉米淀粉透明度率高于小麦淀粉。当 NaCl 的添加量小于 1% 时，能够降低马铃薯、玉米、葛根淀粉的透明度，NaCl 的添加量大于 1% 时，继续降低的程度不明显。适度机械活化也能提高淀粉的透明度，通过机械活化（30℃）将木薯淀粉的透明度提高至 62.9%。研究表明青稞淀粉透光率随着放置时间的延长而降低。

七、淀粉糊冻融稳定性

淀粉作为常用的增稠剂和凝胶剂广泛用于食品工业中，以改善食品的质构特性。食品在反复的冻融循环过程中淀粉分子重新组合，产生凝沉，水分从淀粉中析出，甚至会形成海绵状结构，进而影响食品的感官特性和货架期。淀粉在冷冻和解冻过程中承受引起负面物理变化的能力就是淀粉的冻融稳定性。宏观上反复冻融后淀粉凝胶会发生脱水缩合现象，因此常用析水率作为评价淀粉凝胶冻融稳定性的指标，即外力作用下一定量淀粉凝胶析出水分的量。淀粉凝胶的冻融稳定性受冻结速率、淀粉结构与种类、凝胶体系中的其他成分以及添加剂的影响。速冻过程使淀粉凝胶从橡胶态快速转变为玻璃态，避免凝胶体系长期处于利于淀粉分子形成晶核的橡胶态，减弱淀粉分子的聚集回生，因此冻结速率越快，淀粉的析水率越小。不同品种、产地的淀粉结构不同，冻融稳定性差异很大，一般认为直链淀粉含量越高的淀粉冻融稳定性越差。研究发现，直链淀粉的含量与淀粉在 1 次冻融时的析水率以及 1 次冻融、3 次冻融和 5 次冻融时的回生率均呈显著的正相关，且冻融过程增加了抗性淀粉的含量；而支链淀粉含量与淀粉 1 次冻融、3 次冻融和 5 次冻融时的回生率呈现显著的负相关。有报道认为某些亲水胶体可以改善淀粉的冻融稳定性，但机理各不相同，如海藻酸钠作为一种强电解质，添加后使水分难以形成冰晶，并能够与淀粉竞争水分，从而抑制淀粉的回生；黄原胶则能够作用于直链淀粉，抑制直链淀粉的聚集；瓜尔胶通过提高体系黏度，减小冰晶形成速率和尺寸，以增强淀粉的冻融稳定性。

八、淀粉糊凝沉性

淀粉的凝沉主要表现在颗粒沉淀、形成胶体、淀粉糊浑浊以及析水收缩等现象，淀粉的凝沉在很大程度上限制了淀粉在食品领域的应用。淀粉的凝沉是个复杂的过程，与淀粉种类、分子大小、颗粒结构、淀粉链长分布、直链淀粉和支淀粉的比率、脂类和蛋白质含量有关，另外还受到温度、pH、水分、灰分、添加剂等因素的影响。单一的研究手段不能够全面了解凝沉时淀粉的宏观和微观变化，需要综合运用 DSC、流变仪法、X 射线衍射法、核磁共振法、红外和拉曼光谱法等方法对淀粉凝沉进行系统的研究。研究者比较了小麦、木薯、玉米、红薯、高粱、藕粉、马铃薯、绿豆、荞麦、糯米等 10 种淀粉糊的凝沉性，结果发现相对于其他类淀粉，薯类淀粉类的淀粉糊具有更低的凝沉比。

参考文献

[1] 田翠华. 莲藕淀粉特性的研究 [D]. 武汉：华中农业大学，2005.

[2] 田晓红，谭斌，谭洪卓. 20 种高粱淀粉特性 [J]. 食品科学，2010（15）：8.

[3] 高金锋. 不同生态区红花甜荞淀粉理化性质研究 [D]. 咸阳：西北农林科技大学，2014.

[4] 晁桂梅. 品种及栽培环境对糜子淀粉理化性质影响研究 [D]. 咸阳：西北农林科技大学，2016.

[5] 陈治光. 不同条件下淀粉分子构象及次级相互作用力的变化研究 [D]. 西安：陕西科技大学，2021.

[6] 刘华玲. 淀粉与改性淀粉表征的研究进展 [J]. 粮食加工，2023（5）：48.

第二章 淀粉改性技术概述

第一节 淀粉改性的必要性与目的

一、淀粉改性的必要性

淀粉存在于多种植物器官中,是最丰富的天然聚合物之一。广泛应用于食品、医药、造纸等行业中。淀粉是由直链淀粉和支链淀粉组成,其比例与淀粉来源有关。

直链淀粉是由葡萄糖单位通过 α-1,4-糖苷键连接而成的线性多糖,平均占淀粉组成的 20%~30%。支链淀粉是多支链大分子组分,具有额外的 α-1,6-糖苷链,占淀粉组成的 70%~80%。淀粉中直链淀粉和支链淀粉的含量及其淀粉颗粒的结构,直接影响其理化特征进而影响其利用价值。由于大多数的天然淀粉自身不具备良好的可利用特性,从而限制了其应用范围,因此通过淀粉改性,改变淀粉的结构和理化性质从而拓宽其应用范围具有重要的意义。原淀粉的局限性主要表现在以下几方面:

①口感差、凝胶不稳定。淀粉具有形成凝胶的能力,不同的淀粉其形成凝胶的能力存在一定的差异。一般直链淀粉含量高,凝胶形成能力强。淀粉凝胶的强度和稳定性对产品风味的形成和结构有影响,而原淀粉形成的凝胶容易析水,稳定性差。

②黏度不稳定。这体现在以下几个方面:一是不同的植物来源、不同地域淀粉黏度不一致;二是淀粉糊达到糊化温度后黏度急剧下降,无法控制;三是存在剪切稀化效应,机械力、低 pH、高温作用后黏度下降。

③稳定性差、易老化。原淀粉经加热后,形成淀粉糊,但是其形成的淀粉糊稳定性很差,在冷却过程中依淀粉的种类和来源会发生不同程度的老化现象,尤其在冷藏过程中更为明显。淀粉老化后会导致食品脱水收缩、品质

劣变。

④溶解性、分散性差。原淀粉颗粒具有流动性和排水性，在冷水中不溶解、不膨胀、无黏性。这使其在食品中很难达到充分的溶解、分散状态。

⑤糊的透明度差。不同原淀粉糊的透明度存在差异。一般来讲，玉米、小麦等谷物淀粉糊的透明性差；而根茎类淀粉，如马铃薯则具有相对较好的透明度。在将淀粉应用于如水果馅和凝胶剂等需要较高透明度的食品中时，则必须对其进行相应的改性处理，以提高其透明度。

原淀粉上述性质的局限性，使其在食品及其他工业中的应用受到很大限制，因此必须采用不同的技术手段对淀粉进行改性处理，以拓宽其应用领域。

二、淀粉改性的目的

淀粉改性的目的主要是改善原淀粉的加工性能和营养价值，一般可从以下几个方面考虑。

①改善蒸煮特性。通过变性改变原淀粉的蒸煮特性，降低淀粉的糊化温度，提高其增稠及质构调整的能力。

②延缓老化。采用稳定化技术，在淀粉分子上引入取代基团，通过空间位阻或离子作用，阻碍淀粉分子间以氢键形成的缩合，提高其稳定性，从而延缓老化。

③增加糊的稳定性。高温杀菌、机械搅拌、泵送原料、酸性环境都容易造成原淀粉分子分解或剪切稀化现象，使淀粉黏度下降，失去增稠、稳定及质构调整作用。在冷冻食品中应用时，温度波动容易使淀粉糊析水，从而导致产品品质下降。要保证淀粉在上述条件下能正常应用，则需对淀粉进行交联变性或稳定化处理，提高其稳定性。

④改善糊及凝胶的透明性及光泽。淀粉在一些凝胶类及奶油类食品中应用时，要求其具有良好的凝胶透明性及光泽，一般可通过对淀粉进行酯化或醚化处理。典型的例子就是羟乙基淀粉。羟乙基淀粉作为水果馅饼的馅料效果非常好，因为其透明度高，从而使产品具有较好的视觉吸引力。

⑤引入疏水基团，提高乳化性。构成淀粉分子的葡萄糖单体具有较多的羟基，具有一定的水合能力，可结合一定量的自由水。但其对疏水性物质没有亲和力，通过在其分子中引入疏水基团来实现，如在分子上引入丁二酸酐，

使其具有亲水性、亲油性，而具有一定的乳化能力。

⑥提高淀粉的营养特性。淀粉本身具有营养性，是食品中主要的供能物质之一。但其具有较高的热量，对于一些特定人群如糖尿病人、肥胖患者及高脂血症患者等，则不适合大量长期作为主食。这样可通过对淀粉进行物理或酶改性制备低能量的改性淀粉制品（抗性淀粉、缓慢消化淀粉等），以满足上述人群的营养需求，同时对健康人群也具有良好的保健功能。

第二节 淀粉改性的概念与方法

一、淀粉改性的概念

淀粉的改性是指利用物理、化学和酶的手段作用于天然淀粉颗粒，通过改变或者优化其原有理化特性，以扩大其利用范围。目前改性淀粉的改性方法大致包括化学改性、物理改性、酶改性及复合改性4种。

二、淀粉改性方法的分类

1. 物理改性

淀粉的物理改性是指通过热、机械力、物理场等物理手段对淀粉进行改性，物理改性淀粉改善了原淀粉的性能，而且不会引入有害的化学物质，进一步拓宽了其应用范围。淀粉的物理改性方式主要有湿热处理、韧化处理、超高压处理、超声波处理、辐照处理、等离子体处理、球磨处理及挤压处理等。

（1）湿热改性技术

湿热处理通常是将水分含量限制在10%~30%的范围内，在高温（90~120℃）下加热15min到16h的时间。湿热处理是一种既能保持淀粉颗粒结构完整，又能改变淀粉理化性质的物理改性方法。

（2）韧化改性技术

韧化过程通常是指在过量水分（65%）或平衡水分（40%~55%），温度高于玻璃化温度低于糊化起始温度的条件下处理一段时间。韧化处理也是一种能保持淀粉颗粒结构完整但又能改变淀粉理化性质的物理改性方法。韧化处理中的水分含量、处理温度、贮存条件（温度和时间）、干燥温度、粉碎目数等对缓慢消化淀粉含量有不同程度的影响。不同植物来源淀粉的韧化处理条件见表 2-1。

表 2-1　不同植物来源淀粉的韧化处理条件

淀粉来源	晶型	温度/℃	时间/h	水分含量/%
大米	A	55	16	57.5
		55	12	75
马铃薯	B	55	24	75
		55	48	75
豌豆	C	50	12	25
		55	12	25

（3）球磨改性技术

球磨改性技术是一种对淀粉进行物理改性的有效手段，其原理是利用研磨体的冲击作用以及研磨体与球磨内壁的研磨作用对淀粉进行机械粉碎、活化等。

（4）等离子体改性技术

等离子体是由电子、自由基、离子（正和负）、激发态原子、中性原子和紫外—可见辐射组成的第四种物质状态。等离子体技术作为一种新型非热处理技术，已被广泛应用于食品加工研究中。其改性作用主要有解聚、交联和蚀刻等。等离子体技术具有低能耗、污染小、短时、高效等优点。

（5）超高压改性技术

超高压技术一般是指使用 100MPa 以上（100~1000MPa）的压力处理气体或液体，高压技术在整个处理过程中使用均匀的压力。淀粉经高压处理后，结晶区和无定性序列都有不同程度的变化，从而引起其性质的改变。

（6）超声波改性技术

超声波是一种声波，通常频率范围为 $2\times10^4 \sim 2\times10^9$ Hz。超声波在液体内的作用主要来自超声波的热作用、机械作用和空化作用。超声波对淀粉的改性机理在于使得淀粉分子链断裂进而降低淀粉分子量，以及减小淀粉颗粒粒径。

（7）辐照改性技术

辐射技术就是利用物体以电磁波形式不断向外传送热量的特点，采用特性波长、强度的电磁波或射线向目标对象进行照射处理。能够使目标物质直接发生电离效应的称为电离辐射，间接造成电离效应的称为非电离辐射。辐射技术在改性淀粉材料中的应用主要有 γ 射线辐射改性、微波辐射改性、紫外辐射改性。

（8）挤压改性技术

挤压加工技术是集混合、搅拌、破碎、加热、蒸煮、杀菌、膨化以及成型等过程为一体的高新技术，具有效益高、能耗低、无污染等特点，广泛应用于食品和饲料工业。食品挤压加工就是将食品物料经过粉碎、调湿和混合处理后，利用挤压机内的机械作用使其通过固定的模头，形成一定形状和组织的产品的过程。

2. 化学改性

淀粉的化学改性主要是通过添加化学添加剂，使淀粉和化学试剂进行反应，产生结构变化从而影响其性质。总体上化学改性淀粉可分为两大类，一类是改性后淀粉的分子量降低，如酸解淀粉、氧化淀粉等；另一类是改性后淀粉分子量增加，如交联淀粉、酯化淀粉、羧甲基淀粉等。

（1）交联

交联处理是一种重要的淀粉化学改性方法，通过引入双官能团或多官能团试剂，与颗粒中两个不同淀粉分子中的羟基发生反应，形成醚化或酯化键而交联起来。新形成的化学键加强了原来存在的氢键的结合作用，从而延缓了颗粒膨胀的速率，降低了膨胀颗粒破裂的程度。交联处理后的淀粉，糊黏度增高，具有耐酸、耐高温、耐剪切力的作用。淀粉交联改性常用的交联剂有三氯氧磷、三偏磷酸钠及环氧氯丙烷三种。

（2）稳定化

稳定化法是另一种重要的改性方法，常与交联联合应用。稳定化法主要的目的是阻止老化，从而延长产品货架期。在这种改性中，在淀粉颗粒的分子中引入较大的基团，形成空间位阻，使淀粉的糊化温度降低，黏度增大，糊透明度增加，老化程度降低，抗冷冻性能提高。利用稳定化技术制备的淀粉包括醚化淀粉和酯化淀粉。

（3）转化

淀粉的转化包括酸变性、氧化和糊精化。其中糊精化主要属于物理变性范畴。这里主要介绍前两种转化方法。

酸变性主要依靠 α-1,4-和 α-1,6-糖苷键水解,而不是依靠—OH 基团的化学反应。酸变性淀粉是在淀粉的糊化温度以下,用盐酸或硫酸（0.1~0.2mol/L）在 30~45℃处理淀粉乳［约40%（质量浓度)]得到的。形成的酸变性淀粉所需时间以产品的最终用途来决定,在制备过程中要检测产品的黏度,以便决定何时这一批产品符合指标要求。达到预定要求的混合物用无水碳酸钠中和,产品经过分离、洗涤和干燥得到成品。酸变性淀粉的糊黏度远低于未改变的淀粉,透明度高。在软甜食制造中应用广泛,例如果冻和婴儿甜食。

氧化淀粉的生产主要应用碱性次氯酸钠。通过氧化反应生成羧基（—COOH）和羰基（C＝O）,生成量和相对比例因反应条件不同而存在一定差异。氧化反应主要发生在淀粉颗粒的不定形区,氧化后淀粉原有的结晶结构变化不大,颗粒仍保持原有的偏光十字和 X 射线衍射图谱。氧化淀粉颜色洁白、糊化温度降低、热糊黏度低、透明度高。氧化淀粉在食品工业中主要用于汤和酱类、罐装水果、快餐、糖果、涂膜和挤压小吃食品中。

（4）亲脂取代

淀粉的亲水性使它有与水互相作用的倾向,通过亲脂取代可转换成亲水—疏水二重性。这对于稳定物质间（如油和水间）反应有特别的作用。为了得到这种性质,对已经具有亲水性的淀粉必须引入亲油性基团。辛烯基琥珀酸酯基含有 8 碳的链,提供了脂肪模拟物的特性。淀粉辛烯基琥珀酸酯可稳定乳浊液的油—水界面。淀粉的葡萄糖部分固定住水,而亲油的辛烯基固定住油。该类改性淀粉主要用于调味品和饮料。淀粉化学改性方法、作用效果及典型用途可见表 2-2。

表 2-2 淀粉化学改性方法、作用效果及典型用途

改性方法	作用效果	典型用途
交联	改善加工过程中对热、酸和剪切的承受力	汤、调味汁、肉汁、烘焙食品、奶制品、冷冻食品
稳定化	很好的冷藏和冻融稳定性,延长了货架期	冷藏食品、乳化稳定剂、布丁、糖果、快餐、熟肉制品、土豆泥、面条、烘焙食品、烘焙馅料、快餐食品
亲脂取代	改善任何含油/脂肪产品品质的乳浊液稳定性,防止氧化以降低腐败	饮料、色拉调味品

续表

改性方法	作用效果	典型用途
转化	降低淀粉的分子量，降低体系黏度，提高透明度，降低糊化温度	果冻、婴儿甜食、酱类、罐装水果、快餐、糖果、涂抹、挤压等食品

3. 酶改性

淀粉生物酶改性主要利用单一酶或复合酶通过不同靶向和特定反应对天然淀粉实现改性，改变淀粉颗粒的内部结构。目前常用淀粉酶包括 α-淀粉酶、β-淀粉酶、淀粉蔗糖酶、环糊精糖基转移酶、分支酶、去支链酶等。

(1) α-淀粉酶

α-淀粉酶（α-amylase）又称液化型淀粉。α-淀粉酶属于内切型淀粉酶，作用于淀粉时，随机地从淀粉分子内部切开 α-1,4-糖苷键，使淀粉分子迅速降解，淀粉糊黏度降低，与碘呈色反应消失，水解产物的还原力增加，一般称为液化作用。α-淀粉酶能水解任意的 α-1,4-糖苷键，但不能水解淀粉分支点的 α-1,6-糖苷键，也不能水解分支点附近的 α-1,4-糖苷键。因此，经 α-淀粉酶作用后的产物包括麦芽糖、葡萄糖及一系列 α-极限糊精。

(2) β-淀粉酶

β-淀粉酶（β-amylase）也称糖化淀粉酶或麦芽糖苷酶，是一种催化淀粉水解生成麦芽糖的淀粉酶。β-淀粉酶属于外切型淀粉酶，作用于淀粉时，从淀粉的非还原端依次切开 α-1,4 糖苷键，生成麦芽糖，同时将 C_1 的光学构型由 α-型转变为 β-型，故称 β-淀粉酶。

β-淀粉酶不能水解淀粉分子中的 α-1,6-糖苷键，也不能跨过分支点继续水解，故水解支链淀粉是不完全的。

(3) 葡萄糖淀粉酶

葡萄糖淀粉酶（glucoamylase 或 amyloglucosidase，AMG）也称糖化酶，是一种催化淀粉水解生成葡萄糖的淀粉酶。AMG 是一种外切型淀粉酶，它从淀粉分子非还原端逐个地将葡萄糖单位水解下来。它不仅能够水解 α-1,4-糖苷键而且能够水解 α-1,6-糖苷键和 α-1,3-糖苷键，但它水解这三种糖苷键的速度是不同的。

(4) 脱支酶

脱支酶（debranching enzyme）能催化水解支链淀粉、糖原及相关的大分子化合物（如糖原经 α-淀粉酶或 β-淀粉酶作用后所生成的极限糊精）中的 α-1,6-糖苷键，生成产物为直链淀粉和糊精。根据脱支酶的作用方式，可将其分为直接脱支酶和间接脱支酶两大类，前者可水解未经改性的支链淀粉或糖原中的 α-1,6-糖苷键，而间接脱支酶只能作用于已由其他酶改性的支链淀粉或糖原。根据对底物的专一性不同，直接脱支酶又可分为普鲁兰酶和异淀粉酶两种。

（5）环糊精葡萄糖基转移酶

环糊精葡萄糖基转移酶（cyclodextrin glycosyltransferase，CGT）又称环糊精生成酶。由于该酶最初是从软化芽孢杆菌中发现的，所以也称为软化芽孢杆菌淀粉酶。CGT 能催化聚合度为 6 以上的直链淀粉生成环状糊精（CD）。不同来源的酶催化生成的环状糊精有所不同。

（6）其他酶类

在淀粉的酶法改性过程中，除了以上介绍的一些淀粉酶外，还出现了一些新型的淀粉酶，如葡萄糖异构酶、α-葡萄糖基转移酶、麦芽低聚糖生成酶、生淀粉颗粒降解酶等。

4. 复合改性

淀粉的复合改性是指采用两种或两种以上的方法进行改性。可以是多次化学改性制备的复合改性淀粉，如氧化—交联淀粉、交联—酯化淀粉等，也可以是物理改性和化学改性相结合制备的改性淀粉，如醚化—预糊化淀粉等。采用复合改性得到的改性淀粉具有每种改性淀粉各自的优点。复合改性淀粉主要有两种，一种是多元改性淀粉，另一种是共混改性淀粉。

（1）多元改性淀粉

多元改性淀粉主要包括阳离子—氧化淀粉、阳离子—磷酸酯淀粉、交联—氧化淀粉、交联醋酸酯淀粉、酯化—氧化淀粉、交联—羧甲基淀粉等近十个品种。这些品种已工业化生产，并已较大量供应造纸、纺织、食品、建材等行业。多元改性对淀粉性质的影响主要体现在以下几个方面。

①原淀粉性质的影响。目前多元改性淀粉都是以单一的原淀粉为原料进行生产，如木薯阳离子氧化淀粉或玉米两性淀粉等，这导致改性后的淀粉还带有原淀粉的某些特性。

②改性程度的影响。例如，作为造纸表面施胶剂的阳离子—氧化淀粉，其阳离子淀粉的取代度应选择多少；氧化淀粉的氧化度应取多少，当前后出

现矛盾时，应以哪一项指标为主。

③改性顺序的影响。最终的使用效果，决定多元改性工艺顺序，如阳离子—氧化淀粉，是先醚化后氧化，还是先氧化后醚化。

以上三点，关系到最终目标的实现、工艺的合理性以及生产消耗指标的合理性

（2）共混改性淀粉

①不同原淀粉生产的同一品种的改性定粉按一定的比例复合。例如，以长米阳离子淀粉和木薯阳离子淀粉的复合，这类产品克服掉因原料淀粉性能的差异带来的改性淀粉性能差异。

②一种原淀粉生产的不同品种的改性淀粉，按一定的比例复合。例如，木薯酯化淀粉和木薯交联淀粉复合，这类产品在充分考虑原淀粉性能的基础上充分利用酯化淀粉和交联淀粉的各自优点做到在性能上取长补短，达到较理想的目的。

③不同原淀粉生产的不同品种的改性淀粉按比例复合。例如，玉米交联淀粉和木薯氧化淀粉复合，这类产品既考虑到原淀粉性能的差异，又考虑到不同的品种改性淀粉性能的差异，使产品的综合性能达到完美的程度。

三、改性淀粉的应用

新型淀粉改性技术的出现显著改善了天然淀粉的性能缺陷，使其更适用于实际应用，成为食品、医药、造纸、建筑工业中改进加工工艺、提高产品性能、降低生产成本的低成本原辅料之一。

1. 食品行业

淀粉是人类摄取热量的主要来源，也是加工食品的重要工业添加剂。天然淀粉抗剪切能力弱，耐热性差，易热降解，易变质，在部分工业食品中应用有限。食品工业一般采用物理方法进行淀粉改性，改性淀粉常用于烘焙食品、糖果产品、乳制品、酱汁/肉汁、面糊以及肉制品等。

（1）类固体食品添加剂

改性淀粉可用作固体食品添加剂来增强产品的质地，满足特定食品要求，如煮熟面条的抗再生和新鲜面条的高持水。有研究报道了交联型糯玉米淀粉部分替代小麦淀粉对非油炸方便面的影响，应用交联型糯玉米淀粉使方便面质地更加柔软，外观呈现鲜艳的黄色，因此，交联型糯玉米淀粉可部分替代

小麦粉用于生面加工。此外，将预糊化淀粉加入面团，改变了面团的醒发体积，调控其品质。

（2）流体食品添加剂

改性淀粉可用作流体类食品稳定剂，以控制汤、酱汁、液体饮料等的均匀性、稳定性和质地，可提高产品保质期。有研究报道将添加普鲁兰酶和淀粉糖苷酶改性淀粉的饮料与天然木薯淀粉及非添加淀粉饮料进行比较，结果表明经酶改性的淀粉饮料的黏度最高，水解率最低，且与非添加淀粉饮料相比，酶改性淀粉饮料更受欢迎。

2. 制药行业

由于淀粉具有优异的生物相容性、较高的生物降解性，且价廉无毒，因此被广泛应用于生物医用领域。药物配方组成中淀粉主要用作固体制剂，其具有稀释剂、黏结剂、崩解剂、滑动剂、防粘剂和润滑剂等不同功能。改性淀粉相较于天然淀粉，具有更好的物理化学性质和生物可降解性。此外，改性淀粉还可用于非常规药物释放系统，如纳米结构释放系统。研究表明，以柠檬酸淀粉为原料，加入聚乙二醇和聚乙烯醇，通过多次冻融循环制备具有抗菌性能的淀粉基凝胶。

3. 造纸行业

采用原始的木浆造纸，成本较高，而通过改性淀粉的综合处理，可以有效的代替高成本的纸张制作，并且成品纸张的强度、张度、渗透性也满足实际需求。因此改性淀粉在造纸行业中的应用，可以减少树木的消耗。

4. 混凝行业

淀粉类混凝剂中含有大量带电荷的活性基团，能与溶解于溶液中的颗粒相互作用，使水体中杂质聚沉。未来可以尝试利用农业废弃物中的天然淀粉前体与植物提取物中的抗菌活性化合物，生产出具有澄清和消毒双重功能的绿色水处理混凝剂材料。有研究者使用当地西米淀粉作为混凝剂处理垃圾渗滤液，观察滤液色度、悬浮物和浑浊度均减少90%以上。

第三章 淀粉常用的表征手段

第一节 淀粉颗粒形貌表征

淀粉是所有碳水化合物中唯一以颗粒形式存在的，颗粒结构紧密、形态多样。淀粉的颗粒尺寸一般在 0.1~200μm，形状大致可以分为圆形、椭圆形、肾形和多角形等，而且淀粉颗粒并不是简单存在。扫描电子显微镜用于观察淀粉的颗粒外貌；透射电子显微镜是用来观察淀粉颗粒超微结构；偏光显微镜可用于观察淀粉颗粒外貌以及确定淀粉结晶结构的变化；激光扫描共聚焦显微镜用来测定淀粉颗粒内部结构；原子力显微镜更加精细，用于观察淀粉颗粒的纳米结构等。由于淀粉颗粒形态多样、结构复杂，对其深入研究需要多种设备辅助，研究人员可以根据自己的实验要求来选择合适的检测方法。

一、扫描电子显微镜

淀粉是常用的食品加工原材料，不同来源的淀粉的直链淀粉含量、淀粉结构、淀粉性质都具有明显的差异，从而不同淀粉在生产与应用中也有明显的差异。解析淀粉结构、评价淀粉性质是淀粉研究、淀粉基产品开发的基础。淀粉材料多为细小的粉体颗粒，无法通过肉眼准确地分辨出淀粉的种类、孔隙尺寸及分布信息。扫描电子显微镜（scanning electron microscope，SEM）法常被用于淀粉材料的微观形貌观察。

SEM 的原理主要是利用二次电子信号成像来观察样品的表面形态，即用极狭窄的电子束去扫描样品，通过电子束与样品的相互作用产生各种效应，其中主要是样品的二次电子发射。二次电子能够产生样品表面放大的形貌像，这个像是在样品被扫描时按时序建立起来的，即使用逐点成像的方法获得放大像。充分运用扫描电镜高分辨率、高放大倍率、立体直观等特点，可以很直观地观测到淀粉颗粒大小及表面形态结构。SEM 由于具备以下优点被越来越多地应用于淀粉微观形貌的观察。不同来源的淀粉 SEM 图如图 3-1 所示。

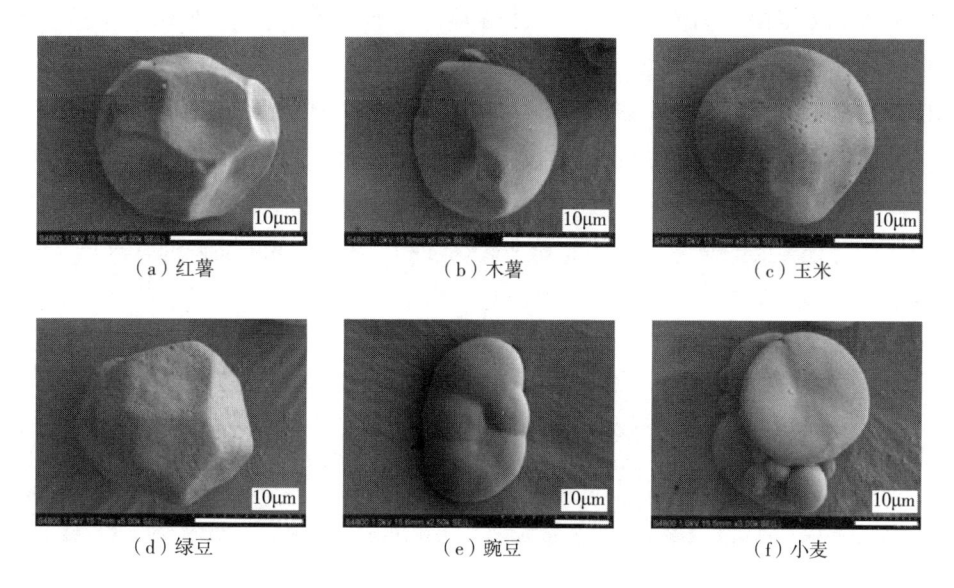

| （a）红薯 | （b）木薯 | （c）玉米 |
| （d）绿豆 | （e）豌豆 | （f）小麦 |

图 3-1　不同来源的淀粉的 SEM 图

①试样制备方法简便。在淀粉表面喷涂一层金属薄膜，即可观察其表面形貌。

②景深长、视野大。在放大 100 倍时，景深可达 1mm，即使放大 1 万倍时，景深还可达 1μm。

③分辨率高。扫描电镜的放大倍数低至几十倍，高至几十万倍，仍可得到清晰的图像。

④可对试样进行综合分析和动态观察。把扫描电镜、X 射线衍射分析及热焓分析相结合，可在观察微观形貌的同时分析其化学成分和晶体结构的变化。

二、透射电子显微镜

透射电子显微镜（transmission electron microscope，TEM）是一种用来观察物体亚显微或超微结构的电子光学仪器。TEM 的成像原理与光学显微镜基本一致，但 TEM 是以波长极短的电子束作为灯源，利用电磁透镜聚焦成像，来展示物体表面或内部特征。TEM 最大的特点是高分辨率和放大倍率，但由于在检测时电子易发生散射，穿透力极低，因此样品的密度、厚度等都会影响成像质量，这就要求被测样品足够薄。样品的存在状态不同，前处理不同，固体样品需超微切片；粉末样品需制膜；有的样品在观察前还需要染色。TEM 主要用于材料学和生物学，在研究淀粉时也常使用 TEM 来检测淀粉颗粒、淀粉糊以及淀粉衍生物的外貌结构，对于淀粉颗粒形态的分析具有重要作用。相比 SEM 检测法而言，通过 TEM 可以获得淀粉内部清晰图像，研究淀粉改性处理时淀粉的内部变化，这对于进一步了解复杂的淀粉颗粒聚集态结构具有十分重要的意义。天然淀粉和改性淀粉颗粒的 TEM 显微照片如图 3-2 所示。

(a) 天然淀粉

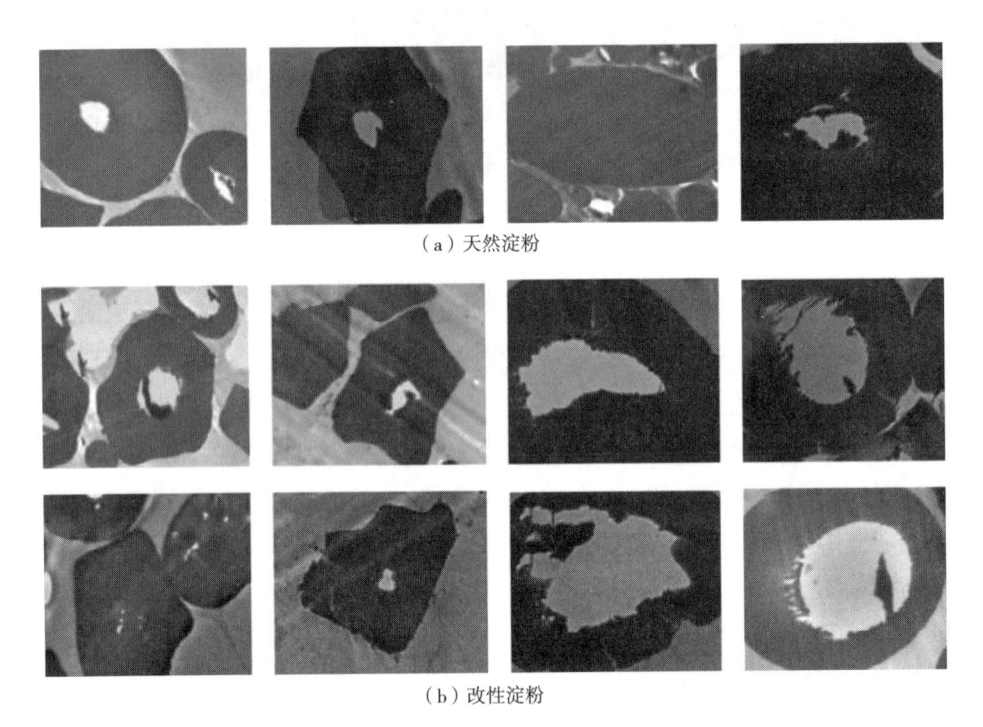

(b) 改性淀粉

图 3-2　天然淀粉和改性淀粉颗粒的 TEM 显微照片

三、偏光显微镜

偏光显微镜（polarizing microscope，PLM）是用于研究所谓透明与不透明各向异性材料的一种显微镜。凡具有双折射的物质，在 PLM 下就能分辨得清楚。淀粉颗粒内部存在着两种不同的结构即结晶结构和无定形结构，在结晶区淀粉分子链是有序排列的，这两种结构在密度和折射率上存在差别，PLM 下观察淀粉会产生双折射现象，即黑色的偏光十字，或马耳他十字。

PLM 不仅可用于研究淀粉颗粒的晶片内支链淀粉双螺旋结构的紊乱程度，也可用于研究酶水解、热处理、改性淀粉和重组淀粉等经过不同处理方式处理过程中淀粉颗粒的形态变化以及对淀粉颗粒完整性的破坏程度。

Zhu 等在研究超声处理对马铃薯淀粉超分子结构的改变时，在 PLM 下发现处理后淀粉颗粒的极化交叉保持不变如图 3-3 所示，也就是说在该实验中超声处理对淀粉颗粒的晶型结构无影响。

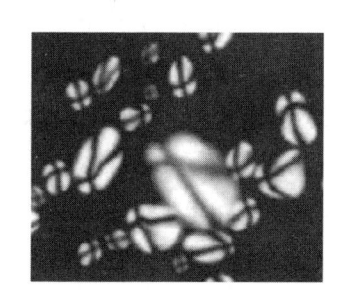

（a）天然淀粉

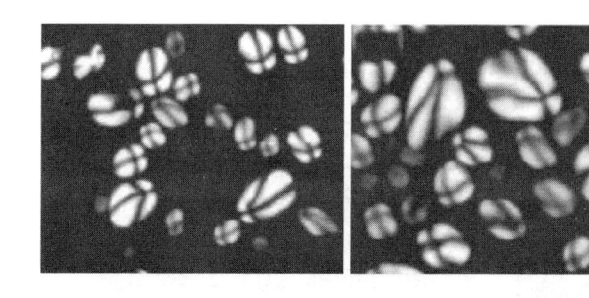

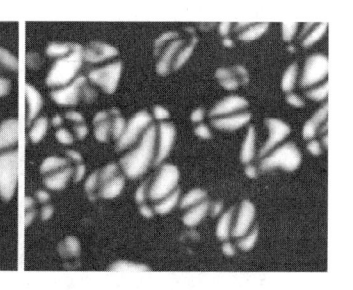

（b）超声处理淀粉

图 3-3　天然和超声处理的淀粉在偏振光下的显微镜图像

四、激光扫描共聚焦显微镜

激光扫描共聚焦显微镜（confocal laser scanning microscope，CLSM）是一种采用激光、电子摄像等高科技手段，根据共轭聚焦原理成像的先进分子生物学分析仪器。CLSM 已广泛用于形态学、分子生物学、食品科学等领域。CLSM 是用来表征淀粉颗粒内部结构的主要方法之一，它综合了普通显微镜和荧光显微镜的功能，使一些物质的内部结构以荧光强弱的方式展现出来，为研究者对淀粉颗粒内部的了解提供更多可能。

近年来 CLSM 在淀粉研究领域常被用来测定淀粉的颗粒结构和特性，以及变性淀粉和淀粉材料的性能。CLSM 检测需要对样品进行染色和切片处理，然后进行多层面扫描来获得样品内部图像。根据染色剂与淀粉还原基末端反应呈荧光来测定淀粉，在相同分子量条件下，直链淀粉含有的还原末端高于支链淀粉。与传统显微镜相比，CLSM 分辨率更高、放大倍率更大、更加灵敏。

Bie 等研究等离子体处理对淀粉结构和流变性的影响时，用 CLSM 观察不同处理时间下的玉米淀粉。结果表明，随着处理时间的增加，颗粒的整体亮度增加，且玉米淀粉独特的孔结构变得更明显（图 3-4）。因此，等离子体处理不仅影响淀粉颗粒表面，而且还可以通过孔结构渗透到颗粒内部，导致淀粉分子还原末端的增加，荧光更强。

五、原子力显微镜

原子力显微镜（atomic force microscope，AFM）是一种研究物质表面结构

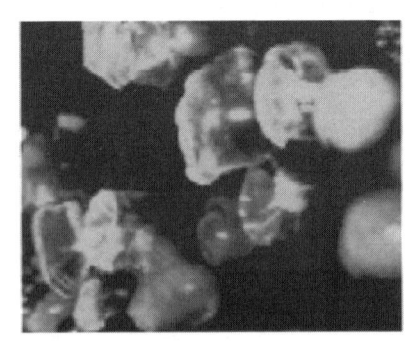

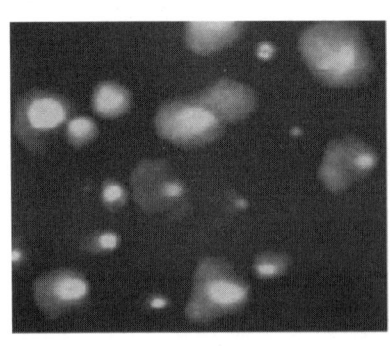

（a）天然淀粉　　　　　　（b）1h

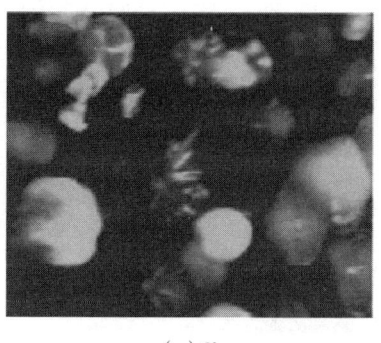

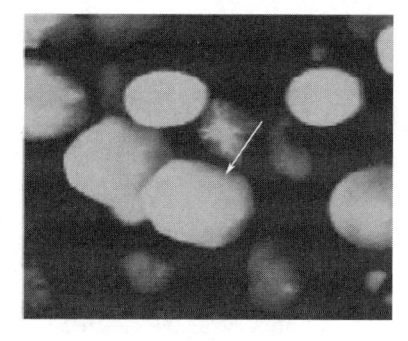

(c) 2h　　　　　　　　　　(d) 3h

图 3-4　等离子体处理不同时间后玉米淀粉颗粒的 CLSM 图像

的分析仪器。它主要通过检测样品表面和力敏感元件之间的微观力来获得纳米级分辨率的物质表面结构信息及表面粗糙度信息。AFM 的应用范围十分广泛，适用于生物、高分子、金属等的纳米结构观测，以及微球颗粒形状、尺寸及粒径分布的观测等。在淀粉研究领域，AFM 可用来表征淀粉颗粒表面和内部结构，研究淀粉分子链结构，使得人们对淀粉的了解更进一步。

Neethirajan 等用 AFM 对硬粒小麦淀粉颗粒表面形态进行表征，如图 3-5 展示了 AFM 下小麦淀粉的颗粒形貌以及淀粉的生长环结构。结果发现，与非硬质颗粒相比，硬质小麦淀粉颗粒的尺寸更小；观察淀粉颗粒生长环表明，与硬质淀粉相比，非硬质颗粒内支链淀粉含量更高。

(a) 硬1　　　　　　　　　　(b) 硬2

图 3-5

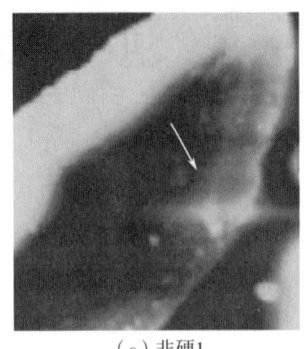

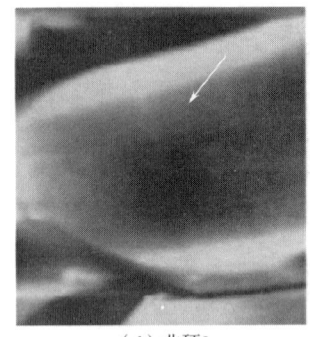

(c) 非硬1　　　　　　　　　(d) 非硬2

图 3-5　小麦淀粉颗粒的 AFM 图像

第二节　光谱分析技术

光谱分析有可见吸收光谱（如紫外吸收光谱、红外吸收光谱）、发射光谱（如荧光光谱）和散射光谱（如拉曼光谱），其中紫外吸收光谱、红外吸收光谱和拉曼光谱在淀粉的分析中最为常用。

一、紫外吸收光谱

紫外可见光谱中，紫外区域有强吸收的通常是带有共轭烯烃及芳香族基团化合物，对一些变性淀粉的官能团鉴别有一定价值，其中有较大应用价值的是通过碘与直链淀粉形成各种有色复合物来研究淀粉中直链淀粉链长或分子大小。淀粉和碘复合物的生色反应，不同的颜色对应着不同的最大吸收波长。因此，通过分析淀粉和经酸或酶轻度水解所得样品的淀粉—碘复合物紫外可见吸收光谱图，检测其最大吸收波长的变化来判别和控制淀粉的水解程度。

二、傅里叶变换红外光谱

傅里叶变换红外光谱（fourier transform infrared spectroscopy，FTIR）检测是一种广泛应用于淀粉制品行业的精密分析方法，可用于淀粉的定性和定量分析，并用于构象、构型、支链、端基以及结晶度检测。FTIR 属于吸收光谱，是由于化合物分子振动时吸收特定波长的红外光而产生的，化学键振动所吸收的红外光的波长取决于化学键动力常数和连接在两端的原子折合质量，也就是取决于分子的结构特征。

淀粉是一种由多糖分子组成的化合物，其特定的分子结构和化学键可以在 FTIR 图上显示为一系列的峰。在 FTIR 中，淀粉样品暴露于红外辐射源和探测器之间，红外辐射会与淀粉分子相互作用，产生一个复杂的光谱图。光谱图的峰位和强度可以指示淀粉分子中不同化学官能团的存在和含量，而谱图的形状和带宽则显示淀粉分子的结构和组成。通过对峰位和强度的分析，可以确定淀粉的化学性质、含量和质量。FTIR 分析技术在食品的应用中具有一些显著的优点：不损耗样品、检测速度快、不污染环境。FTIR 技术已成功应用于淀粉分析。FTIR 分析在淀粉中的应用主要集中在以下几方面。

①改性淀粉反应过程的研究。改性淀粉是指在淀粉具有的固有特性基础上，为改善其性能和扩大应用范围，而利用物理方法、化学方法和酶法改变淀粉的天然性质，增加其性能或引进新的特性而制备的淀粉衍生物。改性淀粉的种类较多，如预糊化、酸解、氧化、酯化、醚化、交联、接枝共聚等，利用红外光谱可判断引入的基团是否与淀粉多糖长链上的羟基相连接，从而分析原淀粉与改性淀粉在结构上的区别。

②不同处理方式对淀粉结构的影响。红外光谱可用来分析不同的加工处理过程对淀粉分子结构的影响，如微波、冷冻、辐射、挤压、微细化等处理过程对淀粉分子结构的影响可在一定程度上通过红外光谱做初步判断。

③淀粉水解产物的分子结构鉴别。在淀粉水解产物的结构分析中，红外吸收光谱有助于确定淀粉糖分子的构型以及制备样品和已知标样在化学结构上是否一致。

贺捷群等通过红外光谱分析了 21 个不同品种的大米淀粉（图 3-6）。所有大米淀粉分子均在 $2930cm^{-1}$ 产生吸收峰，属于饱和碳上的 C—H 伸缩振动，基团类型为（—CH_2—）。$1157cm^{-1}$ 附近吸收峰是无定形区的结构特征，对应淀粉分子中无规则线团结构；$1047cm^{-1}$ 则是结晶区的结构特征，对应淀粉分子中有序结构。所有大米淀粉分子均在 $1167cm^{-1}$ 和 $1015cm^{-1}$ 处分别产生红外吸收峰，分别为大米淀粉分子中的无定型区和有序结构。其中，"水稻3"在 $1748cm^{-1}$ 和 $2852cm^{-1}$ 产生红外吸收，属于 C=O 伸缩和 O—H 键，其余样品无此吸收峰。

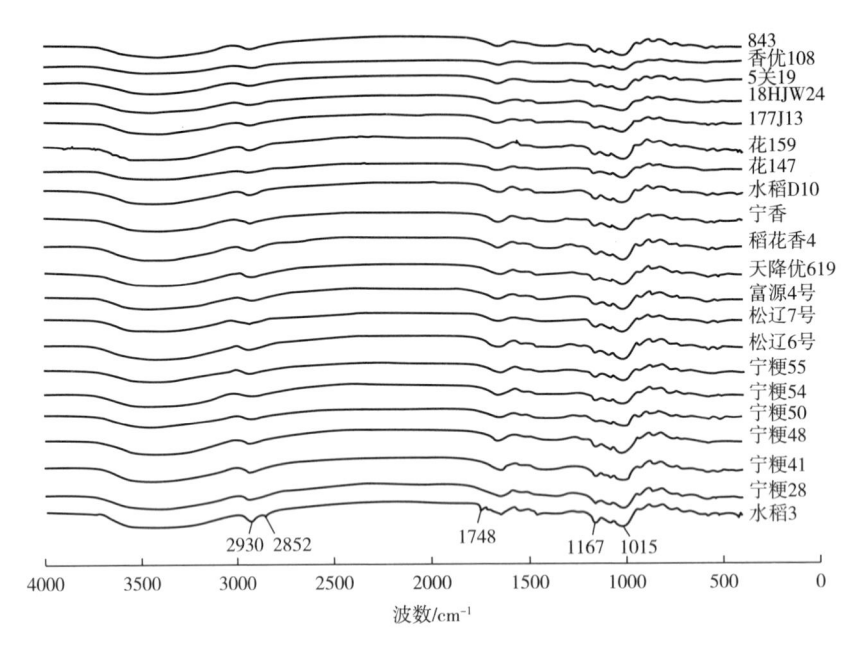

图 3-6　不同品种大米淀粉的 FTIR 图谱

三、拉曼光谱

拉曼光谱其原理是利用激光束对样品进行激发，样品吸收激光能量后会在不同振动模式下产生拉曼散射光，而每个分子的振动频率都是独特的，因此可以根据拉曼散射光的频率和强度来判断样品的组成和结构。

拉曼光谱可用于表征淀粉的分子结构。通过拉曼峰强度和位置反映分子的振动，分析复合物中不同官能团或化学键来获得分子结构的信息，实现快速分析或鉴定的目的。拉曼光谱在食品的表征中具有许多优点，如不具有破坏性，不需要样品制备，可同时测定多个样品组分，水分不会干扰其分析等。拉曼光谱已成功应用于淀粉结构分析。

第三节　色谱技术

色谱分析技术根据其原理不同可分为气相色谱、液相色谱、离子交换色谱、凝胶色谱等。其中高效液相色谱、离子交换色谱和凝胶色谱在淀粉分析中最为常用。

一、高效液相色谱

根据葡萄糖的连接形式不同，淀粉分为直链淀粉和支链淀粉，直链淀粉主要由葡萄糖经过 α-1,4-糖苷键连接而成线性多聚物，支链淀粉主要是由葡萄糖经过 α-1,4 和 α-1,6-糖苷键连接而成分支多聚物。高效液相色谱主要应用在淀粉糖的定性和定量上。

色谱定性主要是基于目标化合物在分析柱上的保留时间确定。在洗脱条件确定的情况下，不同的化合物在分析柱上的保留能力不同，洗脱时间也有很多差异，色谱主要是先通过分析柱分离不同的化合物，再利用紫外检测器、蒸发光检测器、示差检测器、电化学检测器、电导检测器等手段进行检测，一般情况下可以通过出峰时间确定目标化合物，但也不能完全排除杂质的干扰。定量分析主要是利用不同浓度的标准品，以标准品的浓度为横坐标，以标准品的峰面积为纵坐标作图，从而获得靶向化合物与其峰面积的数学关系（线性、二次方程、对数等），进而根据未知样品中相应化合物的峰面积计算其浓度。

二、凝胶色谱

凝胶色谱（gel permeation chromatography，GPC）可用于淀粉的定性和定量分析，又称体积排阻色谱，是利用多孔填料将溶液中的高分子按体积大小进行分离的一种色谱技术。凝胶色谱柱的分级机理是：分子尺寸较大的分子渗透进入多孔填料孔洞中的概率较小，即保留时间较短而首先洗脱出来，尺寸较小的分子则容易进入填料孔洞而且滞留时间较长从而较后洗脱出来。由此得出，分子大小随保留时间（或保留体积）变化的曲线，即分子量分布的色谱图。凝胶渗透色谱主要用于测定淀粉分子量的分布和支链结构及聚合降解过程。

淀粉是高分子化合物，其分子量很大，直链淀粉平均为 5 万~20 万，支链淀粉平均为 20 万~600 万。即使用酸或酶适当降解，其分子量仍十分巨大。普通的测定方法受到很大的局限，而用凝胶色谱法测定相对分子质量分布对了解各种淀粉的性质、控制淀粉的降解程度有重要意义。

三、离子交换色谱

目前，在淀粉研究中使用的离子交换色谱主要是带脉冲安培检测器的高效阴离子交换色谱（high-performance anion-exchange chromatography with pulsed ampe-ro-metric detection，HPAEC-PAD），该色谱分析法最主要的用途是分析淀粉及其降解产物的链长分布。其可大大提高单链间的分辨率，最高可区分 DP 为 50~70 的淀粉非化学改性技术的链段。但这也有不便之处，因为电流检测的结果不直接与碳水化合物的含量成正比，这可通过已知链长和碳水化合物含量的样品进行校正，也可通过在主柱后联结一个带有固定化葡萄糖淀粉酶的短柱来解决。在进入脉冲电流检测器之前，葡萄糖淀粉酶将淀粉链完全水解成葡萄糖，这使得检测器上的响应值与链长无关。使用 HPAEC-PAD 的另一个好处是，PAD 对长链的检测精度提高了。

第四节　核磁共振技术

固体核磁共振波谱仪可用于淀粉螺旋结构及无定型结构分析。固态 ^{13}CCP/MAS NMR 核磁共振分析已被广泛应用于淀粉结构的研究中，尤其在化学改性淀粉的结构表征和机理研究中具有重要作用。

核磁共振用于淀粉颗粒结构的研究主要是淀粉颗粒的结晶区和无定形区在 NMR 图谱上的化学位移和弛豫时间不同，由于葡萄糖单元不同碳的化学环境不同，在外加磁场下会产生不同的化学位移，因而在固体环境下，可以利用 ^{13}C-NMR 技术分析化学基团在淀粉分子中的取代位置，同时，可以根据 C_1 或者 C_4 的峰信号，分析淀粉处于短程有序（螺旋）环境中的比例，进而定量计算淀粉的螺旋结构及无定型结构。NMR 在淀粉的研究中表现出优良的测试性能，主要体现在以下的几个方面：

①样品制作方便。
②对待测样品不构成损害。
③测定及时，一般可以在几秒或者几分钟之内完成一次测定。
④可以对某一变化（反应）进程进行连续测定，适用于反应动力学研究。
⑤可以装配在生产线上，对工艺参数进行在线控制。
⑥测定精度高，重现性好。

第五节　X 射线衍射技术

X 射线衍射仪（X-ray diffractometer，XRD）是利用 X 射线衍射技术来分析淀粉的结晶形态和结晶度的一种表征手段。目前主流研究认为淀粉是由结晶片层和非结晶区交替形成，性质上表现为结晶和半结晶形态。不同的结晶度和结晶型的淀粉在生活中会展现出不同的性质。

淀粉是结晶半结晶结构，当一束单色 X 射线入射到晶体时，由于晶体是由原子规则排列成的晶胞组成，这些规则排列的原子间距离与入射 X 射线波长有 X 射线衍射分析相同数量级，故由不同原子散射的 X 射线相互干涉，在某些特殊方向上产生强 X 射线衍射，衍射线在空间分布的方位和强度，与晶体结构密切相关，每种晶体所产生的衍射花样都反映出该晶体内部的原子分配规律。利用 X 射线衍射可以分析淀粉的晶体结构，根据不同淀粉的衍生峰的情况，将淀粉分为不同的晶型，从而研究不同处理或改造后淀粉结构的变化情况。目前文献常见报道有 A 型、B 型、C 型、V 型等。通过 X 射线衍射技术测量的结晶情况，可以对淀粉的形态、应用等进行评估预测。从 X 衍射图谱中我们可以得到以下信息：

①衍射角。不同种类的淀粉具有不同的特征性衍射角。特征性衍射角的位置与变化情况是初步判断淀粉种类及加工过程对结晶性质影响的重要依据之一。其他类型的淀粉具有各自不同的特征性衍射角。

②衍射强度。在 X 射线衍射图谱中纵坐标代表衍射强度，一般用相对衍射强度表示，其值的大小与结晶程度的变化有关。

③尖峰宽度。有时也称半峰宽。一般来讲，尖峰宽度越小，峰越密集，衍射强度越高，而非晶体则呈现典型的弥散峰特征。在淀粉加工处理过程中，尖峰宽度会随结晶程度的变化而变化，从而可在一定程度上反映结晶度的变化情况。

④相对衍射强度。相对衍射强度一般用 I/I_{max} 来表示，其中 I_{max} 代表衍射图谱中最强峰的衍射强度值，以该强度为 100%，其他峰强度与之相比较，所得比值为相对衍射强度，用百分比表示。

⑤结晶度。这是 X 衍射图谱中的重要指标，该值可直接反映被测物结

晶程度的大小，一般用百分比表示。目前，一些 X 射线衍射仪可在测定同时给出结晶度大小，很多情况下，需要根据 X 射线衍射图谱进行分析计算。

王艳等通过 XRD 分析了湿热处理对绿豆淀粉结晶结构的影响，结果如图 3-7 所示，图 3-7 为湿热处理前后绿豆淀粉的 X 射线衍射曲线。由图 3-7 可知，绿豆淀粉样品分别在 2θ 为 15°、17°、18°和 23°处显示特征衍射峰，其中在 15°和 23°处表现为单峰衍射峰，而在 17°和 18°处表现为双峰衍射峰，这表明绿豆淀粉为典型的 A 型结晶类型。湿热处理后，绿豆淀粉的特征衍射峰无明显变化，这表明湿热处理未改变绿豆淀粉的结晶类型。根据淀粉结晶区和无定形区在 X 射线衍射曲线不同特征衍射峰的表现形式可计算淀粉的相对结晶度。

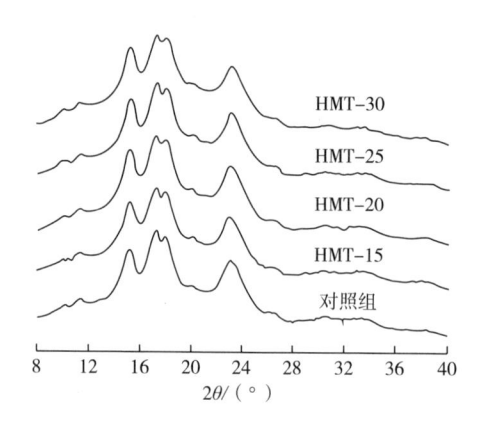

图 3-7　湿热处理前后绿豆淀粉的 X 射线衍射曲线

第六节　热分析技术

一、差示扫描量热仪

淀粉在食品工业中应用主要是利用淀粉糊，即需要淀粉颗粒糊化后方可使用。淀粉糊化过程是淀粉颗粒结晶区熔化，分子水解，颗粒不可逆润胀过程。淀粉糊化过程的性质变化常用的检测仪器是差示扫描量热仪。

DSC 是一种热分析方法，利用其测定淀粉糊化热力学性质，可以为合理开发利用淀粉资源提供有效方法和理论依据。淀粉的热力学性质，反映淀粉在糊化吸热过程中热力学变化的情况。DSC 是通过测定淀粉样品在糊化过程中吸收的热量，主要得到淀粉样品糊化的起始温度、峰值温度、终止温度及热焓值四个参数值，分别用 T_o、T_p、T_c 和 ΔH 来表示。热焓值的大小即为淀粉糊化所需的热量大小，反映了淀粉糊化的难易程度。淀粉的热焓特性主要与淀粉种类、颗粒大小和直链分子与支链分子比例等因素有关。目前，DSC 已经应用于多种淀粉糊化性质的测定，如小米淀粉、玉米淀粉、大米淀粉、豌豆淀粉、莲子淀粉和多种改性淀粉等。

二、快速黏度分析仪

淀粉常温下不溶于水，通过搅拌可形成悬浊液，悬浊液在受热情况下，会形成一种半透明的黏稠液体，这一过程被称为淀粉的糊化。糊化后淀粉—水体系直接表现为黏度增加，淀粉或面粉的黏度参数可以用仪器测定，常用的仪器为布拉班德黏度仪（brabender viscograph，BV）和快速黏度分析仪（rapid viscosity analyser，RVA）。与 BV 相比较来说，RVA 测定速度快，用料少，用途更为广泛。

RVA 是一种具有控温程序的旋转型黏度测定仪，仪器带有程序升温和可变的剪切力，可迅速加热或冷却试样或使试样温度保持恒定以便选择合适的测试条件，通过记录试样加热糊化和冷却凝胶过程中的黏度变化曲线，并读出相应的各项特征指标值。RVA 主要测试参数为淀粉糊化的峰值黏度（peak viscosity，PV）、谷值黏度（trough viscosity，TV）、崩解值（breakdown，BD）、终值黏度（final viscosity，FV）、回生值（setback，SB）和糊化时间（peak time，PT）。其中崩解值是峰值黏度与谷值黏度之差，反映的是淀粉的热糊稳定性；回生值是终值黏度与谷值黏度之差，反映了淀粉冷糊稳定性的强弱。淀粉的糊化特性是影响淀粉品质的重要因素，受基因型、环境及基因型与环境互作效应的共同影响。淀粉糊化的峰值黏度、崩解值和回生值与淀粉颗粒大小、颗粒结晶度及直链淀粉含量等之间都有关系。其中直链淀粉含量对淀粉糊化特性影响较为显著，直链淀粉含量越高，淀粉糊化的峰值黏度和崩解值相对较小，糊化温度相对较高。

三、激光粒度仪

淀粉粒径是指淀粉颗粒的直径。实际上淀粉颗粒大多是不规则的，即便是同一淀粉粉末里，淀粉颗粒的大小、形状也各不相同，淀粉的粒度不是单一分布，而是呈现一定的分布范围，粒度分布检测就是分析样品中颗粒物直径的分布情况。淀粉颗粒的大小对淀粉的理化性质具有明显的影响，例如淀粉的黏度、膨胀力、糊化温度等，同时也会影响变性淀粉生产中的淀粉的取代度等。

激光粒度仪的原理是光在传播中，波前受到与波长尺度相当的隙孔或颗粒的限制，以受限波前处各元波为源的发射在空间干涉而产生衍射和散射，衍射和散射的光能的空间（角度）分布与光波波长和隙孔或颗粒的尺度有关。用激光做光源，光为波长一定的单色光后，衍射和散射的光能的空间（角度）分布就只与粒径有关。对颗粒群的衍射，各颗粒级的多少决定着对应各特定角处获得的光能量的大小，各特定角光能量在总光能量中的比例，应反映着各颗粒级的分布丰度。淀粉粒度分布作为淀粉的一个特征物理指标，对淀粉的研究、生产应用都具有一定的指导意义。

参考文献

[1] 杨麒，黄峻榕，严青，等. 淀粉颗粒外壳的分离方法及其性质表征［J］. 农业机械学报，2020，11：67-73.

[2] 闫溢哲，周亚萍，刘华玲，等. 淀粉颗粒形貌表征研究进展［J］. 食品工业科技，2018，39（8）：6.

[3] Zhu J, Li L, Chen L, et al. Study on supramolecular structural changes of ultrasonic treated potato starch granules［J］. Food Hydrocolloids，2012，29（1）：116-122.

[4] Bie P, Pu H, Zhang B, et al. Structural characteristics and rheological properties of plasma-treated starch［J］. Innovative Food Science & Emerging Technologies，2016，34：196-204.

[5] Neethirajan S, Thomson D J, Jayas D S, et al. Characterization of the surface morphology of durum wheat starch granules using atomic force microscopy［J］. Microscopy Research & Technique，2010，71（2）：125-132.

[6] 贺捷群，辛世华，刘慧燕，等. 21种宁夏大米淀粉分子结构及特性的比较分析［J］. 食品与生物技术学报，2023（10）：100-106.

[7] 王艳，张煜松，刘兴丽，等. 湿热处理对绿豆淀粉结构及理化特性的影响［J］. 郑州轻工业学院学报（自然科学版），2022，37（3）：36-42.

[8] 赵凯. 淀粉非化学改性技术［M］. 北京：化学工业出版社，2009.

模块二　物理改性

第四章 高压处理对淀粉结构、性质的影响

第一节 高压对淀粉结构的影响

高压技术是食品加工业中的一项新技术，它能有效地改变食品的质地，延长食品的保质期。与传统加热工艺相比，高压技术最明显的优点是可以更有效地避免色素的降解、风味物质的破坏和营养成分的损失。淀粉是自然界中一种重要的可再生资源，是食品加工的主要原料。淀粉的应用是由它的性质决定的，而性质是由它的结构决定的。目前，高压也已广泛应用于淀粉研究和加工领域。有研究报道压力对淀粉的结构和性质有明显的影响。

任何宏观性能的变化都是由微观结构的变化引起的。了解高压对淀粉结构的影响，这对解释高压对淀粉性质的影响机理具有重要意义。

一、颗粒结构

淀粉在自然界中以颗粒形式存在，粒径为 0.5~120μm。通过光学显微镜或 SEM 可以看到，不同淀粉品种颗粒形态不同，有球形、椭球形、圆饼形以及其他不规则形状。颗粒结构与淀粉的理化性质密切相关。例如，淀粉颗粒崩解后，淀粉的黏度、溶解度和酶解率均有所提高。下面就压力对淀粉颗粒结构的影响，将从偏光十字、颗粒形态和粒径 3 个方面进行解释。

（一）偏光十字

首先，表征淀粉颗粒结晶特性的偏光十字在高压处理后消失。在大多数情况下，偏光十字的消失需要一个很高的压力阈值。该压力阈值为 400~600MPa，取决于淀粉的种类、淀粉悬浮液的浓度和高压处理时的温度。当压力低于该阈值（100~300MPa）时，高压处理对淀粉颗粒的偏光十字没有明显影响。此外，Liu 等观察到一个特殊现象，在 450MPa 下 30min，玉米淀粉的

偏光十字完全消失，而在 600MPa 下，偏光十字又部分出现，说明在高压处理过程中，淀粉的晶体破坏和再结晶同时进行。而且，偏光十字的消失只能说明高压对淀粉原有结晶结构的破坏，并不意味着结晶度的完全消失。因为偏光十字消失后，利用 XRD 和 DSC 仍然可以检测到衍射峰和 ΔH 值。

(二) 颗粒形态

通过扫描电镜发现，100～300MPa 高压对淀粉颗粒形貌没有明显影响。但是，这并不意味着 100～300MPa 的高压对颗粒内部分子的排列没有影响。研究发现 100～300MPa 的高压处理确实改变了淀粉的一些性质。在更高的压力（400MPa 以上），可以观察到高压处理对淀粉颗粒形态的明显影响。研究表明，由于淀粉品种、淀粉悬浮液浓度或温度的不同，导致高压处理下淀粉颗粒形态发生了不同的变化。例如，如图 4-1 所示，经过高压处理后，一些淀粉颗粒表面变得粗糙、起皱和"剥落"［图 4-1（a）和图 4-1（b）］，一些颗粒表面出现空腔或碎片［图 4-1（c）］，一些颗粒的表面凝胶形成多孔交联结构［图 4-1（d）］一些颗粒会变形或完全解体。

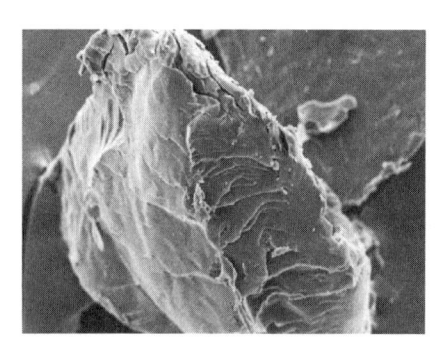

（a）600MPa 下的百合淀粉

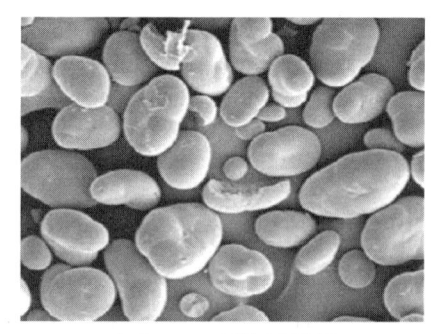

（b）600MPa 下的大豆淀粉

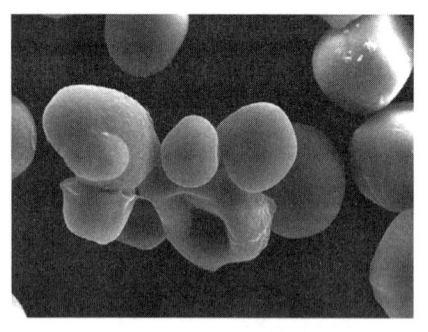

（c）600MPa 下的芒果仁淀粉

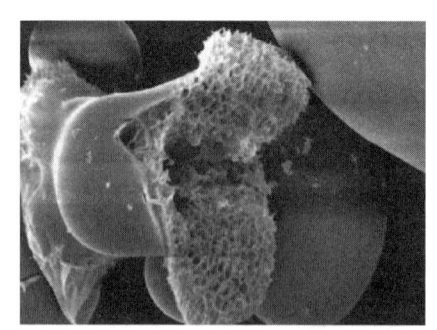

（d）600MPa 下的马铃薯淀粉

(e) 600MPa下的莲子淀粉　　　　　(f) 600MPa下的马铃薯淀粉

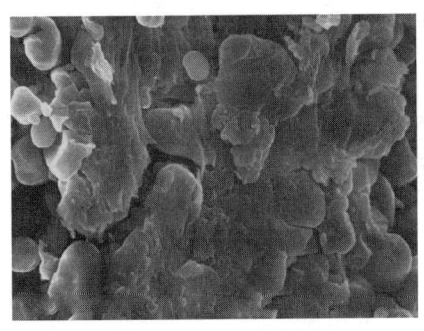

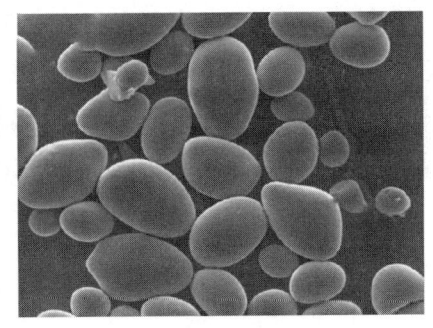

图 4-1　压力对淀粉颗粒形态的影响

除了淀粉品种、淀粉悬浮液浓度、压力等因素外，不同研究中高压处理后颗粒形态不同的原因还包括以下两个方面。一方面，在没有搅拌的情况下，淀粉悬浮液在高压处理过程中会逐渐沉淀。一般来说，粒度越大，淀粉颗粒沉降越快。例如，5%马铃薯淀粉悬浮液需要 2min 才能完全沉淀，5%玉米淀粉悬浮液需要 10min。沉淀会减少淀粉与水的接触，影响高压处理对淀粉的效果。因此，一些研究者加入了一些悬浮剂来防止淀粉颗粒在高压处理过程中的沉降。然而，在大多数研究中，没有引入悬浮剂。研究表明，有搅拌的水热过程对淀粉颗粒的破坏程度显著高于无搅拌的水热过程。这可能是在相同高压处理条件下，不同研究中颗粒损伤程度不一致的重要原因之一。另一方面，扫描电镜观察通常是在冷冻干燥后进行的。冻干的淀粉会吸收空气中的水分而重新结晶。即使将其迅速放置在干燥盘中，也不能完全防止吸水。为了验证淀粉颗粒冻干处理后的吸水率是否会影响 SEM 结果，先将马铃薯淀粉在 70℃（略低于糊化温度）下处理 5min，然后将样品冷冻干燥。最后，对冻干后的样品进行扫描电镜观察，马铃薯淀粉颗粒表面呈多孔凝胶状结构。而马铃薯淀粉颗粒在干燥皿中存放 24h 后，表面呈现粗糙、起皱和"剥落"的现象。高压处理后颗粒表面粗糙、起皱、"剥落"或颗粒表面小的碎片的形态特征可能是由于糊化颗粒表面的吸水和再结晶所致。

(三) 粒径

一般压力越大或时间越长，粒径越大。另外，需要注意的是，高压处理过程中淀粉悬浮液浓度对淀粉颗粒膨胀的影响，并不是简单的正相关或负相关。研究发现马铃薯淀粉的粒径的最大值出现在 20%悬浮浓度（600MPa，25℃，15min）。10%或30%时的粒径都低于 20%时的粒径，其原因可能还需进一步研究。当然，并不是所有的淀粉颗粒在高压处理过程中都会增大。例如，小麦淀粉、玉米淀粉、马铃薯淀粉、糯玉米淀粉和豆类淀粉的颗粒在600MPa下没有明显的膨胀。此外，淀粉颗粒在高压诱导糊化中表现出比热诱导糊化更低的膨胀度。特别是在糊化中期，热糊化的颗粒膨胀是高压诱导糊化的5倍。

二、晶体结构

（一）相对结晶度

淀粉的相对结晶度通常用XRD衍射峰与非结晶区之间的面积差或DSC熔晶峰来表征。在大多数情况下，随着压力的增加，相对结晶度逐渐降低。而在较低压力下（100~400MPa），结晶度通常随着压力的升高而缓慢下降。当压力上升到一定值时，结晶度下降的速率显著增加。例如，当压力从0.1MPa增加到450MPa时，小米淀粉（15min，淀粉悬浮液浓度为30%）的ΔH值逐渐从10.58J/g减小到9.60J/g。当压力升至600MPa时，ΔH值降至0。此外，结晶度显著降低的压力似乎与上述偏光十字消失的临界压力密切相关。当然，并不是所有的研究都遵循上述规律，也有研究发现，高压处理可以略微提高淀粉的结晶度，400MPa高压处理马铃薯淀粉和百合后淀粉结晶度略有提高。随着处理时间的延长，相对结晶度逐渐降低。大多数情况下，高压诱导糊化可在60min左右完成，压力处理超过60min后，延长处理时间对结果无明显影响。对于淀粉悬浮液的浓度，据报道，随着浓度的增加，淀粉的结晶度更难被破坏。例如，当淀粉悬浮液浓度为70%时，即使长时间在1000MPa（K）下处理，结晶度也不会降到0。

（二）晶体类型

许多研究发现，经过高压处理后，A型晶体或C型晶体会转变为B型晶体。有研究发现高压处理后会出现V型衍射峰（$2\theta=20°$）。然而，要充分阐明晶型的转变规律似乎很困难。例如，Ritika等发现小麦淀粉在600MPa时由A型变为B型，而Douzals等发现小麦淀粉在600MPa时没有由A型变为B型。又如，Ritika等发现玉米淀粉在600MPa时从A型转变为B型，玉米淀粉在600MPa时保持A型，Li等发现玉米淀粉在600MPa时出现V型衍射峰。即高压处理后晶体类型转变的规律可能还需要进一步研究。

（三）双螺旋结构

一般认为，淀粉的结晶结构是由于支链淀粉分子侧链形成的双螺旋结构。

而双螺旋是淀粉晶体结构的基本单位。从 XRD 或 DSC 的结果可以看出，高压处理可以破坏淀粉的晶体结构。然而，如图 4-2（b）所示，通过分子模拟，发现高压处理（100~900MPa）对双螺旋结构没有明显影响，与加热处理（双螺旋结构在 75℃和 100℃会展开）明显不同，高压处理甚至使双螺旋结构更加紧密缠绕。另外，FTIR 光谱中的 $1047/1022cm^{-1}$ 值可以用来评价双螺旋结构的含量，随着高压处理的进行，$1047/1022cm^{-1}$ 值逐渐降低，说明高压降低了双螺旋结构的含量。通过 SAXS 分析，发现高压处理对淀粉片层厚度没有显著影响。4 种淀粉（糯玉米、普通 207 玉米、高直链淀粉 80 和高直链淀粉 50）的半结晶区、无定形片和结晶区的厚度随着压力从 0.1MPa 到 600MPa 的增加，分别在 8.99~9.58nm、2.11~2.96nm 和 6.55~6.95nm 之间不规则变化。而经 80℃热水处理后，半结晶区厚度由 9.37nm 增加到 17.94nm。

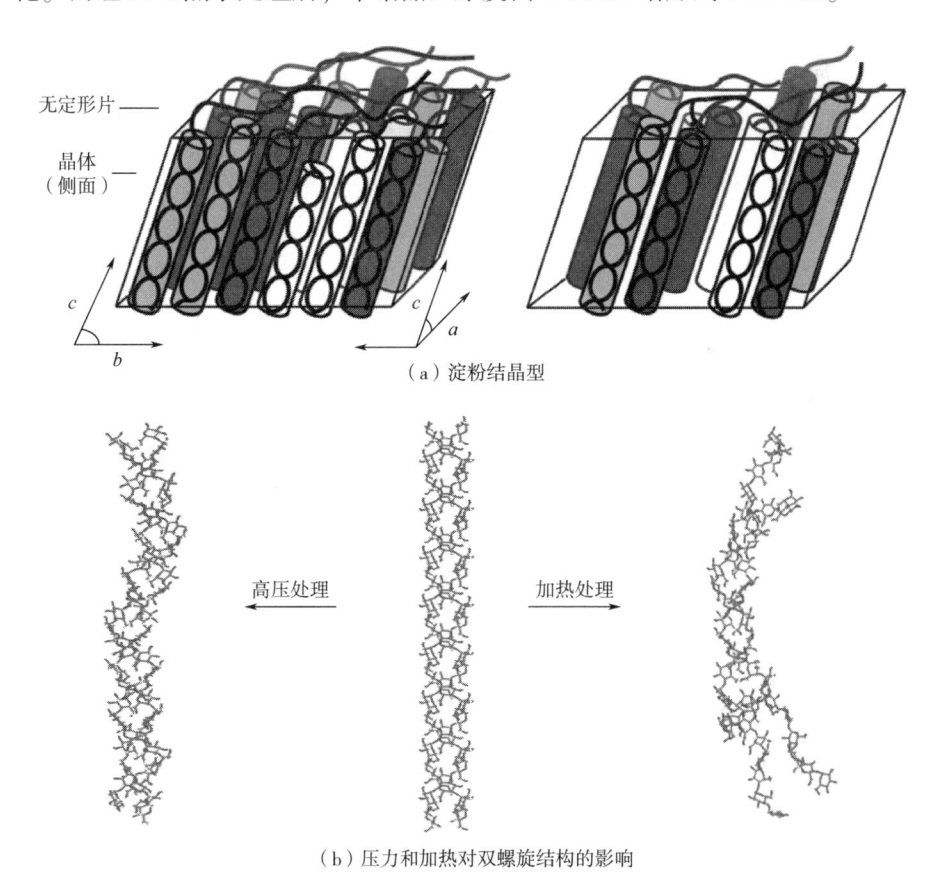

（a）淀粉结晶型

（b）压力和加热对双螺旋结构的影响

图 4-2 压力和加热对淀粉双螺旋结构及晶体类型的影响

综上所述，高压处理对淀粉晶体结构的破坏主要是通过扰乱规则双螺旋排列来实现的，而不是直接破坏双螺旋结构。此外，高压不会破坏双螺旋结构的特性表明，高压处理后淀粉的短期降解速度非常快。此外，双螺旋结构也可以由支链淀粉与直链淀粉的侧链形成，或由两个直链淀粉分子形成。高压处理不会破坏双螺旋结构，这可能是高压诱导糊化比加热诱导糊化具有更少直链淀粉浸出的重要原因。

三、分子结构和构象

(一) 分子结构

一般来说，淀粉的分子结构是指其链长分布和平均分子量。目前，关于高压对淀粉分子结构影响的研究很少。在这些研究中，研究人员发现除了蜡质淀粉外，其他淀粉在高压处理后的 HPSEC 色谱（链长分布）没有明显变化。蜡质淀粉的高效液相色谱图呈现单峰。高压处理后，部分 α-1,6-糖苷键断裂，产生少量直链糖分子，使 HPSEC 色谱由单峰变为双峰。需要注意的是，这并不意味着高压只作用于 α-1,6-糖苷键。但由于非蜡淀粉本来是双峰的，峰值的轻微下降很难观察到。

事实上，高压处理只会使淀粉的平均分子量略有下降。以玉米支链淀粉为例，600MPa 处理后，支链淀粉 M_n 和 M_w 分别从 $5.30×10^7$ 和 $5.54×10^7$ 降低到 $5.20×10^7$ 和 $5.31×10^7$。玉米直链淀粉的 M_n 和 M_w 分别从 $1.97×10^7$ 和 $2.05×10^7$ 降低到 $1.91×10^7$ 和 $1.91×10^7$。与高压处理不同，水热处理可导致大量糖苷键断裂。例如，研究发现玉米淀粉经过 100℃、90℃ 和 80℃ 的水热处理后，平均分子量分别降至原生玉米淀粉的 36.6%、41.8% 和 63.2%。经过 60℃ 左右的水热处理后，马铃薯淀粉的平均分子量降至原生淀粉的 92.3%。这可能是水热处理的凝胶比高压处理的凝胶具有更快的降解速率的重要原因。另外，在实验过程中，即使将处理温度设定为 25℃，在高压处理后，仍然可以感觉到含有淀粉悬浮液的容器是温热的，即由于高压设备本身的缺陷，在高压处理过程中会产生热效应。据报道，当压力为 600MPa 时，高压设备的实际温度约为 43℃，压力每增加 100MPa，温度将升高约 5℃。因此，高压处理后的平均分子量下降很可能是由热效应引起的。此外，淀粉分子在高压下的伸缩键能、键角弯曲能和二面角扭转能的降低也支持了这一推测。

(二) 分子构象

淀粉的核磁共振图谱显示，在 600MPa 高压处理后，与 C_1 原子相关的化学位移以及 C_1、C_4 和 C_6 的峰强度发生了变化。然而，淀粉分子在高压下的变化细节尚不清楚。分子模拟可能是分析淀粉分子构象最有效的方法。

分子的构象代表分子的空间排列，它是由非共价相互作用决定的，如氢键、范德瓦耳斯力和静电相互作用等。分子中的每个键、键角或二面角都不是固定的，而是在一定范围内振动。这些键、键角或二面角的变化将导致不同的分子构象。淀粉分子最常见的分子构象类型有左手螺旋、V 型螺旋、双螺旋和不规则螺旋等。淀粉颗粒是由许多单分子按一定规律组成的一种聚集状态，了解压力对单个分子构象的影响，对于解释压力对整个淀粉颗粒的影响机理具有重要意义。有研究分析了压力（0.1~900MPa）对淀粉分子构象的影响。结果表明，糖苷键的键角和二面角随压力的变化而有规律地变化。随着压力从 0.1MPa 增加到 900MPa，$C_1-O_4'-C_4'$ 角的平均值从 116.7° 逐渐减小到 116.1°，$O_5-C_1-O_4'-C_4'$ 和 $C_1-O_4'-C_4'-C_5'$ 二面角的平均值分别从 73.1° 和 219.2° 逐渐增加到 75.1° 和 222.5°。键角或二面角的变化很小，但这个很小的变化会对整个分子产生重大影响。从图 4-3 中可以看出，键角和二面角的细微变化对整个分子构象的影响：每 6 个残基之间的距离将减少约 0.3nm。实际上，直链糖分子可以由 3000 个葡萄糖残基组成。即 900MPa 的高压处理将直链淀粉的头尾距离缩短了 150nm，使直链淀粉"变粗"。实际上，V 型螺旋是一种比左手螺旋更"坚固"的构象，具有更大的内腔。即高压处理使直链淀粉分子呈现由左手螺旋向 V 型螺旋转变的趋势，这与高压处理后 XRD 结果中出现的 20° 衍射峰相一致。此外，Cheng 等发现，没有客体分子的 V 型螺旋直链淀粉在水溶液中会在 4ns 内展开成随机弯曲构象。但在高压下，V 型螺旋直链淀粉的解旋会受到一定程度的抑制。

对于葡萄糖残基的构象，淀粉分子中的葡萄糖残基通常以 4C1 椅形存在，这是结合自由能最低的构象，也是 1C4 椅形、半椅形、船形等构象中最稳定的构象。研究发现，随着压力从 0.1MPa 增加到 900MPa，4C1 椅形构象的比例从 97.6% 逐渐增加到 99.8%，说明高压处理使淀粉分子结构更加稳定。相似的是，淀粉分子的伸缩键能、键角弯曲能和二面角扭转能都随着压力的增加而逐渐降低，说明高压处理降低了淀粉分子的原子振动。此外，RMSD（均方根位移）和 RMSF（均方根波动）值分别表示整个分子和残基的波动，在较高的压力下均表现出较低的值。这些结果表明，高压会使淀粉分子更稳定，这与加热处理的效果相反。这可能是高压诱导糊化比加热诱导糊化具有更少直链淀粉浸出的另一个原因。

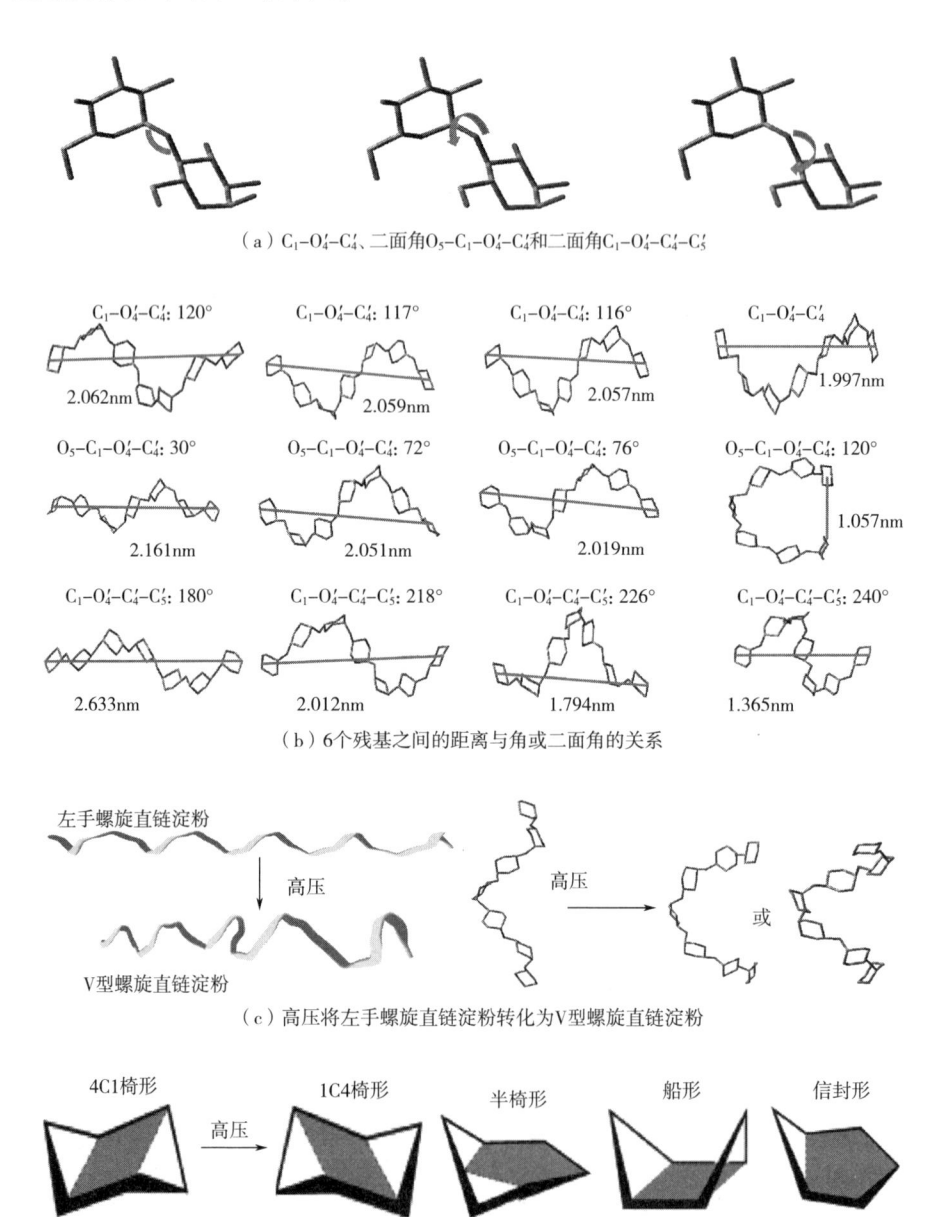

（a）$C_1-O_4'-C_4'$、二面角$O_5-C_1-O_4'-C_4'$和二面角$C_1-O_4'-C_4'-C_5'$

$C_1-O_4'-C_4'$: 120°　2.062nm
$C_1-O_4'-C_4'$: 117°　2.059nm
$C_1-O_4'-C_4'$: 116°　2.057nm
$C_1-O_4'-C_4'$　1.997nm

$O_5-C_1-O_4'-C_4'$: 30°　2.161nm
$O_5-C_1-O_4'-C_4'$: 72°　2.051nm
$O_5-C_1-O_4'-C_4'$: 76°　2.019nm
$O_5-C_1-O_4'-C_4'$: 120°　1.057nm

$C_1-O_4'-C_4'-C_5'$: 180°　2.633nm
$C_1-O_4'-C_4'-C_5'$: 218°　2.012nm
$C_1-O_4'-C_4'-C_5'$: 226°　1.794nm
$C_1-O_4'-C_4'-C_5'$: 240°　1.365nm

（b）6个残基之间的距离与角或二面角的关系

左手螺旋直链淀粉 →高压→ V型螺旋直链淀粉

→高压→ 或

（c）高压将左手螺旋直链淀粉转化为V型螺旋直链淀粉

4C1椅形 →高压→ 1C4椅形　半椅形　船形　信封形

（d）压力对葡萄糖残基构象的影响

图4-3　压力对淀粉分子构象的影响

(三) 氢键

由于淀粉的多羟基结构，氢键对维持淀粉分子构象具有重要意义。如图4-4所示，淀粉分子中常见的分子内氢键包括相邻两个残基形成的O_2-O_3和O_6-O_6氢键，V型直链淀粉中相邻两个螺旋形成的O_2/O_3-O_6氢键，以及非相邻两个残基或双螺旋中Rn-Rn+2形成的O_2-O_6氢键。淀粉糊化的本质是水分子进入颗粒，与淀粉羟基形成新的氢键，取代原有的分子内氢键，最终破坏淀粉结构。从图4-4中可以看出，随着压力的增加，O_2-O_3和O_6-O_6氢键逐渐减小。而淀粉分子—水分子氢键逐渐增加，即高压显著提高了淀粉分子的水化能力，这可能是高压诱导糊化的关键。

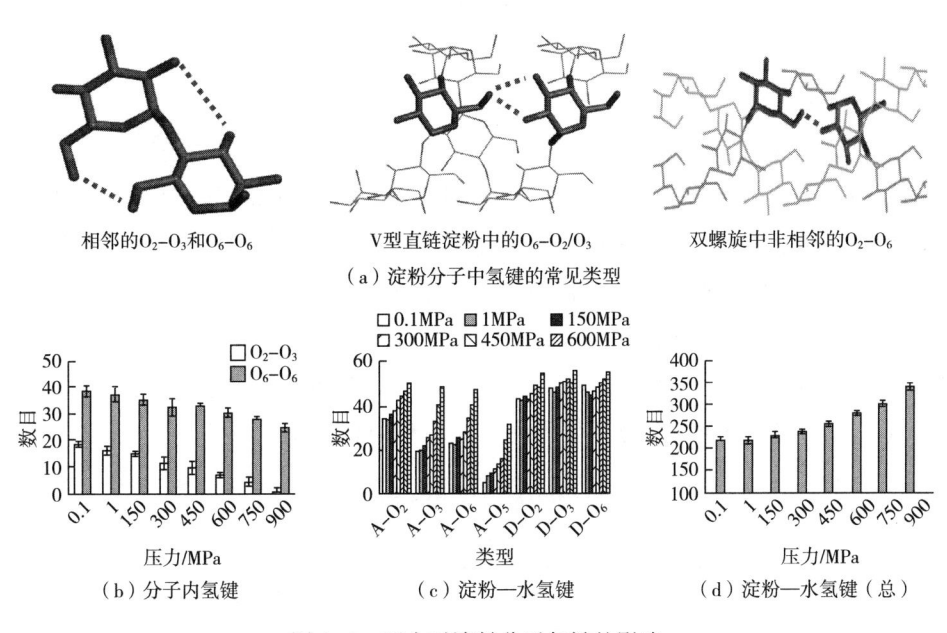

相邻的O_2-O_3和O_6-O_6 V型直链淀粉中的O_6-O_2/O_3 双螺旋中非相邻的O_2-O_6

(a) 淀粉分子中氢键的常见类型

(b) 分子内氢键   (c) 淀粉—水氢键   (d) 淀粉—水氢键（总）

图4-4 压力对淀粉分子氢键的影响

综上所述，压力对淀粉多尺度结构的影响较大：第一，在大多数情况下，在100~400MPa下，颗粒形态和偏光十字没有明显变化；淀粉颗粒在500~1000MPa时膨胀分解，偏光十字消失。第二，高压降低了淀粉的相对结晶度，使A型晶体转变为B型晶体。第三，高压处理对淀粉晶体结构的破坏主要是通过扰乱双螺旋的规则排列来实现的，而不是直接破坏双螺旋结构。第四，高压使淀粉分子的平均分子量略有降低。第五，高压降低了C_1-O_4'-C_4'的夹角，增大了O_5-C_1-O_4'-C_4'和C_1-O_4'-C_4'-C_5'的二面角，使淀粉分子变得"粗大"。第六，高压降低了淀粉的伸缩键能、键角弯曲能和二面角扭转能，使淀粉分子变得稳定。第七，高压增加了葡萄糖残基 4C1 椅构象的比例，降低了淀粉分子的自由能。第八，高压使淀粉—水氢键增加，促进淀粉的水化。

第二节　高压对淀粉性质的影响

高压力技术是食品加工行业的一项新兴技术，淀粉是食品加工的主要原料。淀粉的糊化性能、回生性能、热性能、结晶性能、流变性能和消化性能是淀粉的重要性能，在淀粉的加工和应用中具有重要意义。

一、结晶性质

高压处理对淀粉结晶性能的影响如表 4-1 所示，在大多数研究中，相对结晶度随着压力的增加而逐渐降低。然而，也有报道称高压处理可以略微改善淀粉的结晶度。例如，马铃薯淀粉和百合淀粉经过 400MPa 的高压处理后，结晶度略有提高，此外，发现高压处理后，A 型或 C 型晶体会转变为 B 型，然而，结晶转变的规律似乎很难弄清楚。有研究发现，小麦淀粉在 600MPa 时从 A 型结晶转变为 B 型结晶，小麦淀粉在 600MPa 时保持 A 型结晶，玉米淀粉（A 型）在 600MPa 下分别表现为 A 型、B 型和 C 型。

表 4-1　压力对淀粉结晶性能的影响

淀粉种类	压力/MPa	结晶类型	相对结晶度/%
土豆淀粉 25%，30~60min	0.1	B	19.1
	400（30min）	B	13.5
	400（60min）	B	13.5
	600（30min）	B	14.6
	600（60min）	B	14.6
赤小豆淀粉 20%，15min	0.1	C	ND
	150	C	ND
	300	C	ND
	450	C	ND
	600	C	ND

续表

淀粉种类	压力/MPa	结晶类型	相对结晶度/%
木薯淀粉 20%，10min	0.1	A	25.8
	30	A	21.4
	60	A	20.1
	90	A	20.7
	120	A	19.4
	150	A	17.1
小麦淀粉 30%，30min	0.1	A	36.9
	300	A	32.2
	600	B	24.3
玉米淀粉 30%，30min	0.1	A	32.2
	300	A	28.6
	600	B	19.5
甘薯淀粉 30%，30min	0.1	A	32.9
	300	A	29.7
	600	A	20.2
蜡质玉米淀粉 30%，30min	0.1	A	27.4
	300	A	19.5
	600	B	10.7
高粱淀粉 20%，20min	0.1	A	38.0
	120	A	35.8
	240	A	32.6
	360	A	30.6
	480	A	26.8
	600	B+V	24.4
苦荞淀粉 20%，20min	0.1	A	38.8
	120	A	37.6
	240	A	34.7
	360	A	34.0
	480	A	29.2
	600	B	26.2

续表

淀粉种类	压力/MPa	结晶类型	相对结晶度/%
稻米淀粉 10%，20min	0.1	A	38.1
	100	A	37.5
	200	A	36.3
	300	A	35.2
	400	A	32.5
	500	A	29.1
	600	无定形区	0
藜麦淀粉 25%，15min	0.1	A	ND
	300	A	ND
	450	A	ND
	600	无定形区	ND
百合淀粉 15%，30min	0.1	B	32.8
	100	B	30.4
	200	B	29.2
	300	B	23.1
	400	B	16.6
	500	B	13.5
	600	B	8.08

此外，已知 B 型结晶比其他类型的结晶更耐高压。在高压处理下，颗粒的崩解和结晶度的消失需要颗粒内外之间存在压力差。就像一个密封的有盖的瓶子在高压下会被压扁，而一个没有盖的瓶子在高压下不会受到影响。松散的 B 型晶体比致密的 A 型晶体更不易被水堵塞形成封闭空间。此外，有报道称，小粒径（<25μm）的马铃薯淀粉颗粒比大粒径（>75μm）的马铃薯淀粉颗粒更容易糊化。可以看出，常见的 B 型淀粉（如豌豆、马铃薯、百合淀粉等）均具有较大的颗粒尺寸（马铃薯 45μm；豌豆 51μm，百合 33μm）。同时，高压处理后小麦淀粉的 SEM 结果显示，大颗粒的小麦淀粉在高压处理后出现变形，而小颗粒的小麦淀粉几乎消失。因此，大粒径也可能是 B 型晶体更耐高压的重要原因。众所周知，淀粉的结晶性质是由于支链淀粉分子侧链形成的双螺旋结构。而双螺旋是淀粉晶体结构的基

本单位，高压处理会破坏淀粉的结晶结构。然而，通过分子模拟发现，高压处理（100~900MPa）对双螺旋结构没有明显的影响，这与加热处理明显不同：双螺旋结构在75℃和100℃时会展开。此外，通过SAXS发现高压处理对淀粉片层厚度没有显著影响，而经过80℃水热处理后，半晶片的厚度会从9.37nm显著变化到17.94nm。因此可以推测，高压处理对淀粉晶体结构的破坏主要是通过扰乱双螺旋的规则排列来实现的，而不是直接破坏双螺旋结构。

二、糊化特性

淀粉糊化是指在加热、高压、高浓度盐离子等外部环境作用下，淀粉结构由有序向无序的不可逆相变过程。淀粉糊化的本质是外部水分子进入淀粉颗粒，与淀粉羟基形成新的氢键，取代原有的分子间氢键，破坏原有的分子排列。淀粉的糊化特性是指淀粉糊化过程中黏度的变化，可以用RVA（快速黏度分析仪）来表征。糊化性能指标一般包括峰值黏度、谷值黏度、终值黏度、回生值、崩解值和糊化温度。糊化温度表示淀粉颗粒膨胀最快的相应温度，峰值黏度代表淀粉颗粒的膨胀极限。在峰值黏度前，淀粉的黏度为正与淀粉颗粒膨胀程度相关。峰值黏度过后，淀粉颗粒崩解，黏度下降，然后出现谷值黏度。此时，黏度与支链淀粉/直链淀粉含量和分子量有关。回生值（峰值黏度与低谷黏度之差）代表淀粉糊的稳定性和抗剪切性。崩解值（终值黏度和谷值黏度之间的差值）代表淀粉形成凝胶的能力。如表4-2所示，总结了高压处理对淀粉糊化性能的影响。可以看出，在大多数研究中，压力对淀粉的峰值黏度、谷值黏度、终值黏度、回生值、崩解值和糊化温度的影响没有明显的规律性。有研究人员发现，随着压力的增加，糊化温度、黏度和崩解值逐渐升高，而有研究者发现，随着压力的增加，糊化温度、黏度、崩解值和回生值逐渐降低。造成这种不同结果的原因非常复杂。一方面，这可能是由于淀粉品种不同造成的。不同的淀粉品种，由于晶体类型、直链淀粉含量或颗粒大小的不同，具有不同的抗压性。然而，有研究发现压力对豌豆淀粉的糊化性能没有规律的影响。但也有研究者发现豌豆淀粉的黏度随着压力从0.1MPa增加到450MPa逐渐增加。另一方面，RVA结果的准确性会受到淀粉悬浮液浓度、离子含量等诸多因素的显著影响。例如，在RVA试验中，淀粉悬浮液在使用不同电导率的超纯水时会表现出不同的黏度。此外，高直链淀粉的峰值黏度只有在使用较高浓度的淀粉悬浮液时才能观察到。此外，从表4-2中可以观察到一个特殊的现象。在许多研究中，600MPa处理后的峰值黏度、谷值黏度、终值黏度、回生值和崩解值明显低于其他组。600MPa处理后的糊化温度明显高于其他各组这是因为淀粉颗粒经过600MPa的处理已经发生了崩解，崩解后的淀粉颗粒在RVA试验中很难再膨胀。

表4-2 压力对淀粉糊化性能的影响

淀粉种类	压力/MPa	PV	TV	FV	SB	BD	糊化温度/℃	糊化时间/min
土豆淀粉 25%	0.1	4919.5	2282.5	2637.0	336.0	2618.5	69.7	3.8
	400 (30min)	5025.5	2436.5	2589.0	353.0	2789.5	69.8	4.0
	400 (60min)	5444.5	2866.0	2578.5	375.5	3241.5	69.4	3.9
	600 (30min)	4722.5	2108.0	2614.5	376.0	2484.0	70.1	4.1
	600 (60min)	4949.5	2327.5	2622.0	405.0	2732.5	70.3	4.03
小米淀粉 30%, 15min	0.1	2807	1061	2694	1634	1746	57.4	4.33
	150	2439	1529	2742	1212	909	76	5.33
	300	2352	1299	3138	1839	1053	74.3	4.8
	450	2205	1365	2781	1417	840	75.85	5.13
	600	252	402	725	321	123	89.65	5.47
赤小豆淀粉 20%, 15min	0.1	5252	3751	4936	1185	1501	50.63	4.5
	150	4652	4033	6899	2856	620	75.10	4.73
	300	4004	3623	7187	3504	375	77.10	4.67
	450	4552	3869	6819	2950	684	75.95	4.67
	600	613	506	899	383	107	92.33	7.00
稻米淀粉 20%, 30min	0.1	3457	1383	2941	1568	2156	71.2	4.67
	120	4027	2995	4527	1574	1086	71.2	6.11
	240	4185	3061	4590	1588	1030	71.2	6.15
	360	4011	3044	4599	1505	931	71.1	6.27
	480	3972	3071	4703	1576	912	71.1	6.27
	600	2794	2133	3587	1286	649	84.6	7.00

续表

淀粉种类	压力/MPa	PV	TV	FV	SB	BD	糊化温度/℃	糊化时间/min
百合淀粉 15%, 30min	0.1	1409	801	1246	445	607	66.10	3.71
	100	1694	982	3423	718	711	68.25	4.27
	200	1315	860	1316	456	455	68.50	3.93
	300	1454	824	1398	573	629	68.75	3.93
	400	1251	784	1019	271	503	67.30	3.80
	500	1811	983	1659	675	827	63.95	3.86
	600	221	199	303	104	22	ND	6.95
芒果仁淀粉 ND, 10min	0.1	1972	1730	3410	1680	242	73.2	ND
	300	2148	1930	2969	1039	218	72.1	ND
	450	2174	2044	3394	1350	130	71.8	ND
	600	1144	ND	1744	ND	ND	70.2	ND
豌豆淀粉 25%, 15min	0.1	302.67	93.67	284.33	190.67	209.00	ND	6.16
	300	285.67	89.00	267.00	178.00	196.67	ND	6.09
	400	315.33	94.67	288.00	193.33	220.67	ND	6.18
	500	471.00	80.33	272.67	192.33	390.67	ND	6.13
	600	455.33	82.33	333.00	250.67	373.00	ND	6.22
扁豆淀粉 20%, 10min	0.1	958	586	1666	1080	372	64.1	ND
	400	981	651	1588	937	330	62.6	ND
	500	860	670	1487	817	190	65.2	ND
	600	520	517	688	171	3	56.2	ND
荔枝核淀粉 25%, 10min	0.1	2093	1897	3210	1313	196	74.3	ND
	300	2503	2000	3838	1838	503	74.0	ND
	450	2439	2148	3536	1388	291	72.7	ND
	600	2375	2330	3171	841	45	70.4	ND
玉米淀粉 40%	0.1	948	524	1322	798	434	70.2	ND
	400（5min）	917	551	1288	737	391	70.1	ND
	400（10min）	972	550	1319	769	450	70.0	ND
	600（5min）	923	619	1388	796	329	70.7	ND
	600（10min）	927	641	1392	751	300	70.8	ND

续表

淀粉种类	压力/MPa	PV	TV	FV	SB	BD	糊化温度/℃	糊化时间/min
稻米淀粉 40%	0.1	756	401	976	575	359	75.5	ND
	400 (5min)	654	383	960	577	279	77.2	ND
	400 (10min)	659	393	966	573	272	76.7	ND
	600 (5min)	632	401	951	550	236	77.1	ND
	600 (10min)	656	400	971	571	260	77.0	ND
蜡质玉米淀粉 40%	0.1	662	320	600	280	352	65.2	ND
	400 (5min)	607	305	584	279	312	65.3	ND
	400 (10min)	640	312	595	283	337	64.9	ND
	600 (5min)	602	308	584	276	305	64.8	ND
	600 (10min)	614	307	584	277	316	64.2	ND
高粱淀粉 20%, 20min	0.1	4464	1663	3397	1734	2701	63.0	4.19
	120	4327	1606	3219	1613	2684	63.7	4.39
	240	4284	1620	3143	1523	2610	64.4	4.58
	360	4137	1627	3092	1465	2490	65.3	4.63
	480	3529	1667	2916	1249	1862	65.8	4.67
	600	1611	1154	2314	1160	457	66.5	4.87
豌豆淀粉 20%, 30min	0.1	6207	2818	4267	1493	3369	72.0	4.2
	120	6245	3292	4767	1484	2949	71.2	4.07
	240	6957	3441	4901	1461	3517	71.2	4.0
	360	6981	3467	4803	1387	3459	71.2	4.0
	480	7425	4151	6090	1943	3278	72.0	4.0
	600	5761	5346	7945	2570	324	72.7	5.6
稻米淀粉 20%, 30min	0.1	3457	1383	2941	1568	2156	71.2	4.67
	120	4027	2995	4527	1574	1086	71.2	6.11
	240	4185	3061	4590	1588	1030	71.2	6.15
	360	4011	3044	4599	1505	931	71.1	6.27
	480	3972	3071	4703	1576	912	71.1	6.27
	600	2794	2133	3587	1286	649	84.6	7.00

续表

淀粉种类	压力/MPa	PV	TV	FV	SB	BD	糊化温度/℃	糊化时间/min
荞麦淀粉 20%，20min	0.1	4019	2378	4293	1915	1641	63.7	4.26
	120	3608	2430	4211	1781	1578	63.6	4.67
	240	3263	2239	4004	1765	1003	64.5	4.86
	360	3006	2067	3811	1744	960	65.4	4.93
	480	972	839	1257	418	133	67.4	5.26
	600	371	221	568	347	150	68.8	5.73
豌豆淀粉 15%，20min	0	2909.0	2275.0	3924.0	1654.0	634.0	70.3	4.7
	150	3237.0	2302.0	4273.0	1971.0	935.0	70.5	4.7
	300	3347.0	2384.0	4437.0	2053.0	962.0	69.7	4.6
	450	3475.0	2579.0	4473.0	1911.0	913.0	70.3	4.9
	600	524.0	473.0	693.0	220.0	50.0	61.8	7.0
燕麦淀粉 15%，5~30min	0.1	495.1	294.4	1420.64	1126.24	200.70	93.9	7.67
	500（5min）	440.0	242.0	1156.77	914.77	198.00	94.8	7.37
	500（10min）	446.1	240.0	1109.4	869.04	206.10	94.9	7.48
	500（15min）	437.7	222.0	713.7	491.07	315.90	93.4	7.15
	500（20min）	422.9	238.0	1148.92	910.92	284.90	93.7	7.26
	500（25min）	415.7	219.5	1040.0	820.50	296.20	93.2	7.60
	500（30min）	433.2	230.0	1117.59	887.59	303.20	93.0	7.14

三、回生性

淀粉回生是淀粉通过氢键、范德瓦耳斯力或静电相互作用发生分子重排和再结晶的过程。一方面，回生是导致淀粉基产品质量劣变的重要因素。另一方面，它是制备 R3 抗性淀粉的重要途径。据报道，直链淀粉含量、平均分子量、链长分布、储存温度、pH、含盐量和含水量都与淀粉的降解密切相关。此外，众所周知，淀粉凝胶的相对结晶度（XRD）、焓值（DSC）和硬度（质构分析仪）在淀粉回生过程中逐渐升高。因此，这些指标可以用来观察淀粉的回生过程。

迄今为止，高压处理对淀粉回生性能的影响已经得到了广泛的研究。有研究发现，在4℃贮藏14d期间，随着压力从0.1MPa增加到600MPa，莲子淀粉的热焓值上升速率逐渐增大。大米、玉米和芸豆淀粉凝胶在4℃保存96h后，600MPa组的硬度高于300MPa组。此外，在4℃保存4d的过程中，600MPa组的蜡质小麦淀粉相对结晶度的上升速率高于低压组。即高压能提高淀粉的降解速率，且压力越高，降解速率越高。此外，在相同压力下，高压处理淀粉悬浮液的浓度、时间和温度也会影响高压对回生速率的影响。例如，600MPa-30℃-10min组木薯淀粉凝胶的降解速率低于600MPa-30℃-20min和600MPa-30℃-30min组，600MPa-80℃-10min组的降解速率低于600MPa-30℃-10min组。相似的是，马铃薯淀粉凝胶经1000MPa处理后，随着处理温度（1000MPa）从50℃到20℃的降低，其降解速率逐渐增加。

此外，与加热制备的淀粉凝胶相比，高压制备的淀粉凝胶在回生过程中表现出更低的回生率、更低的硬度、更高的含水率、更低的吸水率、更高的抗拉强度。研究发现，在4℃条件下贮藏28d时，600MPa处理30min的大米淀粉凝胶的焓上升速率低于90℃处理30min的大米淀粉凝胶。为了解释高压生产的凝胶和加热生产的凝胶回生速率差异的原因，研究者利用NMR（核磁共振）分析了淀粉凝胶中水分扩散的差异。结果表明，高压生成的凝胶的峰在T_{21}的5μs和150μs处出现，加热生成的凝胶的峰在T_{21}的230μs处出现。在T_{22}中，高压生成的凝胶的峰出现在1ms、6ms、30ms，加热生成的凝胶的峰出现在1ms、6ms、60ms。说明加热生成的凝胶中的水比高压生成的凝胶中的水具有更强的扩散性，这可能是高压生成的凝胶比加热生成的凝胶具有更高的回生率的原因之一。

加热处理可以明显破坏淀粉分子的糖苷键，降低淀粉的平均分子量，而高压处理对淀粉的平均分子量没有明显影响。以玉米支链淀粉为例，600MPa处理后，支链淀粉M_n和M_w分别从5.30×10^7和5.54×10^7降低到5.20×10^7和5.31×10^7。玉米直链淀粉的M_n和M_w分别从1.97×10^7和2.05×10^7降低到1.91×10^7和1.91×10^7。在100℃、90℃和80℃热处理后，玉米淀粉的平均分子量分别降低到天然玉米淀粉的36.6%、41.8%和63.2%。众所周知，较小的分子更容易聚集和再结晶，这可能是高压生成的凝胶比加热生成的凝胶具有更高回生率的另一个原因。但研究发现，蜡质淀粉在回生过程中的焓变化曲线与普通淀粉有明显不同。高压法制备的蜡质淀粉凝胶的回生速度不会比加热法制备的慢，这可能与压力法制备的淀粉凝胶的直链淀粉浸出率低于加热法制备的淀粉凝胶有关。

四、消化特性

根据酶解速率的不同,淀粉可分为抗性淀粉(resistant starch,RS)、慢消化淀粉(slowly digestible starch,SDS)和快速消化淀粉(rapidly digestible starch,RDS)。RDS是指在20min内能被完全消化的淀粉,RS是指在120min内不能被消化的淀粉。一方面,酶解效率较高的淀粉在发酵等生物利用方面具有明显优势。另一方面,酶解效率较低的淀粉对糖尿病患者具有重要意义。表4-3总结了压力处理对淀粉消化性能的影响。它可以分为三种情况。第一,有研究者发现高压处理可以提高淀粉的酶解效率。如在高压处理过程中,小麦、木薯、马铃薯、玉米、糯玉米的消化率随着糊化程度的增加而逐渐增加。经过600MPa高压处理的荞麦淀粉的消化率高于未经过高压处理的荞麦淀粉。相似的是,栗子淀粉、蜡质小麦淀粉和大米淀粉的RDS随着压力的增加而逐渐降低,而栗子淀粉、蜡质小麦淀粉和大米淀粉的RDS随着压力的增加而逐渐增加。第二,一些研究发现的结果与上述完全相反。由表4-3可以看出,小麦、玉米、马铃薯、水稻、糯玉米、芸豆、甘薯、苦荞、豌豆、荞麦的淀粉的RS和SDS随着压力的增加而逐渐增大,而这些淀粉的RDS随着压力的增加而逐渐减小。即压力处理可以降低消化速率,增加RS含量。第三,有研究者发现适当的压力处理可以产生最多的RS,如高直链淀粉的酶解率在200MPa处理后最低,而100MPa、600MPa、800MPa或1000MPa处理都能提高淀粉的消化率。此外,400MPa处理后的木豆淀粉RS含量高于其他压力(0.1MPa、200MPa和600MPa)处理后的木豆淀粉RS含量。相似的是,糯米淀粉经200MPa处理后其RS含量与其他压力(0.1MPa、300MPa、400MPa、500MPa)处理后相比更高。至于上述三种情况发生的原因完全不同。除了淀粉品种的差异外,还可能包括以下两个方面。一方面,回生对消化性能结果的影响,已知在淀粉回生过程中RS的含量会逐渐增加。如果不能立即或同时对干燥后的样品进行检测,则RS含量的结果会有很大的误差。此外,在不同的研究中采用不同的干燥方法、冷冻干燥或室温下乙醇+空气干燥可能导致不同的回生程度,这也可能对RS含量的结果产生不同的影响。另一方面,许多现有的RS含量检测工具不够精确。此外,据报道,高压处理的温度和时间对RS含量没有明显影响。例如,在500MPa下,燕麦淀粉的RS、SDS和RDS随处理时间从 5min 增加到 30min 而无显著变化。相似的是，藜麦淀粉、苋菜淀粉和小麦淀粉的 RS 含量在 600MPa-40℃ 和 600MPa-60℃ 之间也没有显著差异。

高压处理与其他改性方法相结合可以获得更好的效果。如有研究发现高压（500MPa，15min）结合韧化（52℃，240min）处理后的小麦淀粉 RS 含量高于单纯高压处理或单纯韧化处理后的小麦淀粉 RS 含量。同样地，高压与湿热联合处理后马铃薯淀粉的 RS 增加量也高于单纯高压处理或单纯湿热处理。经过高压、韧化和脱支协同处理后，木薯淀粉的 RS 含量从 2.4% 显著提高到 41.3%。

表 4-3 压力对淀粉消化性能的影响

淀粉种类	压力/MPa	RS 含量/%	SDS 含量/%	RDS 含量/%	干燥方法
木豆淀粉 6min，ND	0.1	43.1	15.3	7.7	ND
	200	44.1	17.6	11.5	
	400	47.3	17.8	11.1	
	600	17.5	9.2	20.2	
小麦淀粉 30min，30%	0.1	6.2	13.5	80.3	干燥：45℃，24h
	300	8.3	15.3	76.4	
	600	9.5	18.2	72.3	
玉米淀粉 30min，30%	0.1	9.1	11.9	79.6	干燥：45℃，24h
	300	9.3	13.2	77.5	
	600	10.2	14.5	75.3	
马铃薯淀粉 30min，30%	0.1	6.8	31.2	62.2	干燥：45℃，24h
	300	7.7	32.5	59.9	
	600	8.4	35.2	25.3	
大米淀粉 30min，30%	0.1	2.4	16.2	81.5	干燥：45℃，24h
	300	4.7	18.1	77.8	
	600	4.7	18.8	76.7	
蜡质玉米淀粉 30min，30%	0.1	8.5	10.2	81.0	干燥：45℃，24h
	300	9.5	12.9	77.5	
	600	10.5	15.4	74.5	
红薯淀粉 30min，30%	0.1	24.1	1.3	74.7	干燥：45℃，24h
	300	25.8	3.6	70.6	
	600	27.3	4.6	68.1	

续表

淀粉种类	压力/MPa	RS 含量/%	SDS 含量/%	RDS 含量/%	干燥方法
芸豆淀粉 30min, 30%	0.1	11.5	2.8	85.6	干燥：45℃, 24h
	300	13.0	4.8	82.2	
	600	14.5	5.9	79.6	
大米淀粉 15min, ND	200	76	21	3	ND
	300	40	40	20	
	400	65	27	8	
	500	71	25	4	
蜡质小麦淀粉 30min, 10%	0.1	63	18	9	干燥：45℃, 24h
	300	59	25	14	
	400	49	27	24	
	500	38	32	30	
	600	27	41	32	
栗子淀粉 10min, 20%	0.1	36.81	ND	ND	冻干
	400	36.36	ND	ND	
	500	36.18	ND	ND	
	600	36.11	ND	ND	
苦荞淀粉 20min, 20%	0.1	2	46	40	冻干
	120	3	47	37	
	240	5	48	35	
	360	6	49	32	
	480	7	50	30	
	600	8	51	28	
苦荞淀粉 20min, 20%	0.1	3	24	46	冻干
	120	4	22	47	
	240	5	21	48	
	360	6	20	49	
	480	7	18	50	
	600	8	16	51	

续表

淀粉种类	压力/MPa	RS 含量/%	SDS 含量/%	RDS 含量/%	干燥方法
豌豆淀粉 25min，15%	0.1	24	17	59	干燥：40℃，24h
	150	26	16	59	
	300	31	12	58	
	450	33	11	57	
	600	35	12	55	
蜡质玉米淀粉 20min，10%	0.1	22	45	32	干燥
	100	21	45	33	
	200	20	46	32	
	300	15	49	36	
	400	13	53	35	
	500	12	50	40	
	600	10	23	70	
大米淀粉 15~30min，20%	0.1	35.59	24.11	40.30	冻干
	200~30min	36.88	24.47	38.65	
	200~15min*2	25.79	30.93	43.28	
	600~30min	15.4	40.42	44.18	
	600~15min*2	6.74	51.44	41.82	
高粱淀粉 20min，20%	0.1	3	37	37	冻干
	120	5	38	35	
	240	7	39	32	
	360	10	40	29	
	480	12	41	27	
	600	14	47	22	
小麦淀粉 10~30min，33.3%	0.1	0.39	Non-RS	97.82	干燥：105℃
	100MPa-40℃-10min	1.07	Non-RS	94.28	
	100MPa-40℃-30min	0.28	Non-RS	92.49	
	600MPa-40℃-10min	3.66	Non-RS	89.04	
	600MPa-40℃-30min	4.00	Non-RS	91.17	
	100MPa-60℃-10min	1.02	Non-RS	76.98	
	100MPa-60℃-30min	3.62	Non-RS	86.89	
	600MPa-60℃-10min	3.86	Non-RS	88.67	
	600MPa-60℃-30min	3.80	Non-RS	88.28	

续表

淀粉种类	压力/MPa	RS 含量/%	SDS 含量/%	RDS 含量/%	干燥方法
苋菜淀粉 10~30min, 33.3	0.1	1.29	Non-RS	80.00	干燥：105℃
	100MPa-40℃-10min	0.48	Non-RS	65.27	
	100MPa-40℃-30min	0.44	Non-RS	65.51	
	600MPa-40℃-10min	0.55	Non-RS	70.19	
	600MPa-40℃-30min	0.51	Non-RS	70.21	
	100MPa-60℃-10min	0.52	Non-RS	61.07	
	100MPa-60℃-30min	0.47	Non-RS	72.45	
	600MPa-60℃-10min	0.49	Non-RS	70.82	
	600MPa-60℃-30min	0.49	Non-RS	69.31	
藜麦淀粉 10~30min, 33.3%	0.1	0.18	Non-RS	69.95	干燥：105℃
	100MPa-40℃-10min	0.05	Non-RS	79.65	
	100MPa-40℃-30min	0.04	Non-RS	70.10	
	600MPa-40℃-10min	2.36	Non-RS	72.86	
	600MPa-40℃-30min	2.56	Non-RS	66.40	
	100MPa-60℃-10min	0.27	Non-RS	67.11	
	100MPa-60℃-30min	1.77	Non-RS	72.41	
	600MPa-60℃-10min	3.07	Non-RS	71.30	
	600MPa-60℃-30min	3.32	Non-RS	69.77	

五、热性能

用 DSC 分析了淀粉的热性能。T_o、T_p 和 T_c 分别代表结晶熔化开始温度、结晶熔化的峰值温度和结晶熔化结束温度。T_o、T_p 和 T_c 值越高，说明淀粉的结晶结构越致密，越不易被破坏。ΔH 为结晶熔化所需焓，可根据 DSC 曲线峰面积计算。ΔH 值越高，说明淀粉的相对结晶度越高。高压处理对淀粉消化性能的影响如表 4-3 所示。它可以分为五种情况。第一，在大多数研究中，

我们发现淀粉的 T_o、T_p 和 T_c 随着压力的增加而逐渐降低。例如，荞麦淀粉的 T_o、T_p 和 T_c 随着压力的增加（从 0.1MPa 到 600MPa）逐渐降低。第二，有研究者发现淀粉的 T_o、T_p 和 T_c 随着压力的增加而逐渐增加。例如，高粱淀粉的 T_o、T_p 和 T_c 随着压力的增加（从 0.1MPa 到 500MPa）而逐渐增加。第三，随着压力的增加，淀粉的 T_o、T_p 和 T_c 呈现先上升后下降的趋势。第四，在一些研究中，淀粉的 T_o、T_p 和 T_c 随压力的增加呈现先下降后上升的趋势。第五，少数研究发现，高压对淀粉的 T_o、T_p 和 T_c 没有规律的影响。热性能测定结果差异的原因可能与淀粉品种有关。小麦淀粉的 T_o、T_p 和 T_c 随着压力的增加（从 0.1MPa 到 600MPa）逐渐降低。但也有研究发现小麦淀粉的 T_o、T_p 和 T_c 呈逐渐上升的趋势。相似的是，马铃薯淀粉的 T_o 在不同的研究中也表现出不同的影响趋势。因此，压力对淀粉的 T_o、T_p 和 T_c 的影响规律可能还需要进一步验证。

此外，在几乎所有的研究中，淀粉的 ΔH 随压力的增加而逐渐减小，说明高压处理会破坏淀粉的晶体结构。特别是当压力达到 600MPa 时，DSC 曲线峰值几乎消失，只有少数高耐压性淀粉品种的 ΔH 值没有降至 0。对于高压处理的时间、温度和淀粉悬浮液浓度，500MPa 处理在前 20min 对燕麦淀粉的热性能没有显著影响，而在 20～30min，影响变得明显。此外，还发现 600MPa-30min 和 600MPa-60min 马铃薯淀粉的热性能没有明显差异。此外，较低的淀粉悬浮液浓度可以获得更充分的高压处理效果。例如，700MPa 处理可使马铃薯淀粉（10%）的焓降至 0，而悬浮液浓度为 30% 的马铃薯淀粉则需要 900MPa。在高压处理过程中，淀粉悬浮液浓度越高，其焓值越高。

此外，从表 4-4 可以看出，在一些研究中，T_o、T_p、T_c 或 ΔH 有很大的差异。如有研究发现小麦淀粉的 T_o 为 56.1～57.8℃，而也有别的研究发现小麦淀粉的 T_o 值为 68.2～69.6℃。相似的是，有研究发现马铃薯淀粉的 ΔH 在 10.3～14.9J/g 之间，而也有别的研究发现马铃薯淀粉的 ΔH 为 15.59～16.10J/g。一方面，这可能是由于淀粉亚种的差异造成的。另一方面，经过高压处理和干燥处理后，淀粉会立即重结晶。据报道，淀粉回生过程中 T_o、T_p、T_c 会显著降低，焓会逐渐升高。因此，最好在高压干燥处理后立即进行 DSC 测定。

表4-4 压力对淀粉热性能的影响

淀粉种类	压力/MPa	T_o/°C	T_p/°C	T_c/°C	ΔH/(J/g)	淀粉种类	压力/MPa	T_o/°C	T_p/°C	T_c/°C	ΔH/(J/g)
小米淀粉	0.1	64.16	68.45	79.09	10.58	马铃薯淀粉	0.1	61.9	66.40	76.65	16.10
	150	67.84	70.76	77.33	9.90		400(30min)	61.7	65.80	74.71	19.43
	300	68.38	70.86	76.60	9.84		400(60min)	60.58	65.32	75.83	20.78
	450	68.25	71.91	78.18	9.63		600(30min)	62.56	66.19	76.42	15.14
	600	ND	ND	ND	ND		600(60min)	62.72	66.31	75.64	15.59
红小豆淀粉	0.1	61.22	68.35	78.99	6.76	高粱淀粉	0.1	62.3	67.0	72.0	2.53
	150	66.97	70.75	76.20	6.30		300	62.6	67.3	72.0	2.54
	300	69.95	73.15	77.67	6.12		400	64.9	68.6	72.9	1.65
	450	67.43	71.25	75.89	5.83		500	67.1	71.4	77.2	0.42
	600	ND	ND	ND	ND		600	ND	ND	ND	ND
藜麦淀粉	0.1	59.69	65.96	ND	4.33	荔枝核淀粉	0.1	68.5	75.5	80.1	11.8
	300	57.66	64.45	ND	1.78		300	68.5	75.4	80.0	11.4
	450	57.66	64.45	ND	1.61		450	67.8	71.1	77.4	8.9
	600	ND	ND	ND	ND		600	65.4	70.5	74.2	4.2
小麦淀粉	0.1	69.6	73.3	77.7	12.6	大米淀粉	0.1	63.7	68.5	76.5	9.1
	300	68.2	72.5	76.5	10.2		300	60.4	65.3	71.4	8.0
	600	ND	ND	ND	ND		600	ND	ND	ND	ND

淀粉种类	压力/MPa	T_o/°C	T_p/°C	T_c/°C	ΔH/(J/g)
玉米淀粉	0.1	62.5	65.2	68.7	10.3
	300	61.9	63.2	67.3	9.4
	600	ND	ND	ND	10.2
红薯淀粉	0.1	64.5	68.6	73.1	10.2
	300	63.4	67.6	72.1	8.2
	600	ND	ND	ND	ND
大米淀粉	0.1	58.1	65.1	76.5	11.8
	120	55.6	63.1	75.7	10.9
	240	55.1	62.8	75.1	10.3
	360	55.2	62.6	73.5	9.2
	480	54.8	60.1	72.3	7.2
	600	ND	ND	ND	ND
百合淀粉	0.1	62.11	64.57	69.36	11.63
	100	61.10	63.84	68.80	11.72
	200	61.64	64.57	69.33	11.92
	300	61.90	64.64	69.01	11.62
	400	62.37	64.96	69.42	12.16
	500	63.29	65.85	69.62	11.98
	600	ND	ND	ND	ND

续表

淀粉种类	压力/MPa	T_o/°C	T_p/°C	T_c/°C	ΔH/(J/g)
马铃薯淀粉	0.1	61.6	66.3	71.4	14.9
	300	60.0	65.9	70.4	13.2
	600	57.8	67.8	72.4	10.7
蜡质玉米淀粉	0.1	66.1	71.4	76.5	13.4
	300	65.6	70.6	76.7	10.3
	600	ND	ND	ND	ND
高粱淀粉	0.1	71.5	77.0	85.3	22.4
	120	69.7	75.8	82.6	20.6
	240	68.7	73.9	80.8	18.5
	360	66.4	71.5	77.9	16.1
	480	65.1	70.8	75.3	13.5
	600	63.0	67.5	72.1	10.6
马铃薯淀粉	0.1	56.9	62.5	69.7	16.5
	50	54.1	61.2	69.8	15.0
	100	54.7	61.1	70.6	13.8
	250	52.9	60.6	69.7	12.6
	500	51.7	59.2	68.7	11.4
	750	52.3	58.7	69.0	10.8
	1000	52.1	57.5	68.5	8.8

续表

淀粉种类	压力/MPa	T_o/°C	T_p/°C	T_c/°C	ΔH/(J/g)
芒果仁淀粉	0.1	74.2	81.4	88.5	5.23
	300	76.4	83.4	88.1	3.84
	450	77.6	83.5	88.0	2.25
	650	81.2	83.6	87.1	0.42
芸豆淀粉	0.1	68.9	74.2	79.4	12.4
	300	66.7	73.5	78.8	10.3
	600	ND	ND	ND	ND
豌豆淀粉	0.1	53.61	58.79	ND	3.75
	300	53.35	58.33	ND	3.79
	400	53.75	58.34	ND	2.57
	500	ND	ND	ND	ND
	600	ND	ND	ND	ND
木薯淀粉	0.1	64.0	70.2	78.3	12.0
	30	63.7	70.0	78.3	11.2
	60	63.0	69.8	78.1	9.2
	90	61.8	69.5	78.0	6.5
	120	60.5	68.6	76.6	5.1
	150	60.0	68.5	77.0	3.0
小麦淀粉	0.1	56.1	60.8	66.2	10.7
	300（43%）	56.8	61.4	66.7	9.4
	400（43%）	57.4	61.9	67.2	8.0
	400（50%）	57.6	62.1	67.4	6.4
	400（60%）	57.8	62.6	68.8	4.6
	600（50%）	56.5	62.1	70.3	1.0
	600（60%）	ND	ND	ND	ND
蜡质小麦淀粉	0.1	61.17	64.87	64.87	13.48
	300	60.86	64.50	64.50	8.81
	400	61.36	65.27	65.27	6.44
	500	45.51	55.47	55.47	3.09
	600	45.34	53.70	53.70	2.81
大豆淀粉	0.1	59.9	67.8	79.3	9.9
	120	59.6	66.3	76.6	8.4
	240	59.3	66.4	76.3	7.4
	360	58.9	65.6	76.0	5.9
	480	57.8	63.5	75.4	2.3
	600	ND	ND	ND	ND

续表

淀粉种类	压力/MPa	T_o/℃	T_p/℃	T_c/℃	ΔH/(J/g)
糯米淀粉 2018	0.1	70.2	75.0	82.0	12.4
	100	71.8	75.5	81.3	12.3
	200	72.5	76.3	81.8	10.6
	300	75.6	79.3	83.2	9.3
	400	77.7	81.5	85.6	6.4
	500	75.3	79.2	82.9	5.2
	600	ND	ND	ND	ND
荞麦淀粉	0.1	70.5	77.0	83.9	19.8
	120	69.0	76.1	81.6	17.8
	240	66.7	73.9	78.8	15.9
	360	65.2	71.5	76.7	12.3
	480	64.2	70.8	74.9	8.4
	600	62.1	68.5	71.6	6.6

六、流变性能

在淀粉的研究中，流变分析一般包括以下四种类型：应变扫描，动态黏弹性测量，稳态流变分析和黏温曲线分析。

通过应变扫描可以得到淀粉凝胶的线性黏弹性区域。通过动态黏弹性测量，可以得到淀粉凝胶的 G'（储能模量）和 G''（损耗模量）等。淀粉凝胶的表观黏度、屈服应力、流动行为指数 n、稠度系数 K 等均可通过稳态流变分析得到。表观黏度（剪切应力/剪切速率）代表淀粉的抗剪切性，屈服应力表示实现流动所需的有限应力，稠度系数表示流动阻力，流动特性指数表示假塑性的程度。淀粉凝胶的流动性能指数通常小于1，表明淀粉凝胶是一种假塑性流体。G' 表示弹性固体性质。G'' 表示黏性流体的性质。淀粉凝胶的 G' 一般大于 G''，说明淀粉凝胶为固体状弱凝胶。

压力对淀粉流变性能的影响如表4-5所示。第一，在许多研究中，淀粉的 G' 和 G'' 随着压力的增加而逐渐增加，表明高压增强了淀粉凝胶的强度（弹性和黏度）。莲子淀粉和玉米淀粉在600MPa组的 G' 和 G'' 值低于其他组。第二，在几乎所有的研究中，淀粉的表观黏度随着压力的增加而逐渐增加，说明高压处理增强了淀粉凝胶的抗剪切性能。第三，可以看出，随着压力的增加，淀粉的屈服应力逐渐增大，说明高压处理提高了淀粉凝胶的抗拉强度。第四，有研究发现，随着压力的增加，淀粉的流动行为指数逐渐降低，但也有研究发现了不同的现象，藜麦淀粉的流动行为指数随着压力的增加而逐渐增加，绿豆淀粉的流动行为指数随压力的变化没有明显的变化趋势。第五，大多数研究发现淀粉的稠度系数随着压力的增加而逐渐增大。然而，也有研究发现藜麦淀粉的稠度系数随着压力的增加而逐渐降低。值得注意的是，从淀粉悬浮液（未糊化）中获得的流变性结果是没有意义的。也就是说，在流变性测量之前需要进行预糊化（除了黏度—温度曲线分析）。因此，在许多研究中，压力对淀粉流变性能影响的结果实际上是压力和热处理对淀粉流变性能影响的结果。然而，在许多研究中，预糊化的条件并不完全相同，如有研究发现，芒果仁淀粉在85℃的水浴中预糊化3min，而大米淀粉的预糊化温度为95℃，加热速率为4℃/s，玉米淀粉在90℃下进行预糊化。

表4-5 压力对淀粉流变性能的影响

淀粉种类	储能模量	损耗模量	表观黏度/(Pa·s)	屈服应力/N	流动特性指数	稠度系数
莲子淀粉	500>400>300>200>100>0.1>600	500>400>300>200>100>0.1>600	600>500>400>300>200>100>0.1	600>500>400>300>200>100>0.1	600<500<400<300>200<100<0.1	600>500>400>300>200>100>0.1
芒果仁淀粉	600>450>300>0.1	600>450>300>0.1	ND	450>300>0.1, 600: ND	600>450>300<0.1	600>450>300>0.1
扁豆淀粉	600>500>300>0.1	ND	ND	ND	ND	ND
荔枝核淀粉	600>450>300>0.1	600>300>0.1>450	ND	ND	ND	ND
大麦淀粉	550>500>450>400	ND	ND	ND	ND	550>500>450>400
大米、玉米、小麦和木薯淀粉,600MPa	木薯-15min>玉米-15min>小麦 15min>木薯 5min>玉米 5min>小麦-5min>大米 15min>大米 5min	泰国木薯-15min>木薯-5min>玉米 15min>小麦-15min>玉米 5min>小麦-5min>大米-15min>大米 5min	泰国木薯-15min>木薯-5min>小麦-15min>玉米-5min>小麦-5min>玉米-15min>大米-15min>大米-5min	ND	ND	ND
玉米淀粉	温度(80℃-5min)>600-20min>600-15min=600-10min>600-5min	温度(80℃-5min)>600-20min>600-15min>600-10min>600-5min	温度(80℃-5min)>600-20min=600-15min>600-10min>500-20min	ND	ND	ND

第四章　高压处理对淀粉结构、性质的影响

续表

淀粉种类	储能模量	损耗模量	表观黏度/(Pa·s)	屈服应力/N	流动性特性指数	稠度系数
大米淀粉	温度（80℃–5min）>600–15min=600–10min=600–20min>600–5min	温度（80℃–5min）>600–15min=600–20min=600–10min=600–5min	温度（80℃–5min）>600–15min=600–20min>600–10min=500–15min>500–10min	ND	ND	ND
藜麦淀粉	500>600>400>200>300>100>0.1	500>600>400=300>0.1>200>100	ND	ND	600>500>400>300>200>100<0.1	600<500<400<300>200<100<0.1
玉米淀粉	500>400>300>100>0.1>200>600	500>400>300>100>0.1>200>600	ND	ND	600>0.1>300>100=200=400>500	600>0.1<300<200<400=500<100
栗子淀粉	600>0.1	600>0.1	600>500>400>0.1	ND	ND	ND
大米淀粉	600>480>360>240>120>0.1	600>480>360>240>120>0.1	600>360>240>120>480>0.1	600>360>240>120>480>0.1	ND	ND
绿豆淀粉	600>480>360>240>120>0.1	600>480>360>240>120>0.1	480>360>240>0.1>120>600	600>480>360>240>120>0.1	600>0.1>>360=120>240>480	600>480>360>240>120>0.1
马铃薯淀粉	600–50℃>600–40℃>600–25℃=	600–50℃>600–40℃>600–25℃=	600–50℃>600–40℃>600–25℃=	ND	ND	ND

在淀粉完全糊化前，淀粉颗粒的膨胀和糊化程度对淀粉流变性能的结果具有重要意义。已知，延长高压处理时间或提高高压处理时的温度可以提高淀粉的糊化程度。同时，通过延长高压处理时间或提高高压处理温度，可以提高玉米、大米、糯玉米、糯米和马铃薯淀粉的表观黏度、G'和G''。因此，不同研究流变测量前的预糊化条件不同导致的糊化程度不同，可能是上述不同研究结果差异较大的重要原因。也就是说，在流变测量之前，可能需要进行能够使淀粉完全糊化的热处理，以避免糊化程度对结果的干扰。完全糊化后，淀粉的分子结构（直链淀粉含量和链长分布）可能是影响其流变性能的主要因素。水稻、玉米、小麦和木薯淀粉在600MPa高压处理后的表观黏度、G'和G''在不同淀粉品种之间存在明显差异。

通过黏度—温度曲线分析发现，藜麦淀粉的峰值黏度随压力从0.1MPa到450MPa的增加而逐渐增大，而藜麦淀粉的初始黏度在不同压力下无明显差异。相反，有报道称，在不同压力下，扁豆淀粉的峰值黏度没有明显差异。而小扁豆淀粉在0.1MPa增大到500MPa过程中，初始黏度随着压力的增大而逐渐增大。这可能是由于不同淀粉品种的抗高压性不同所致。此外，600MPa处理后，扁豆淀粉和藜麦淀粉均表现出特殊的黏温曲线，与其他压力处理组明显不同，这可能是因为淀粉在600MPa的作用下已经糊化。

综上所述，高压对淀粉性质的影响在淀粉的加工和应用中具有重要的意义。第一，高压处理降低了淀粉的相对结晶度，将A型和C型晶体转变为B型晶体。高压处理对淀粉晶体结构的破坏主要是通过扰乱双螺旋的规则排列来实现的，而不是直接破坏双螺旋结构。第二，经过600MPa处理后，黏度、回生值、崩解值明显降低，糊化温度明显升高。然而，在0.1~500MPa范围内，许多研究没有发现明显的糊化变化趋势。第三，高压处理提高了淀粉的降解速率。但是，高压制备的凝胶的降解速率低于加热法制备的凝胶。第四，在大多数情况下，高压处理降低了淀粉的T_o、T_p、T_c和热焓值。第五，高压处理增加了淀粉凝胶的储能模量、损耗模量、表观黏度和屈服应力，并对不同淀粉的流动行为指数和稠度系数有不同的影响趋势。第六，在大多数情况下，高压处理增加了RDS含量，降低了RDS含量。

目前，R3抗性淀粉的风味和质地较差是一个亟待解决的问题。但是，降解不仅增加了淀粉凝胶的 RS 含量,而且增加了淀粉凝胶的硬度和失水,从而降低了产品的感官质量。与加热制备的凝胶相比,高压制备的淀粉凝胶在退化过程中硬度更低,含水量更高表明压力生产的凝胶可能比加热生产的凝胶具有更好的风味和质地。同时,压力诱导糊化比加热诱导糊化能产生更多的 RS。因此,高压处理将在未来 RS 的生产中发挥重要作用。

第三节 高压改性淀粉的应用

淀粉的物理改性为淀粉工业的应用开拓了更广阔的空间。目前,超高压改性淀粉因其安全、绿色及环保的优势被广泛应用于淀粉及淀粉质产品的加工中,被誉为最有潜力的食品加工技术。近年来,超高压改性淀粉也逐渐展现出了其他领域的潜在应用前景。

作为传统热处理的一种替代方法,超高压所达到的糊化程度取决于淀粉类型、压力水平、含水量、温度范围和处理时间,在一定条件下,可以使淀粉充分糊化。超高压作为一种非热改性加工技术,已被应用于不同品种淀粉的糊化或物理改性。利用超高压技术能改变淀粉结晶结构的特点,可以将经超高压改性的低结晶度淀粉应用到老年人和婴幼儿等易消化的食品中;利用超高压技术能改变淀粉老化特性的特点,可以将经超高压改性的淀粉应用于淀粉质罐头产品、面包中等;利用超高压技术能最大程度地保持食品营养物质和风味的特点,可以将超高压技术与热加工相结合作为一种新型加工技术应用到淀粉质食品的生产中。

对于淀粉基食品而言,超高压处理可以在室温下导致淀粉糊化,为制备预糊化淀粉提供了一种方法。与热糊化淀粉相比,超高压糊化淀粉具有更丰富的内部结构组织和更好的颗粒保持性,许多潜在的应用都是基于这一特性,如通过超高压处理制备 RS,为低血糖生成指数(glycemic index,GI)食品开发提供新思路。目前已有研究表明超高压改性不仅可以改善淀粉基食品外观品质,还可以使风味物质含量增加且回生度降低,抑制脂肪酸败,这为制备预制食品提供新选择,符合健康化的行业发展趋势。

此外,在生物医药方面,超高压处理制备的凝胶在药物释放方面也具有潜在的应用前景。药物释放速率取决于淀粉来源,含有马铃薯淀粉的凝胶形成聚合物表现出更快的药物溶解速度，而玉米淀粉压力诱导凝胶表现出持续的药物释放。此外，超高压复合热或酶法改性制备的多孔淀粉拥有更深的孔洞，吸附能力提高，这为制备有机吸附剂和包埋材料提供新思路。

参考文献

［1］ Liu P L, Zhang Q, Shen Q, et al. Effect of high hydrostatic pressure on modified non-crystalline granular starch of starches with different granular type and amylase content ［J］. LWT-Food Science and Technology, 2012, 47: 450-458.

［2］ Dominique L W, Gipsy T M, Giovanna F. Potato starch hydrogels produced by high hydrostatic pressure (HHP): A first approach ［J］. Polymers, 2019, 11: 1673.

［3］ Douzals J P, Cornet J M P, Gervais P, et al. High-pressure gelatinization of wheat starch and properties of pressure-induced gels ［J］. Journal of Agriculture and Food Chemistry, 1998, 46: 4824-4829.

［4］ Ritika B, Narpinder S, Atinder G, et al. Effect of high pressure treatment on structural, functional and in-vitro digestibility of starches from tubers, cereals and beans ［J］. Starch, 2022, 74: 2100096.

［5］ Liu H, Fan H H, Cao R, et al. Physicochemical properties and in vitro digestibility of sorghum starch altered by high hydrostatic pressure ［J］. International Journal of Biological Macromolecules, 2016, 92: 753-760.

［6］ Cheng L L, Feng T, Zhang B Y, et al. A molecular dynamics simulation study on the conformational stability of amylose-linoleic acid complex in water ［J］. Carbohydrate Polymers, 2018, 196: 56-65.

［7］ Li G T, Zhu F. Effect of high pressure on rheological and thermal properties of quinoa and maize starches ［J］. Food Chemistry, 2018, 241: 380-386.

［8］ Chen Z G, Huang J R, Pu H Y, et al. The effects of HHP (high hydrostatic pressure) on the interchain interaction and the conformation of amylopectin and double-amylose molecules ［J］. International Journal of Biological Macromolecules, 2020, 155: 91-102.

［9］ Chen Z G, Huang J R, Pu H Y, et al. Analysis of the complexation process between starch molecules and trilinolenin ［J］. International Journal of Biological Macromolecules, 2020, 165: 44-49.

［10］ Chen Z G, Zhong H X, Huang J R, et al. The Effects of Temperature on Starch Molecular Conformation and Hydrogen Bonding ［J］. Starch, 2022, 2100288.

［11］郭思敏，黄峻榕，明欢育，等．超高压对淀粉理化性质影响的研究进展［J］．食品研究与开发，2023．

［12］刘文婷，郭泽镔，曾绍校，等．超高压处理对淀粉性质影响研究进展［J］．食品工业科技，2013，34（7）：4．

第五章 超声对淀粉结构与功能的影响

超声波改性主要是超声波与淀粉乳相互作用，产生一系列效应（机械效应、空化效应、热效应），导致淀粉链状结构断裂、降低淀粉分子量改性，从而使淀粉的理化性质发生改变。与其他改性方法相比，超声波改性具有作用时间短、工艺方便、性质优良及无污染等优点。超声波引起的空化效应会对淀粉结构和特性产生不同程度的影响，其中包括淀粉的颗粒结构、结晶结构、糊化特性、热力学特性以及凝胶的流变学特性等。

第一节 超声对淀粉结构的影响

一、超声波处理对淀粉颗粒结构的影响

超声波处理可以影响淀粉的颗粒形貌，使表面光滑的原淀粉变得粗糙、表面出现损伤并有孔洞出现，甚至会使淀粉颗粒破裂。用不同温度（25℃、60℃）、多频超声功率（80kHz、40kHz+80kHz）处理马铃薯、小米淀粉，发现超声波处理能使淀粉颗粒变小；超声波处理后马铃薯淀粉的平均粒径降低30.1%，小米平均粒径降低7.93%，超声处理10min能够将糙米淀粉的粒径显著降低43.18%，超声处理对糙米淀粉的颗粒结构、短程有序化结构以及长链结构造成破坏。250W 超声处理 40min 小米淀粉平均粒径由 9.96μm 增大到 12.10μm，超声处理未引起小米淀粉结晶类型和分子结构改变，但导致分子有序度略微下降。研究发现，用双频超声波处理红薯淀粉，其表面出现了不同程度的凹痕和孔洞，并破坏了支链淀粉和淀粉链。用超声波处理木薯淀粉会导致其结构紊乱和微观结构变化。超声波对小麦淀粉颗粒表面会产生了不同程度的影响，一些颗粒的表面无显著变化，而另一些颗粒表面则出现塌陷结构。在 25~55℃下，超声波处理会对玉米淀粉颗粒表面造成物理损伤，颗粒表面观察到的损伤为黑点和一些裂纹。但用超声波处理糯米粉时，其淀粉

的形貌结构未产生影响。超声波对青稞的颗粒结构有损伤，随着超声波功率的增大，淀粉颗粒表层结晶结构被破坏程度逐渐加深。豌豆淀粉经超声处理后，其颗粒形状和大小未发生明显变化，但颗粒表面产生了明显的不同程度的损伤。在较低振幅的超声作用下，淀粉颗粒表面变得不平滑，出现少量较浅的损伤，并且较大的淀粉颗粒损伤程度更大。随着超声振幅的增加，颗粒表面变得粗糙，出现了凹陷并有小碎片剥落。同样，随着超声时间的增加，淀粉颗粒表面损伤程度也逐渐增大。表明超声振幅越大、时间越长，其产生的空化作用及机械作用越强，淀粉表层结晶结构被破坏的程度越大。

二、超声波处理对淀粉晶体结构的影响

淀粉颗粒是由结晶区和无定形区交替组成的半结晶体系，是构成淀粉聚集态结构的重要基础。超声处理对淀粉的结晶性影响不大，超声波处理会使淀粉的结晶度发生改变但不会改变晶型。研究表明，超声波处理会破坏木薯淀粉的结晶区，导致其结晶度下降，尤其是在更大的超声波功率或超声波处理时间下。经过超声波处理的马铃薯淀粉，其衍射强度略有降低，但晶型未发生改变，且随着超声波处理温度的升高，特征峰的衍射强度有较大程度的降低。经过不同振幅和时间的超声处理后，豌豆淀粉衍射峰的位置未发生明显改变，表明超声作用不足以改变淀粉晶型。当超声振幅从20%增加至40%，豌豆淀粉的结晶度下降，这可能是由于结晶区域的双螺旋结构被部分破坏。经10~30min的超声处理后，淀粉的结晶度也逐渐降低，而更高振幅（50%~80%）和更长时间（40min）的超声处理反而使淀粉结晶度略有增大，这可能是由于超声导致淀粉分子发生了重排，内部结构有序性略有增加。淀粉经过超声波处理后，其支链淀粉链会发生解聚，淀粉颗粒中双螺旋之间的结合力被破坏，导致淀粉的相对结晶度降低。经过超声波处理的糯米粉粒径显著减小，但超声波处理未显著影响到糯米粉的晶体结构。

三、超声对淀粉分子结构的影响

超声波对淀粉的作用机理主要有以下三种，一是机械效应，超声波能引起淀粉分子振动、旋转，使淀粉发生降解；二是空化理论，超声场中能够形成空穴效应从而产生瞬时高压，影响淀粉结晶区，使支链淀粉降解；三是自由基氧化原理，在超声场中，能够产生自由基氧化反应，能够切断淀粉的分

子链，使淀粉发生降解。

超声波能够在保持淀粉颗粒结构的情况下，作用于淀粉分子的糖苷键，促使淀粉分子量降低，超声波作用于支链淀粉分子侧链 α-1,6-糖苷键上，能够使侧链断裂，从而增加直链淀粉的含量。研究表明，组成淀粉分子的单体 α-D-吡喃葡萄糖结构在超声场中基本没有改变，但超声波能够作用于马铃薯淀粉支链淀粉分子链的 α-1,6-糖苷键上，或直链淀粉分子链 α-1,4-糖苷键上，使分子链发生断裂。通过利用红外光谱分析技术对淀粉颗粒分子结构进行研究，与原淀粉相比，超声处理后的红薯淀粉红外光谱图未发生明显变化，各特征基团的吸收峰位置、形状基本与原淀粉一致，无新吸收峰出现，仍具有原有基本结构和基团，表明超声波处理淀粉没有破坏淀粉分子的基本结构，没有新的化合物产生。豌豆淀粉经超声处理后，与原淀粉红外光谱相比较，超声处理后淀粉各个特征基团的位置、形状没有明显变化，没有新的特征吸收峰产生或特征吸收峰消失，这表明在超声过程中淀粉没有产生新的基团，属于物理改性过程。超声波改性处理淀粉分子，不能够破坏淀粉的 α-D-吡喃葡萄糖结构，但超声波作用能够导致淀粉分子 α-1,4-糖苷键、α-1,6-糖苷键断裂，使直链淀粉含量增加，淀粉分子量降低。

第二节　超声波对淀粉性质的影响

一、超声波对淀粉透明度、溶解度的影响

超声处理使得淀粉的透明度比原淀粉有不同程度的提高。超声波处理破坏了淀粉颗粒结构，增大了水分子与淀粉的接触面积，使淀粉的吸水率增大，从而提高了小麦、玉米、大米淀粉的溶胀力。有研究表明，超声处理 10min 使糙米的溶解度从 4.46% 显著增加至 12.9%（$P<0.05$）。超声处理的氧化淀粉的溶解度、透明度分别比原淀粉增加了 4.55、3.38 倍。超声波处理显著提高了不同谷类淀粉的膨胀度和溶解度（$P<0.05$）；这可能是淀粉颗粒的物理和化学破坏导致更高的水分吸收和保留。超声处理 30min 后，小麦、大麦、水稻、玉米等不同谷物的膨胀度值分别为 17.42g/g、14.46g/g、18.18g/g 和 17.41g/g，溶解度值分别为 11.48%、10.11%、9.59% 和 13.79%。超声波处理使青稞淀粉的溶解度、膨胀力、淀粉糊透明度随超声功率的增强先增大后降

低。同样地，用超声波处理锥栗淀粉，发现淀粉糊透明度随着超声功率增加先增大后降低，在240W时透明度最高；在一定的时间内超声波处理能够增加淀粉的透明度，超声30min透明度最大。这说明在一定的功率及时间范围内，超声波破坏了淀粉的结晶区，淀粉颗粒遭到破坏，从而使淀粉分子的溶解度增加，淀粉分子间缔合减弱，淀粉分子与水之间缔合增加，分子较易膨胀，从而减弱了光的折射与反射，透明度增加。随着超声功率、超声时间继续增大，淀粉分子链断裂，支链淀粉分子减少，直链淀粉分子增加。另外超声时间的延长还会导致分子重新团聚，抑制分子颗粒膨胀，透明度反而降低。

此外也有研究表明，随着超声波的功率增大，透明度呈上升趋势。超声功率增强能够使超声波的断键效果更为明显，透明度也会随之增大。但是透明度增大的程度没有高剪切效果明显。这可能是因为超声波引起的热效应产生自由基，自由基降低水分活度，影响淀粉分子的水合作用，从而使透明度的增大。经超声波处理后的淀粉溶解度随着超声时间的增加而增大。超声波处理使淀粉颗粒和分子结构受到破坏，淀粉颗粒结构变得疏松，有利于水分渗透进入淀粉颗粒。

二、超声处理对淀粉糊特性的影响

超声处理淀粉能够使淀粉黏度降低，从而影响淀粉的糊化特性，并且淀粉糊的黏度随超声时间的延长，先快速下降后变平缓最后趋于极限值。此外，超声波作用对稀淀粉糊的影响更强，淀粉糊的浓度越小，特性黏度下降程度就越大，且特性黏度越小。小米淀粉在超声处理后峰值黏度、最低黏度、终值黏度、崩解值和回生值均显著降低。超声处理使青稞淀粉峰值黏度、谷底黏度、崩解值、最终黏度、回生值均显著性降低（$P<0.01$）。用150W、300W、450W的超声波处理豌豆淀粉，发现与原淀粉相比，随着超声波功率的增大，淀粉糊的峰值黏度、终值黏度、回生值、崩解值显著降低（$P<0.05$），超声处理对糊化温度没有显著影响。在不同温度下使用超声波处理糯米淀粉，淀粉糊黏度显著下降，且反应温度越接近淀粉糊化温度时，黏度值下降得越多；当反应温度处在或高于糊化温度时，黏度值基本为零。超声处理10min能够将糙米淀粉的崩解值从577cP降低到388cP，峰值黏度经过超声处理后降低，在30min达到最低1573cP。

有研究指出，超声波处理使热焓值下降的原因是淀粉颗粒的损伤促进了水分进入淀粉颗粒内部，加速了淀粉的不可逆水合作用，导致其结晶区域被破坏。超声波处理（45kHz，100W）马铃薯淀粉、木薯淀粉、锥栗淀粉，能够提高淀粉的相变起始温度、糊化焓和回生焓值，降低相变峰值温度和终止温度。这可能是超声波作用于淀粉双螺旋结构的氢键，使双螺旋链束间的结合度下降，从而使淀粉的糊化焓升高。此外，有研究表明，淀粉颗粒的膨胀和糊化与淀粉的结晶区有关，结晶区越大，淀粉颗粒越易膨胀，超声波作用能够破坏淀粉颗粒的结晶区，从而导致淀粉的热稳定性增强，崩解值降低。

三、超声波处理对淀粉流变特性的影响

淀粉基食品的质量与淀粉的流变特性密切相关。流变性在运输、搅拌、混合和能源消耗等过程中都很重要。淀粉的流变特性与淀粉的化学组成、分子结构、分子间的相互作用密切相关。超声波作用于淀粉，能够显著影响淀粉分子结构和流变性能。超声波处理淀粉后，淀粉糊仍保持假塑性流体特征，但随超声作用时间的延长，马铃薯淀粉糊由假塑性流体向牛顿型流体转变，并具有较好的流动性。超声作用时间与马铃薯淀粉糊的流变学性质呈正相关，即超声作用时间越长，淀粉糊流变性越强。这可能是由于随着超声时间的增加，淀粉分子间的作用力减弱，从而使淀粉糊中大分子的扩散和运动加强，淀粉分子在超声作用下被破坏，使大分子更容易发生降解；同时在剪切力作用下，淀粉分子与水分子的相互作用加强，导致淀粉糊流变性增强。超声处理改变了小米淀粉糊的流动性，其剪切应力和表观黏度随超声功率增加而降低。用不同超声功率（120W、180W、240W）处理木薯淀粉，结果表明随着超声功率的增强，淀粉的储能模量、损耗模量增大，表现出较强的弹性特征；静态流变特性结果表明，与原淀粉相同，不同功率超声波处理后的淀粉也属于典型的非牛顿流体，具有假塑性流体特征。在相同条件下，随着超声波功率的增加淀粉糊的表观黏度增大，在超声波处理前后均存在剪切稀化现象，具有明显的触变性。

四、超声波处理对淀粉凝胶特性的影响

超声波处理会在一定程度上改变淀粉的凝胶特性。超声处理糙米时，凝胶强度从26.94g（0min）降低到19.69g（10min）。有研究指出，超声波处理

增大了马铃薯淀粉的吸水能力,削弱了马铃薯淀粉凝胶的网络结构。超声波—微波协同处理大米粉,发现在老化期间超声波处理的大米粉凝胶的硬度要低于未处理的。超声波处理后的玉米淀粉凝胶的透明度增大,表观黏度降低,凝胶的强度未发生显著变化。超声波作用下两角菱角淀粉糊凝胶质构特性发生变化,不同浓度菱角淀粉糊经超声波作用后,其凝胶相应硬度、咀嚼性及胶着性等值随淀粉糊浓度增加而增大,其中咀嚼性变幅最大,其值由浓度5.0%时的3.817g增至9.0%时的72.577g,硬度值和胶着性值也分别增大6倍和10倍;但弹性、黏聚性及回复性等质构特性随菱角淀粉糊浓度增加变化较为缓慢。有研究发现频率为24kHz的高功率超声波对玉米淀粉的质地和糊化性能的影响,发现经过超声波处理后玉米淀粉凝胶的硬度、黏附性和内聚性均显著增大。但超声波处理糯米粉时未对其中的淀粉的凝胶特性产生显著性影响。

五、超声波处理对淀粉热性能的影响

超声波处理提高淀粉糊化转变温度、膨胀度和溶解度,降低析水率、焓值及转变温度范围。罗志刚等采用超声波对70%水分含量玉米淀粉进行处理后测定其热性质变化。结果表明,超声波处理淀粉在不同温度下膨胀度和溶解度比相应原淀粉高。推测是在处理淀粉过程中,超声波使颗粒内分子键断裂,颗粒结构变得疏松,使淀粉颗粒在加热过程中,淀粉分子易从颗粒内溶出。从淀粉糊转化温度和焓值变化可知超声波处理使淀粉颗粒内最弱结晶体受到破坏,使超声波处理淀粉在结晶熔融时需要更高温度熔解更强结晶体。研究发现,超声波处理淀粉析水率比原淀粉略低,即超声波处理淀粉冻融稳定性较好。玉米淀粉在超声波作用下,受机械性断键作用和空化效应引起自由基氧化还原反应作用,溶剂分子运动加快,从而增大其与较大的、运动慢的淀粉大分子摩擦,导致摩擦力增加破坏C—C键,淀粉分子链降解,这些断裂形成淀粉分子链又重新排列形成一定有序结构。因此,当淀粉糊化冷冻后,经超声波处理淀粉析出水量较原淀粉少。

六、超声波处理对淀粉流变性质的影响

超声波处理会降低淀粉糊黏度,且其黏度值随处理时间延长而减小;且不同浓度淀粉糊相对黏度变化一致,尤其在刚开始一段时间内,相对黏度均显著降低。反应速率随时间延长趋于缓慢并最终达到最小极限值,不再发生降解反应。对马铃薯淀粉进行超声波处理 5min 后,浓度为 1%、0.75% 和 0.50% 淀粉溶液相对黏度初值分别为 13%、16% 和 9%,经 30min 后,马铃薯淀粉达到其最大降解。玉米淀粉经超声波处理后,用 RVA 测其黏度,5min 后黏度由 2017cP 降至 1882cP,45min 达到 1752cP;用酸作介质时 5min 后黏度由 2000cP 以上降至 1300~1400cP。在不同温度下采用超声波处理糯米淀粉,淀粉液 Brabender 黏度显著降低,且作用温度愈接近淀粉糊化温度时,连续黏度值下降得愈多;当作用温度大于或等于糊化温度时,连续黏度则接近于零。这种现象可能是空穴产生高温使水分流失,淀粉无法充分糊化所导致。罗志刚等采用超声波对高链玉米淀粉含量为 30% 的淀粉乳进行处理,运用 Brabender 黏度仪及旋转黏度计对处理前后淀粉糊性质进行研究。结果表明,随超声波功率增大,起始糊化温度没有变化,峰值黏度降低,C 型 Brabender 黏度曲线没改变;超声波处理使淀粉糊冷稳定性增强,凝沉性减弱。不同超声波功率处理高链玉米淀粉糊均为假塑性流体;处理后高链玉米淀粉糊表观黏度随剪切速率升高而降低,剪切稀化随体系浓度提高而增强;淀粉糊触变性随超声波功率增大而减小。

七、超声波对淀粉消化特性的影响

超声波处理后的淀粉体外消化率随淀粉粒度、结晶度、物理化学性质和淀粉结构的改变而提高。用 24kHz 超声波处理玉米淀粉发现,超声为 16min 时,RS 含量由 4.7% 增加到 6.2%,这可能是由于超声波处理淀粉,导致淀粉内部颗粒结构重新排列,使结晶度及糊化焓值增加,淀粉颗粒中双螺旋结构的紧密重排限制了淀粉酶的水解速率,导致支链淀粉链降解较慢。一般来说,晶体区域比非晶态区域排列更紧密,这使得它们不太容易受到淀粉酶的攻击。Chang 等以蜡质玉米淀粉中分离出的脱支淀粉为原料,使用超声辅助退火处理,会引起淀粉结构的重排,显著增加 RS3 含量。

此外,研究者通过超声波处理马铃薯全粉,发现随着超声时间的延长,马铃薯全粉中快速消化淀粉含量逐渐降低,当超声时间为 100min 时,全粉中快速消化淀粉含量最低。随超声时间增加,马铃薯全粉中的慢速消化淀粉含量升高,超声时间在 20~60min 内,全粉中慢性消化淀粉含量迅速升高。随着超声时间的延长,马铃薯全粉中的抗性淀粉含量随之升高。超声时间为

100min 时，抗性淀粉含量达最高，是对照的 5.68 倍。利用高强度超声波结合油包水（W/O）微乳液交联技术制备纳米级 RS111 淀粉，体外消化实验结果表明超声处理的 RS111 抗性淀粉有很好的抗消化性能。

超声波处理淀粉能够导致淀粉的结构和理化性能的改变。超声波能够使淀粉分子链断裂，使淀粉糊中大分子降解为小分子，产生较多的直链淀粉，链之间的缠结程度降低，分子之间的作用力减弱，处理后的淀粉分子量降低，且分子量趋于一个特定范围。此外超声波作用能够破坏淀粉的结晶结构，使淀粉链暴露大量羟基，增大了淀粉与水分子的相互作用。超声波处理淀粉，能够直接导致淀粉糊黏度降低，提高淀粉抗剪切作用能力。超声作用能够有效改善淀粉糊的透明度，加强淀粉的溶解度；超声处理淀粉能够使抗性淀粉的含量提高。超声波作为一种淀粉改性技术，具有作用时间短、降解目的性强、操作简单且易控制及能耗较低等优点。超声波与其他处理方法如化学方法、酶法联用等相比，超声波处理淀粉不仅可以破坏淀粉颗粒的表面形态，还可以使内部结构变松散，使酶、酸、碱、有机溶剂更容易进入颗粒内部，提高反应活性，缩短反应时间。此外超声波的功率、时间、淀粉糊浓度、溶剂等诸多因素都对超声波的改性效果有影响，不同超声参量、环境因素和媒质因素，超声波处理能引起淀粉不同程度、不同方面变化。研究超声波对淀粉结构、性质的改变，可为开发出性质优良的淀粉改性产品，为进一步发挥淀粉在食品、保健、医药、化工方面的应用提供一种可能。此外，超声波制备改性淀粉的研究对淀粉精深加工产业发展也有重要的意义。

第三节　超声波改性淀粉的应用

超声波根据频率可分为功率超声波、高频超声和诊断超声。经过超声的淀粉颗粒分子量减小，且具备改性时间短、操作简易、绿色环保等优势。在食品加工、包装材料、药物载体等方面均体现出了良好的性能。

在食品加工中，超声波处理后的淀粉加工的产品往往具有更好的感官品质。如以超声波处理（功率 130W，料液比 1：2，时间 20min）的糯米粉和原糯米粉为原料制作麻糍，分析并比较麻糍特性，结果表明超声处理后的糯米粉制作的麻薯更加爽滑不粘牙，柔软而富有弹性，在外观、质构以及感官方面得到明显改善。

超声波还可用于制备抗性淀粉。超声波在液体物料中传播时超过一定的强度会产生空化效应，而空化效应中形成的空泡在破裂时会产生局部高温高压的环境，导致淀粉分子与溶剂分子之间强烈摩擦，使淀粉分子间氢键断裂，加速支链淀粉的分解速率，增加直链淀粉含量，进而提高RS得率。经超声改性得到的RS可用作食品添加剂中的结构改良剂、增稠剂、膳食纤维增强剂，还可应用于功能食品中。

在药物载体中的应用方面，目前常用的药物载体及微胶囊壁材大多是一些化学物质，安全性不能得到保证。超声改性后的RS是一种食品级材料，可以在大肠中定点释放，不会对人体健康造成危害；同时RS还可以作为乳酸杆菌、双歧杆菌等益生菌的碳源，促进其生长繁殖；另外用作微胶囊壁材来包埋益生菌，提高益生菌的存活率。

在包装材料方面，有研究报道了超声波处理在淀粉基包装材料制备过程中的影响。以热塑性淀粉、聚乙烯、桦树皮提取物为主要原料，桦树皮提取物有抗菌作用，聚乙烯的添加可以提高包装材料的透气性，在挤压过程中采用超声波处理。试验结果表明，超声波处理后的淀粉基包装中添加剂分布更均匀，延长了货架期。有学者在制备淀粉—聚乙烯醇复合膜过程中添加了氧化锌、茉莉花提取物、肉豆蔻油，制备pH智能传感包装材料。茉莉花提取物可根据pH变化表现出不同的颜色，肉豆蔻油具有抗菌、抗氧化、止泻和抗癌等作用，但用量需谨慎。该包装材料阻水、阻紫外线和抗菌效果显著，力学性能也较好，具有广阔前景。经超声波处理过的材料更透明、更具流动性；所添加的增塑剂、抗菌剂等添加剂在包装膜中的分布更均匀。从而以超声波改性淀粉为基材的包装材料其断裂伸长率相应地有所提高，且抗菌物质可更好地发挥作用，使得抗菌能力提高；此外，在生物降解方面有用时短、高效的优点。

参考文献

［1］杨秋晔.超声波处理对糯米粉凝胶特性的影响研究［D］.郑州：河南工业大学，2022.

［2］白婷，靳玉龙，朱明霞，等.超声波处理对青稞淀粉理化特性的影响［J］.中国粮油学报，2021（9）：36.

[3] 王琦,王周利,蔡瑞,等.超声处理对糙米淀粉的结构与理化特性的影响[J].中国粮油学报,2022(1):037.

[4] 张晓磊,刘鹏飞,代养勇,等.超声处理对豌豆淀粉结构及热力学性质的影响[J].粮食与油脂,2023,36(6):30-34.

[5] 陆兰芳,扎西拉宗,吴进菊,等.超声处理对小米淀粉结构及理化性质的影响[J].食品工业科技,2021,42(24):8.

[6] Chang R, Jin Z, Lu H, et al. Type Ⅲ Resistant Starch Prepared from Debranched Starch: Structural Changes under Simulated Saliva, Gastric, and Intestinal Conditions and the Impact on Short-Chain Fatty Acid Production. [J]. Journal of agricultural and food chemistry, 2021, 69(8): 2595-2602.

[7] 罗志刚,卢静静.超声处理对玉米淀粉热性质的影响[J].现代食品科技,2010,26(7):4.

[8] 胡爱军,张志华,郑捷,等.超声波处理对淀粉结构与性质影响[J].粮食与油脂,2011(6):3.

[9] 刘洁,赵爽爽,杨秋晔.超声波处理对糯米粉中蛋白质特性的影响[J].河南工业大学学报自然科学版,2023,44(4):8-17.

[10] 冯田田,刘宁,温沐潮,等.淀粉基食品包装膜研究进展[J].中国调味品,2023,48(5):214-220.

[11] 胡爱军,李靖,王梦婷,等.抗性淀粉的制备,功能和应用研究进展[J].许昌学院学报,2022(5):41.

第六章 韧化处理对淀粉分子结构和性质的影响

韧化处理是一种物理改性淀粉的手段,韧化处理通常是指在过量水分(>60%)或平衡水分(40%~55%),温度高于玻璃化温度(T_g)、低于糊化起始温度(T_o)的条件下处理一段时间。玻璃化温度(T_g)是指淀粉颗粒的无定形层在溶剂(如水,甘油等)存在的条件下从刚性的玻璃态转变成流动性的橡胶态的温度。韧化处理通过改善淀粉结晶完整性,促进淀粉链之间的相互作用来特异性地改变淀粉的物理化学性质。韧化处理导致淀粉分子和支链淀粉双螺旋的重组,获得更有序的构型。淀粉链移动的程度和韧化处理时双螺旋的重新排列因淀粉种类不同也有所区别,淀粉的韧化处理条件也因植物来源而有所不同。

在韧化淀粉的制备中,有三个关键的因素:水分含量、温度、处理时间。区别于其他的水热处理方式,韧化处理中淀粉处于大于或者中等的水分含量中。特别值得注意的是,韧化处理的温度范围即处理温度,高于该淀粉的玻璃化转变温度但低于其糊化温度。韧化处理使整个被处理体系先发生了玻璃化转变,再将主要处理过程维持在体系的橡胶态时期,其中水起到了塑化剂的作用。淀粉体系处在橡胶态时,体系中的分子扩散速率增加,链段运动受激发,分子间发生相对滑动。

目前,在制备韧化淀粉方面,针对不同的谷物淀粉和薯类淀粉的研究较多,所使用的方法不尽相同,其中退火处理的水分比例包含(1∶1、1∶3、1∶5、1∶10等),处理温度为45~75℃,还有的研究采用了两步或多步韧化的方法。多步韧化是指初次韧化处理时的温度为低于天然淀粉的起始糊化温度,再次韧化时的温度低于第一次制备的韧化淀粉的起始糊化温度,以此类推。

从半结晶聚合物的角度出发,韧化处理的原理从以下几个方面解释:第一,使整个晶格中的分子链流动性增强,产生"滑动扩散"的作用。第二,根据高分子的时温等效原理,随着处理时间的延长,淀粉中可能会有部分晶体发生熔融,随后再发生重结晶。第三,利用由Waigh等提出的用液晶结构

第六章 韧化处理对淀粉分子结构和性质的影响

类比淀粉结构的理论，即刚性的支链淀粉侧链所形成的双螺旋结构液晶原，经由支链淀粉分子侧链中一些短链片段构成的所谓的"柔性空间"，附着在无定形区的骨架上。一般天然淀粉的"柔性空间"没有充分的柔韧性（分子运动性差），并且各个分支链在径向和切向的长度不同，导致双螺旋结构排列不规则，以至于骨架的熵变可以控制侧链聚集的倾向，那么液晶原无法有效排列，就只能形成向列相（向列相是种薄层或平面的结构）。韧化处理使淀粉在水和热能的共同作用下，无定形区的分子流动性提高了，导致结晶区和无定形区分子链在径向和切向的摆动增强为重排创造了有利条件。韧化过程中，淀粉粒发生可逆膨胀，这种无定形区的可逆膨胀对支链淀粉的结晶区施加压力，使结晶区也产生一定程度的流动性，过量的水分和在一定范围内升高温度可以促进这种葡聚糖链的流动性的增强。这种流行性的产生使双螺旋结构可以实现有限移动，从而完成了从向列相向近晶相的转变（图6-1）。此时无论是无定形区的片层结构，还是支链淀粉的侧链双螺旋，它们的有序性都提高了。各个分子链紧密且有序地排列在各个片层中，链的轴线垂直于层的平面。综上，韧化处理可以有效改善淀粉颗粒内部的堆积状态。晶体的熔融和内部重排使较弱的、不完善的晶体逐渐消失或者转变为具有更加完善和稳定结构的晶体。

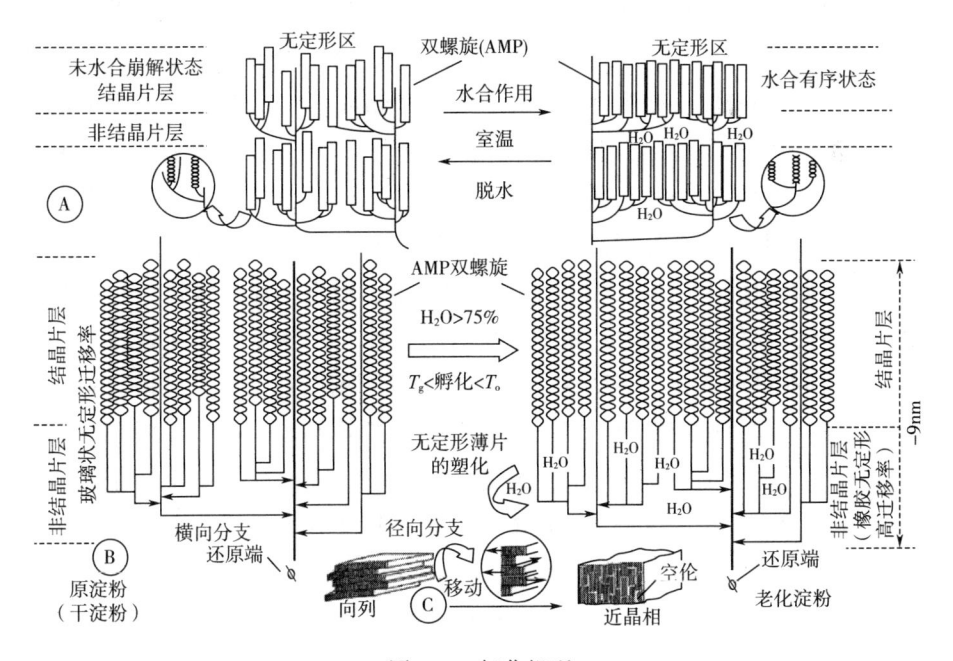

图6-1 韧化机理

Lorenz 等提出了韧化使晶体完善的原因包括：第一，体积大的晶体转变为多个小的晶体。第二，晶体类型转变。第三，晶体的生长方向。第四，微晶取向变化。第五，微晶间的相互作用。第六，无定形区的改变。这个理论也说明了，晶体结构的完善，不一定需要依靠提高结晶度的方式来完成。天然淀粉中含有各种各样杂乱无序的微晶结构，韧化处理就是通过使那些杂乱无序的微晶有序化和同质化，而使晶体结构完善，使韧化淀粉具有特殊的理化性质。

第一节　韧化处理对淀粉结构的影响

一、韧化处理对淀粉颗粒结构的影响

(一) 颗粒形态

淀粉的颗粒形态、粒径分布和表面性质在许多食品和非食品淀粉应用中起着重要作用，但韧化对上述参数的影响，尤其是块茎淀粉和根淀粉的研究还比较少。一些学者发现小麦、燕麦、扁豆、马铃薯、小米和山药淀粉在韧化处理后颗粒形态没有变化。但是也有学者观察到高直链淀粉和蜡质小麦淀粉的颗粒在韧化过程中轻微变形，且在后者中，这种变形的程度更大。有研究表明，正常小麦淀粉韧化后颗粒尺寸增加（5μm）。假设韧化可以产生孔隙或裂隙，一些大麦品种的孔隙尺寸在韧化后略有增加。此外，小麦淀粉中的马耳他杂交和内凹生长环在韧化后保持不变，而同心生长环在韧化后更加密集。有研究表明，与未处理高直链淀粉颗粒相比，韧化处理过的高直链淀粉大米淀粉颗粒表面上出现孔隙。韧化处理对中、低直链淀粉含量的淀粉形态有轻微影响，韧化处理后的淀粉颗粒更具团聚性。在30℃下韧化处理玉米淀粉，淀粉颗粒没有变化，表明这个温度不足以影响微观结构。但是，50℃下的韧化处理不同直链淀粉含量的玉米淀粉，淀粉颗粒出现孔隙并增大，随着支链淀粉含量的增加，淀粉颗粒变化越大。一些大麦淀粉在韧化处理后颗粒表面出现孔隙，淀粉颗粒增大，可能是因为在韧化处理过程中水分通过淀粉颗粒的无定形区域。

刘滕通过扫描电镜比较了玉米、马铃薯淀粉和木薯淀粉的颗粒形貌发现，天然淀粉的颗粒形貌在经过韧化处理后没有发生特别剧烈的改变，只是使原有的形貌加深，淀粉颗粒表面多出现了一些破损和凹陷。这主要是由于淀粉粒处于水分含量较高并且受热的条件下，水分子进入淀粉颗粒的无定形区域和直链分子发生键合，同时填满无定形区空隙，淀粉颗粒发生膨胀。当淀粉颗粒冷却脱水后，淀粉颗粒表面就会形成塌陷、破损、孔隙。另外淀粉粒中的内源酶也起到一定的作用。这些变化主要是由直链淀粉的变化引起的，由于韧化处理中热量和水分不可能均匀地到达每个淀粉颗粒，所以韧化淀粉的颗粒形貌变化有明显的个体差异。

(二) 粒度

刘滕通过比较玉米、马铃薯和木薯淀粉的粒度发现，所有样品的颗粒粒度分布均呈现正态分布并主要集中在某一区域中。韧化处理前后不同淀粉颗粒的粒度分布特征量总结如表6-1所示。其中 D (0.5) 表示平均粒度，即一个样品的累计粒度分布百分数达到50%时所对应的粒径。比较韧化处理前后三种淀粉的 D (0.5) 都增加了，即韧化处理增加了淀粉粒的平均粒度，但是增幅有限，其中玉米淀粉的平均粒径增加幅度最大，木薯增加幅度最小。表面积平均粒径和体积平均粒径也增加了，比表面积减小了。径距表示颗粒分布的宽度从径距上看，韧化处理使玉米淀粉和木薯淀粉的颗粒分布的变宽了，则该颗粒群中，大、小颗粒差异程度大了，而马铃薯淀粉正好相反。

表6-1 不同淀粉颗粒韧化处理后的粒度分布特征

特征指标	玉米淀粉（天然）	玉米淀粉（韧化）	木薯淀粉（天然）	木薯淀粉（韧化）	马铃薯淀粉（天然）	马铃薯淀粉（韧化）
径距	0.878	1.04	0.978	1.151	1.285	1.208
比表面积/(m^2/g)	0.443	0.389	0.461	0.449	0.189	0.179
表面积平均粒径 D (3, 2)/μm	13.551	15.062	13.012	13.375	31.815	33.467
体积平均粒径 D (4, 3)/μm	15.106	17.413	14.849	15.941	39.197	40.335
D (0.5)	14.399	16.285	14.027	14.703	35.727	37.039

(三) 偏光十字

马姝等研究发现，马铃薯淀粉经韧化处理后在普通光学显微镜下，未发现明显变化。双折射表明淀粉颗粒中的晶体结构特征，可通过偏光显微镜观察。马铃薯原淀粉在偏光显微镜下呈现出典型和清晰的偏光十字,说明马铃薯原淀粉具有有序的结构。韧化处理后不会引起马铃薯淀粉偏光十字图案发生明显可见的变化,说明马铃薯淀粉的晶体结构没有发生变化。

二、晶体结构

韧化处理改善了淀粉的晶体结构以及结晶区和无定形区之间的缔合与排列关系,让淀粉颗粒内部的堆积状态向更加有序化的方向发展。有研究表明,通过 X 射线衍射(XRD)和差示扫描热分析(DSC)分析韧化处理前后马铃薯、玉米、木薯淀粉的晶体结构变化。经过韧化处理后,不同来源的淀粉的晶体结构有不同的变化。玉米淀粉(谷物淀粉) A 型,不发生晶型的变化;马铃薯淀粉(块茎类淀粉)由 B 型转变为 A+B 型;木薯淀粉(块根类)由 C 型转变为 A 型。淀粉的结晶度都减小,非晶化的程度增加,亚微晶区的累积衍射强度增加。这是由于在韧化处理中,双螺旋的移动性增强部分破坏了淀粉微晶和改变微晶位向,实现晶体内部重排,使结晶的紧密程度有所增加。无定形区也参与了淀粉颗粒结构的调整,并且与结晶区的联系更紧密了。DSC 分析显示韧化淀粉的糊化温度升高,糊化焓增加,糊化温程缩短。这是韧化淀粉晶体结构变化的宏观体现。

第二节 韧化对淀粉性质的影响

一、韧化处理对淀粉溶解率和膨润力的影响

淀粉的溶解度和膨润力反映了淀粉颗粒内部结晶区与非结晶区之间的相互联系,溶解度能在一定程度上反映淀粉颗粒内部结构,淀粉之间结合紧密程度的大小。韧化处理通常会降低淀粉的膨胀力,这很大程度上受结晶完整度与直链淀粉—直链淀粉和直链淀粉—支链淀粉相互作用之间的相互作用的影响。结晶完整度和直链淀粉相互作用都降低了淀粉的无定形区域的水合作用,从而减少了淀粉颗粒溶胀。在马铃薯淀粉中,韧化处理导致的溶解率和膨润力的降低尤为明显。经过韧化处理后的山药粉溶解度和膨胀力均显著($P<0.05$)降低。水分含量为 65% 的山药淀粉 50℃ 处理 18h 后,膨胀力和溶解度变化最大,溶解度由 6% 降至 2.2%,膨胀力由 3.93g/g 降至 2.47g/g。

有研究表明，韧化处理后淀粉分子有序程度增强，淀粉分子间键能增强，阻止颗粒浸出，导致淀粉的膨润力和溶解率降低。具体而言，膨润力受到支链淀粉结构、直链淀粉含量以及直链淀粉—直链淀粉和支链淀粉—支链淀粉链间相互作用的程度的影响。韧化处理淀粉的溶解度降低是由于直链淀粉和支链淀粉之间或支链淀粉分子之间的键的强化，防止了颗粒的浸出。

二、韧化处理对淀粉糊化特性的影响

关于韧化处理对淀粉糊化特性的影响各学者的说法不一。有研究表明，韧化处理增加了马铃薯淀粉的糊化温度和最终黏度并降低了其峰值黏度。其他研究表明，韧化处理增加了小麦、豌豆和大米淀粉的峰值黏度和最终黏度。韧化处理后玉米淀粉、马铃薯淀粉和木薯淀粉的糊化特性与原淀粉有明显差异。与原淀粉相比，韧化淀粉的峰值黏度均显著降低，降低程度为玉米（37.6%）>马铃薯（29.1%）>木薯（13%）。崩解值都明显减小，与原淀粉相比减小程度为马铃薯（89.63%）>玉米（55.9%）>木薯（44.94%），说明韧化淀粉的颗粒强度大，不易破裂。热糊稳定性、抗剪切和耐热性能都明显提高了。回生值均降低，与原淀粉相比减小程度为木薯（36.20%）>马铃薯（22.62%）>玉米（14.9%），说明韧化处理使玉米淀粉和木薯淀粉的冷糊稳定性提高了。

综合上述结果，韧化处理对淀粉糊化特性的影响主要取决于淀粉的结构特征和分析条件。韧化处理对淀粉糊化特征的影响随分析过程中的加热和冷却速率而变化，韧化处理淀粉比未处理淀粉更能抗热和抗机械搅拌。韧化处理使淀粉颗粒凝胶化需要更高的温度，韧化处理后糊化温度的增加更加证实了这种作用，即由于淀粉分子重排，结晶区域增加，分子内结合力的增强导致淀粉在结构崩解和凝胶形成之前需要更多的热量。此外，关于韧化处理对淀粉回生值的影响目前没有形成统一的观点。有的研究发现韧化降低了淀粉的回生值，也有研究发现韧化处理使回生值增加。总而言之，韧化处理促进淀粉分子的重排，使其占据更稳定的构象并减少直链淀粉浸出。

三、韧化处理对淀粉透明度的影响

研究报道了，韧化处理后玉米淀粉、马铃薯淀粉、木薯淀粉的透明度都低于原淀粉，其中马铃薯淀粉的降低幅度最大，说明马铃薯淀粉易受韧化处理的影响。这是由于韧化处理主要影响支链淀粉的行为，而三种试样中马铃薯淀粉的支链淀粉含量最多，所以它的变化最大。韧化处理使直链淀粉的含量增加，尤其是短链的直链淀粉。所以在老化的初期，这些短链的直链淀粉，容易互相凝聚缔合引起光线发生反射，减弱了光的穿透率，造成糊的透明度下降。韧化处理使淀粉颗粒的膨胀度下降，糊化温度升高，所以淀粉糊中也可能存在没有完全膨胀糊化的淀粉颗粒，引起光线折射使透明度降低。透明度的下降，显示了韧化淀粉可能比天然淀粉容易老化。

四、韧化处理对淀粉冻融稳定性的影响

通常表征淀粉的冻融稳定性时，使用冻融析水率这个指标。通常冻融稳定性越差的淀粉，经过冻融循环后析水率较高。研究发现，玉米、马铃薯和木薯韧化后的淀粉与其对应的原淀粉相比，析水率更高，即冻融稳定性降低了。这可能是与直链淀粉增加有关。在第 7 次冻融循环时，韧化淀粉的析水率明显低于原淀粉，即此时有较强的保水能力。原因可能是冻结时，低温减小了淀粉分子间流动的黏性阻力，使分子链间的互相凝聚缔合极大地增强。在结冻过程中，淀粉分子与水分子之间相互作用不断减小，但是淀粉分子之间的相互作用逐渐增强，交织成三维网状结构。这导致刚开始的冻融循环中，即前几次经过冻融处理时，由淀粉分子之间相互作用而产生的凝胶网状结构还不稳定，体系在离心后有大量水析出；但是在经过多次冻融循环处理，不断增强了淀粉分子之间的作用力，即加固了淀粉形成的凝胶网状结构，并且淀粉分子之间形成类似"水笼"的结构，能锁住水分子，有效地减少了经离心后析出的水分。而韧化淀粉能形成比原淀粉更坚固的网状结构来锁住水分，所以在冻融的后期析水率会明显下降。

五、韧化处理对淀粉凝胶特性的影响

淀粉的凝胶质构特性对食品品质有非常重要的影响，它是淀粉制品质特性如形态、质构、口感、货价期等的间接体现。通过了解淀粉糊凝胶特性的各种参数并且进行相关的分析得出的结论，可以控制产品质量，并可以为改进工艺和设备的设计提供有关数据。

韧化处理后，淀粉凝胶特性也发生改变，尤其是凝胶硬度增加，有利于提高硬度和耐咀嚼性，其中处理温度和处理时间是影响凝胶硬度的主要因素。

相关研究表明,韧化处理影响淀粉颗粒结晶完整性进而影响淀粉凝胶特性。结晶完整性是由于无定形部分的迁移率增加所致,这促进了双螺旋的有序化,并且增加淀粉分子在非晶区域的有序性。此外,研究发现韧化处理导致淀粉分子重排,导致溶胀力和溶解度降低,促进了凝胶硬度的增加。有研究报道,经过韧化的大米淀粉的凝胶硬度增加。韧化后的马铃薯、玉米、木薯淀粉凝胶硬度均高于原淀粉,其中马铃薯淀粉最为显著。

六、韧化处理对淀粉热力学的影响

韧化处理后淀粉的差示热量扫描(DSC)曲线的变化显著,韧化处理后峰型变窄,表明淀粉颗粒膨胀和水化后微晶熔化更均匀。韧化处理对淀粉热力学性质的影响比较明确,特别是使用DSC,其中T_o和T_p趋于增加,糊化范围($T_c \sim T_o$)降低并且糊化焓没有变化。糊化温度的增加是因为溶解率膨润力的降低,淀粉不易溶出和吸水,导致淀粉结构糊化过程需要更多的能量。据报道,由于淀粉链之间相互作用而形成的微晶的熔化,抑制了颗粒的溶胀,导致糊化温度升高和T_o、T_p和T_c值的增加。有学者研究了韧化处理对大麦淀粉的影响,研究发现韧化处理增加了T_o、T_p和T_c值并降低了糊化范围($T_c \sim T_o$)。他们认为结晶的完善和淀粉链之间相互作用,形成了新的双螺旋结构。经过韧化处理的玉米淀粉、马铃薯淀粉、木薯淀粉的T_o、T_p和T_c值都有明显的增加,其中T_o增加幅度最大,T_c变化的幅度最小。因此韧化处理对起始糊化温度影响最大,它代表淀粉中最弱的微晶开始熔融的温度。和具有稳定结构的晶体相比,这种结构在提高晶体完善度的韧化处理中最活跃、最易感。韧化处理使三种淀粉的糊化吸热焓值都增加了,其中马铃薯淀粉最为显著。

经过韧化处理后山药粉的糊化开始温度(T_o)、糊化峰值温度(T_p)和糊化完全温度(T_c)增加,其中,糊化开始温度由63.55℃升高至83.15℃,热焓值无显著变化($P>0.05$)。糊化温度(T_o、T_p和T_c)与淀粉的结晶程度和颗粒大小有关,淀粉分子间的结合程度高、分子排列紧密、微晶区大、整体晶体结构相对完整,破坏它们所需要的能量就更多,糊化温度就越高。由于加热和水分对淀粉分子的影响,淀粉分子内部原来熔点较低的结晶遭到破坏,发生重排以及分子间的相互作用,形成了比原来熔点高的结晶,使得晶体结构相对完整,故糊化温度升高。

第三节 韧化淀粉的应用

韧化已被证明能改善热稳定性和减小回生的程度。因此，韧化淀粉在罐头和冷冻食品工业中具有独特的优势。由大米淀粉制成的米粉在东南亚被广泛食用。传统上，米粉是由储存了一段时间的长粒米制成的。该工艺限制了淀粉颗粒的膨胀，改善了糊状或凝胶的品质，使韧化米粉适合于制备优质的面条。颗粒膨胀和溶出率的降低，韧化后热稳定性和剪切稳定性的提高，都是面条生产所需的特性。研究报道，用韧化大米淀粉代替天然大米淀粉生产米粉，对大米淀粉（天然和韧化）、新鲜米粉、陈化粉和混合米粉进行了评价。研究表明，用韧化后的大米淀粉制备的米粉的质构（口感、咀嚼性、抗拉强度）与品质更佳。韧化可以在保持颗粒结构的同时提高抗性淀粉（淀粉和含淀粉的产物的总和）水平。抗性淀粉添加到食品中可以不改变食品外观和质地，部分原因是其味道平淡，色泽洁白，具有微颗粒结构。因此，它可以用作脂肪模拟物或增加食物中的膳食纤维含量。研究表明，经韧化的木薯淀粉经喷雾干燥形成的球形聚集体适合于直接制备片剂，这些聚集体具有较高的压缩性、较长的崩解时间、较高的结晶度和较低的脆度。研究者指出，这些片剂可以作为一种新的直接可压缩赋形剂，与市场上的其他商业填充物一起引进。

参考文献

[1] 王一见. 退火处理对小麦淀粉性质的影响及其应用研究 [D]. 合肥：安徽农业大学，2013.

[2] 刘滕. 退火处理对淀粉的结构和物理化学性质的影响 [D]. 合肥：安徽农业大学，2013.

[3] 刘惠惠，廖卢艳. 韧化处理对大米淀粉性质的影响 [J]. 食品与生物技术学报，2023，42（3）：74-82.

[4] 邹杰. 韧化处理对大米淀粉理化性质与米粉品质影响研究 [D]. 长沙：湖南农业大学，2019.

[5] Jayakody L, Hoover R. Effect of annealing on the molecular structure and physicochemical properties of starches from different botanical origins-A review [J]. Carbohydrate Polymers, 2008, 74 (3): 691-703.

第七章　湿热对淀粉结构和性质的影响

湿热处理（heat-moisture treatment，HMT）技术具有工艺简单、节能环保、快速安全等优点，是一种易被消费者接受的绿色环保物理改性技术。淀粉的湿热处理是指将淀粉在较低水分含量（10%~30%）、较高温度（90~130℃）条件下处理一定时间（15min~6h），即通过水分子和热的共同作用改变淀粉的结构和理化特性进而影响其应用特性。

HMT修饰淀粉的研究最早起源于1944年，是HMT修饰玉米淀粉。从1981年起，对小麦和马铃薯淀粉进行了研究，并观察到使用HMT改性的马铃薯淀粉烹饪的蛋糕和面包的质量有所改善。早在1992年就有学者发现，用HMT来修饰马铃薯淀粉，在玉米短缺的时期可以用来代替玉米淀粉。后来HMT应用于不同来源的淀粉改性。

糊化是一个由于加热和过量水分而发生的过程，它可以增加淀粉链之间的距离。当糊化发生在有限水分含量的条件下，分子运动下降，扩散活性受到限制。在HMT之前，样品被储存在一个密封的容器中，以保持恒定的水分。密封的环境可以防止加热过程中水分蒸发而逸出。产生的压力有助于增加热能，热能被水分子不断地转化为动能，引起了大规模的片段运动，并使淀粉的无定形区从玻璃态转变为更灵活的状态。因此，利用HMT进行物理修饰，可以控制分子在高温下的运动，监测水的浓度。HMT改性的程度取决于淀粉的组成、形态和来源，以及它的直链淀粉含量。研究者认为，强化HMT修饰（如延长加热时间、增加循环次数和提高处理温度）可以促进淀粉链之间的额外重新排序，从而影响淀粉的理化性质和结构。HMT促进淀粉链相互作用增加，导致晶体结构断裂，双螺旋结构分离；破碎的晶体随后重新排列，如图7-1所示。

由于这种破坏靠近淀粉颗粒的表面，它们的内部更容易受到α-淀粉酶的作用。这种处理可以提供更大的机械和热稳定性，而不会显著改变淀粉的颗粒形态。这种方法可以干扰诸如糊化、形态特征和淀粉结晶度等方面的性质。

与其他淀粉改性技术（化学和生物）相比，HMT 的主要优点包括其有效性，与热源相关的灵活性，低成本和不产生化学残留物。这些优点使它成为一种重要的改性手段，特别是应用于食品当中。此外，HMT 改性淀粉的表征可以通过差示扫描量热法（DSC）、X 射线衍射（XRD）、扫描电子显微镜（SEM）和糊化性能（RVA）等技术进行。每种方法都有不同的优点和缺点，见表 7-1。

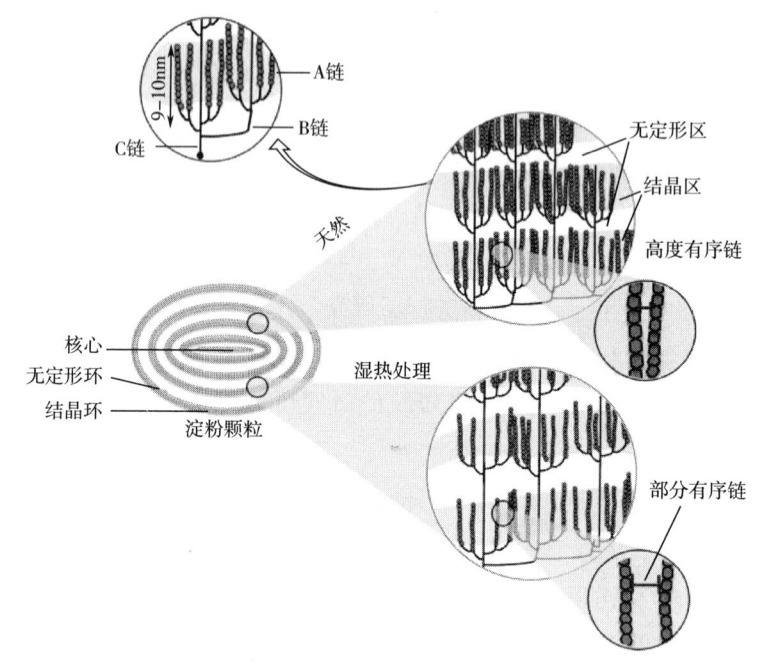

图 7-1 天然淀粉颗粒及 HMT 改性后的结构

表 7-1 不同方法处理淀粉的优缺点

方法	优点	缺点
DSC	相对较快 需要少量的样品 它可以提供糊化和老化过程的定性和定量信息	DSC 取决于许多因素，如样品制备和淀粉水化程度
XRD	能提供关于结晶性和植物来源模式的独特信息 非破坏性 稳定性好	仅限于晶体材料 耗时，通常需要相对大量的样品 与电子衍射相比，X 射线衍射强度更低，特别是低原子序数材料

续表

方法	优点	缺点
SEM	用于研究颗粒的形状和表面特性 三维成像 从不同探测器获得的多种信息 以数字形式生成数据	只能在微观尺度上给出定性信息 价格昂贵，体积大，必须放置在没有任何电、磁或振动干扰的地方 从样品表面下散射的电子有很小的辐射暴露风险
RVA	标准配置文件在13min或更短时间内完成 耐用性且设备易于操作 测试程序的通用 相对容易制备样品和操作	单位的使用和报告缺乏标准化（cP，RVU） 环境（如水和温度）对RVA廓线的影响 可能不能直接表示与直链淀粉相关的样品黏附特性的变化

第一节 湿热处理对淀粉结构的影响

一、颗粒结构

在HMT修饰的淀粉中，颗粒可能发生形态变化，这种变化的程度（如果有的话）与处理中使用的水分、时间和温度参数以及淀粉的植物来源密切相关。增加水分使淀粉颗粒在处理过程中因吸水而具有活性，促进其膨胀，并在热力的驱动下发生形态变化。扫描电子显微镜已被用于检测淀粉颗粒形貌的变化，并了解HMT淀粉的颗粒结构。水分和温度是影响淀粉颗粒变化的重要因素。

近年来，大量研究报道了HMT处理过的不同淀粉来源的淀粉颗粒从细微变化到完全破坏，如蜡质马铃薯淀粉、红薯淀粉、大豆淀粉、大米淀粉、小米淀粉、大麦淀粉等。有研究报道，可可豆淀粉原生颗粒呈椭圆形，表面无裂纹，经HMT修饰后保持不变，HMT不影响颗粒形态。此外，大豆淀粉呈圆形、椭圆形、不规则椭圆形，HMT处理未引起颗粒的变化，仅在中心区域有轻微的凹槽。红花石蒜的原生淀粉呈椭圆形、球形、不规则形状，表面光滑，没有裂缝或空洞，HMT处理影响了其颗粒形貌，导致颗粒破碎，这是由高温处理引起的。然而，在荞麦淀粉中，研究者将形态变化归因于 HMT 处理时施加的水分含量。

有研究发现，不同直链淀粉含量的大米淀粉，它的原始形态是棱角分明的多边形，光滑的表面上几乎没有裂缝，在 HMT 作用下，大米淀粉颗粒表面均发生聚集和熔融。在直链淀粉含量低的淀粉中这种现象没那么明显，这种现象归因于直链淀粉—直链淀粉相互作用有助于防止淀粉颗粒结构的干扰。面包果原生淀粉颗粒的显微图像显示，颗粒形状不规则（球形、椭圆形、多面体），颗粒大小在 3.0~7.9μm，经 HMT 处理的淀粉颗粒物理完整性丧失。这可能是由糊化引起的，因为丧失颗粒完整性有利于膨胀和颗粒融合。据报道温度低于 110℃的 HMT 处理，对马铃薯、红薯、山药、木薯、小麦、玉米、大米、小米和扁豆淀粉的颗粒形态没有影响。然而，当温度超过 110℃时，马铃薯淀粉和玉米淀粉会出现空洞（颗粒中心的空心区域）和颗粒中心双折射消失（表明螺旋结构的径向取向丧失。然而，在这两种淀粉中，即使在 HMT 后，颗粒周围仍被发现保持高度双折射。

二、晶体结构

处理条件和淀粉来源对 HMT 淀粉结晶度的影响较大。通过 X 射线衍射观察到，豌豆淀粉经 HMT 处理后中结晶型从 C 型变成 A 型，蜡质马铃薯淀粉从 B 型变成 B 型和 A 型的混合物。这些由 HMT 引起的淀粉衍射图的变化可能与中心链的脱水有关。这种脱水会导致双螺旋对的运动，改变晶体取向。相比之下，有些淀粉在水热处理后可以保持 X 射线衍射模式不变，如芒果核淀粉、木薯淀粉和红薯淀粉。

虽然一些 HMT 修饰的淀粉在 X 射线衍射图类型上没有变化，但峰的强度发生了变化。

研究者对不同品种燕麦淀粉的物理改性进行研究，并观察到经过 HMT 处理后，XRD 的模式没有改变。然而，峰值在 2θ 为 15°和 17.3°的强度较天然淀粉增加，这是由于新晶体的形成、结晶区域的范围或数量的变化等因素造成的。天然荞麦淀粉的衍射峰（2θ）分别为 15.24°、17.14°、18.04°和 22.98°，呈 A 型结晶模式。随后用 HMT 对荞麦淀粉进行改性后，其衍射图形状没有发生变化，但衍射峰强度增大。利用 X 射线衍射，可以得到相对结晶度（RC）。这可以通过 X 射线衍射图中结晶区面积与曲线覆盖的总面积（结晶区面积加上非晶区面积）之比来估计。相对结晶度在淀粉颗粒的结构和理化性质中起着重要的作用，这主要是由于淀粉易受酶的影响。在松子淀粉、大米、糯玉米、红豆、木薯和红薯的相关研究中，与各自的原生淀粉相比，使用 HMT 降低了相对结晶度。一些用 HMT 处理过的淀粉的研究表明，相对结晶度有所增加。在原生大麦淀粉中，HMT 处理后的相对结晶度从 25.3% 增加到 26.8%（湿度 15%）、27.7%（湿度 20%）和 29.1%（湿度 25%）。据报道，荞麦淀粉经 HMT 处理后，相对于其天然形式，水分按比例增加。根据水分和加热的参数，淀粉在 HMT 中的结晶模式的变化，可以导致无定形直链淀粉的部分转变为结晶状态，当结晶度增加时，双螺旋链在淀粉晶体内移动，结果形成比天然淀粉更有序的晶体结构。

HMT 促进相对结晶度的降低，在结晶度损失的同时，HMT 处理后的结晶片层和非晶片层的厚度都增加了。此外，在处理过程中，氢键（另一个保持晶体稳定的因素）可能会部分破坏。

第二节　湿热处理对淀粉性质的影响

一、HMT 对淀粉膨胀性和溶解度的影响

淀粉的溶胀力和溶解度的性质阐明了淀粉链的结晶和非晶结构之间的相互作用。几项研究表明，许多谷物 HMT 淀粉减少了颗粒膨胀和直链淀粉浸出。然而，在一些谷物淀粉中，如黑麦、大麦、小黑麦、小米、小麦，经 HMT 处理后颗粒膨胀减少，但直链淀粉浸出均增加。HMT 降低颗粒膨胀和直链淀粉浸出归因于以下因素的相互作用：晶体断裂（主要在块茎淀粉中）；结晶度增加；直链淀粉—脂质相互作用；直链淀粉和/或支链淀粉—支链淀粉链之间的相互作用；多态性形式的变化（B→A+B）。

为了提高淀粉颗粒内湿热改性的效果，研究人员采用了重复热湿处理（RHMT）。研究者用 HMT 在 120℃ 下对绿豆淀粉进行了 2h、4h、6h、8h、10h 和 12h 的改性，并使用 RHMT 在 120℃ 下进行了 2h、3h、4h、5h 和 6h 的改性。他们测定了在 50~90℃ 的不同温度下的溶解度，与天然淀粉相比，所有处理时间改性后的淀粉的溶解度都有所增加。膨胀度在 50℃ 时呈现相

同的上升趋势，随着温度从 60℃ 增加到 90℃ 而下降。这可能是由于直链淀粉和支链淀粉分子的重组，减少了加热过程中水分的吸收。对不同品种马铃薯淀粉进行 HMT 改性发现，在水分含量为 25% 的情况下，在 110℃ 下进行 3h、4h 和 5h 的改性，结果显示不同马铃薯淀粉品种的溶胀力和溶解度存在差异。与它们各自的天然淀粉相比，HMT 淀粉降低了溶胀力，增加了溶解度。

二、HMT 对糊化特性的影响

淀粉的 RVA 曲线受到 HMT 改性的影响。Sui 等研究了 HMT 对普通玉米淀粉和蜡质玉米淀粉理化性质和结构性质的影响。他们发现，无论水分和处理时间如何，处理过的普通淀粉的峰值黏度、最终黏度、回生值和崩解值都低于普通的天然淀粉。然而，在对糯玉米淀粉进行研究时发现，HMT 对糊化性能的影响很小或没有显著降低，这主要是由于糯玉米淀粉颗粒中缺乏直链淀粉。

对大麦淀粉的研究表明，HMT 淀粉的糊化温度高于天然淀粉。HMT 淀粉糊的黏度与水分含量成反比，即随着水分含量的增加而降低，并且低于天然淀粉的值。此外，HMT 处理后的峰值黏度和回生值等参数也有所降低，这种处理糊化性质的变化是由于颗粒的非晶态区链之间的连接和加热过程中结晶度的变化。

根据 Sudheesh 等的研究，更高的糊化温度可能会使结晶度增强、颗粒聚集、产生更多的分子间交联、减少分子间的空间或增强链内的结合力。在不同温度下经 HMT 处理的马铃薯淀粉中，RVA 曲线随处理温度的升高呈逐渐升高的趋势，表明淀粉颗粒具有更强的抗膨胀性，峰值时间也与 HMT 处理的温度成正比，且高于天然淀粉。另外，处理后淀粉的峰值黏度和崩解值均低于天然淀粉，这是淀粉热稳定性和剪切性能改善的重要指标，这种下降与热处理温度呈正相关。与温度一样，所使用的水分也是 HMT 处理的一个重要因素，它可以影响 RVA 曲线。Rafiq 等报告说，当使用 HMT 时，天然淀粉糊的温度与水分成比例增加。作者指出，结构分解和糊的形成需要更多的热量可能与淀粉颗粒内部交联的增加有关。同样，HMT 对水分的影响也会影响峰值黏度，峰值黏度随着水分的增加而逐渐降低。

虽然 HMT 修饰中使用的参数可以改变淀粉中的糊化特性，但并不是在所有的实验中都能观察到。在不同的时间条件下（10min、30min 和 60min）对湿热处理的大米淀粉进行评价发现，应用 HMT 处理后，糊化温度升高，峰值黏度、崩解值、回升值和最终黏度降低，但处理时间并没有显著影响 RVA 的结果。但以不同处理时长处理玉米淀粉发现，HMT 改性的玉米淀粉其糊化特性受到影响。除了在 HMT 改性中的处理时间、湿度和温度外，仪器、酸、其他技术以及所使用的淀粉的来源，都会影响这些淀粉的糊化特性的变化。近年来，HMT 大米等几种淀粉源的糊化特性产生了影响，如大米、红薯、小米、大麦、蜡质玉米等。

此外，在 HMT 处理过程中，直链淀粉—直链淀粉（AM-AM）、直链淀粉—支链淀粉（AM-AMP）和直链淀粉—脂质（AM-L）的结合程度受到淀粉来源、直链淀粉链长度和湿热处理过程中普遍存在的水分含量的影响，在块茎淀粉中，HMT 处理后 ΔH 的下降更为明显。HMT 处理后 ΔH 的减少反映了颗粒的结晶和非结晶区域的双螺旋断裂，块茎淀粉中双螺旋结构更容易受到 HMT 破坏的原因解释如下：第一，在 B 型淀粉（块茎）中，螺旋结构的排列不像 A 型淀粉（谷物）中那样紧凑。此外，B 型淀粉晶体内有 36 个水分子，而 A 型淀粉晶体内只有 4 个水分子。因此，在 HMT 处理后，形成 B 型淀粉晶体的双螺旋链比 A 型淀粉更具流动性，因此更容易被破坏。第二，块茎淀粉比谷物淀粉具有更高的磷酸单酯含量。这些磷酸基团主要位于支链淀粉葡萄糖单元的 C_2、C_3 和 C_6 上。相邻支链上带负电荷的磷酸基团之间的斥力会阻碍双螺旋之间的强相互作用。因此，马铃薯淀粉的结晶在经 HMT 处理后很容易被破坏。在高直链淀粉中，其在 HMT 前后保持不变。这表明 HMT 对支链淀粉双螺旋的破坏作用在很大程度上受磷酸单酯含量的影响。这似乎是合理的，因为在块茎淀粉中，已观察到 HMT 马铃薯淀粉的 ΔH 减少幅度最大，其中磷酸单酯含量（0.1%）高于其他块茎淀粉（0.01%~0.03%）。

三、HMT 对淀粉流变特性的影响

当加热时淀粉发生糊化，颗粒发生有序—无序转变。研究表明，颗粒硬度、颗粒膨胀程度、分散相所占体积分数、连续相的流变性、分散相与连续相的相互作用、直链淀粉浸出程度、颗粒的大小分布等因素都会影响淀粉悬浮液和凝胶的流变性能。上述因素又受其他参数（糊化过程中）的影响，如

加热速率、剪切速率、搅拌速率、加热温度、淀粉浓度、颗粒破碎的程度、溶质以及淀粉的植物来源。Hoover 等研究了 HMT（30%水分，100℃，16h）对糊化淀粉糊流变性能的影响，从小麦、燕麦、扁豆和马铃薯淀粉中提取浓度为6%的淀粉进行测定，结果表明 HMT 降低了小麦、扁豆和马铃薯淀粉的稠度（K）指数（对应于零剪切速率下的理论表观黏度），但增加了燕麦淀粉的 K 值。HMT 降低了小麦、扁豆和马铃薯淀粉的剪切稀化（n）（n 表示剪切速率增加时淀粉糊的剪切稀化行为），但增加了燕麦淀粉的剪切稀化。剪切稀化已被证明受剪切场影响下膨胀颗粒的变形和随后的崩解（在非常高的剪切速率下更为明显）的影响。HMT 的变化总体上归因于颗粒体积的变化（小麦、马铃薯和扁豆淀粉减小，但燕麦淀粉增加），这改变了颗粒对变形和解体的抵抗力。

Eerlingen 等研究了由天然马铃薯淀粉和 HMT 马铃薯淀粉（20%~40%水分，16 小时，在低于峰值糊化温度3%的温度下储存）制备的凝胶（3.0%，6.6%，20.0%）的流变特性，HMT 处理后（$G'>G''$），稀凝胶和浓凝胶的 G'（储能模量）和 G''（损耗模量）增加。3.0%淀粉凝胶的 G' 和 G'' 值的增幅远小于 6.6%和 20.0%淀粉凝胶的增幅。此外，与 6.6%和 20.0%凝胶相比，一些湿热处理导致 3.0%凝胶的 G' 值低于天然淀粉。在每种浓度下，HMT 处理后 G' 和 G'' 的增加程度归因于 HMT 淀粉颗粒膨胀减少（增加颗粒硬度）和直链淀粉浸出减少。因此作者得出结论，在低浓度下，天然淀粉和 HMT 淀粉的流变性能主要受颗粒体积分数的影响，而在高浓度下，流变性能主要受膨胀颗粒的颗粒硬度的影响。

近年来，人们利用几种植物淀粉对 HMT 淀粉进行了广泛的研究，并通过 DSC、XRD、SEM 和 RVA 分析对其影响进行了评估，结果如表 7-2 所示。

HMT 导致直链淀粉—支链淀粉，直链淀粉—直链淀粉和直链淀粉—脂质之间的相互作用，抑制淀粉链在无定形区域的运动。换句话说，HMT 促进了直链淀粉和支链淀粉的相互缠绕（通过分子内/分子间键），并促进了淀粉分子的扩散。因此，经过这种物理处理的淀粉需要更高的温度才能达到膨胀，这反过来又破坏了淀粉的结晶区域，导致转变温度的增加。在糊化体系中，压力施加在结晶区域上，间接地说，淀粉晶体的熔化温度是由它们周围的无定形区域决定的。

第七章 湿热对淀粉结构和性质的影响

表 7-2 HMT 处理后淀粉的 DSC、XRD、SEM 和 RVA 结果

淀粉来源	HMT	DSC	XRD	SEM	RVA
菠萝蜜种子	烘箱：80℃、90℃、100℃、110℃和120℃，6h、12h和16h 烘箱：40℃/48h 湿度：20%、25%、30%和35%	淀粉：水混合物（质量分数）（1:3） 结果：16h时样品中 T_o、T_p、T_c含量增加，糊化焓降低	原生淀粉：HMT 后 A 型结晶模式不变	HMT 后淀粉颗粒呈粒状熔化，表面破损，微肿胀，不规则性增强	NA
荞麦	加热：110℃/16h 湿度：20%、25%、30%和35%	淀粉：水混合物 3mg（质量分数）（1:3.5） 结果：T_o、T_p 和 T_c 的增加与水分含量呈正相关，ΔH 减小	原生淀粉的 A 型晶型在 HMT 后没有变化，但峰值强度增加	天然淀粉颗粒呈多角形、椭圆形和球形；它们没有被 HMT 改变，只有表面上的裂缝	结果：糊化温度的升高与水分含量成正比，峰值黏度、回生值和崩解值均降低
蜡质马铃薯	风箱：120℃/5h 20min 湿度：25.7%	淀粉：水混合物 10mg（质量浓度）（1:4） 结果：T_o、T_p 和 T_c 略有升高，糊化温度（T_c-T_o）升高，ΔH 降低	经 HMT 处理后，原淀粉 B 型晶型转变为 B 型和 A 型晶型的混合物	HMT 后，颗粒的横截面出现裂纹和大的空心区	NA
糙米	烘箱：110℃/2h 干燥：40℃ 水分：20%	淀粉：水混合物 3.0mg（质量浓度）（1:2） 结果：HMT 提高了糊化温度（T_o、T_p、T_c），降低了 ΔH	具有 A 型结晶的原生淀粉，经 HMT 后，原生淀粉的 RC 由 31.3% 降至 28.8%	原生淀粉呈多面体，形状不规则，表面光滑，大小相近。HMT 没有改变淀粉颗粒的形态	淀粉悬浮液（7%）（质量分数） 结果：HMT 后糊状物温度和最终黏度升高，但峰值黏度、回生值和崩解值降低

续表

淀粉来源	HMT	DSC	XRD	SEM	RVA
玉米	烤箱：110℃/16h 风干：40℃/12h 湿度：20%、25%、30%和35%	混合物（淀粉：水）（质量分数）（1:3.5） 3.0mg 结果：HMT提高了糊化温度（T_o，T_p，T_c），降低了ΔH	具有A型晶型的原生淀粉不受HMT的影响，经HMT处理后，天然淀粉RC由29.7%提高到39.9%	天然淀粉颗粒呈多边形/球形，不规则，表面光滑，HMT处理后开裂	将3g淀粉（干基）分散于25mL水中 结果：HMT降低糊化温度，峰值黏度、谷值黏度均有所增加
红豆	烤箱：120℃/4h、6h、8h、10h和12h 烤箱：45℃/12h 水分：30%	混合物（1:3） 3.0mg 结果：随着处理温度的升高，T_o，T_p，T_c逐渐升高，在大多数样品中ΔH降低	HMT后原生淀粉结晶型由C型转变为A型，原生淀粉RC（41.49%）降至22.39%；19.29%；16.38%；38.08%和38.71%	原生淀粉呈圆形或椭圆形，表面几乎没有裂缝，HMT后裂纹增加	将2.5g淀粉（干基）分散于25mL水中 结果：糊化温度升高，峰值黏度和最终黏度降低
豌豆	烤箱：120℃/2h 水分：20%	混合物（1:3） 4.0mg 结果：HMT提高了糊化温度	天然淀粉结晶度由C型转变为A型	天然淀粉颗粒细长、不规则和折叠形状，HMT后形态学无明显变化	NA
橡子	烤箱：110℃/24h 水分：20%	混合物（1:36） 3.0mg 结果：HMT提高了糊化温度（T_o，T_p，T_c），ΔH降低	C型结晶度的天然淀粉HMT后无变化，经HMT处理后，天然淀粉RC由47.8%降至39.6%	天然淀粉颗粒呈球形、椭圆形和不规则形状，表面光滑，有浅凹槽和孔，HMT后形态学中度有改变	将3.0g淀粉（干基）分散于25mL水中 结果：糊化温度升高，峰值黏度回生值和崩解值降低

第七章 湿热对淀粉结构和性质的影响

续表

淀粉来源	HMT	DSC	XRD	SEM	RVA
木薯	烤箱：100℃/16h 烤箱：40℃ 湿度：25%	淀粉：水混合物3.0mg（1:2）结果：T_o、T_p、T_c、ΔH略有升高	标准原生淀粉为A型，HMT后无明显变化，HMT处理后，天然淀粉RC由39.6%降至38.8%	原生淀粉呈圆形，粒径为7~20μm。HMT后未见形态学改变	分散于25g总质量中 结果：HMT降低了击穿黏度、峰值黏度和后退黏度
芒果核	风箱：110℃/3h 干燥：50℃/4h 水分：20%、25%和30%	NA	原生淀粉结晶度为A型，HMT后无变化，3个品种的相对结晶度都有所下降	原生淀粉颗粒呈细长、三角形和不规则形状，表面光滑，经HMT处理后形态无变化	将3.0g淀粉（干基）分散于25mL水中 结果：糊化温度、峰值黏度、最终黏值均有所升高，崩解降低
山药	烤箱：110℃/3h 烤箱：45℃ 湿度：15%、20%、25%、30%和35%	混合物（淀粉:水）3.0mg（1:2.3）结果：HMT提高了糊化温度（T_o、T_p、T_c），降低了ΔH	原生淀粉的C型结晶模式在HMT后保持不变	天然淀粉颗粒表现为多角形、球形和不规则形状，表面光滑，HMT后出现颗粒聚集和裂纹	将3.5g淀粉（干基）分散于25mL水中 结果：糊化温度、终温和消减值升高，峰值黏度和崩解降低

113

据报道，HMT 修饰的甘薯淀粉的糊化参数（T_o，T_c，T_p，T_c-T_o 和 ΔH）高于天然淀粉。在另一项研究中也发生了同样的情况，同样是对天然甘薯淀粉，经 HMT 处理后，除 ΔH 减少外，其糊化参数（T_o，T_c，T_p）增加。吸热变化归因于热处理过程中形成的新表面层，该表面层限制了水在颗粒中的渗透并延迟了颗粒的膨胀。

DSC 分析 HMT 物理改性对普通玉米淀粉和糯玉米淀粉糊化的影响发现，处理后温度（T_o，T_c，T_p）升高，这些值与处理时间成正比。对正常玉米淀粉和糯玉米淀粉进行研究发现，所有 HMT 淀粉的糊化温度（T_o，T_c，T_p）均高于天然淀粉。这与物理修饰后形成的更有序的晶体结构有关。同样，有研究报道对甘薯淀粉进行研究发现，高温处理后的温度（T_o，T_c，T_p）与天然淀粉相比显著升高。

其他淀粉来源也受到 HMT 的影响，改变了 DSC 分析的糊化参数，如木薯淀粉、水稻、小麦、有机苋菜、红豆、菠萝蜜种子。其他因素也可以影响淀粉的热性能，如其分子结构和 HMT 处理条件。

四、HMT 对老化特性的影响

稀淀粉溶液冷却后，线性分子重新排列并通过氢键形成不溶性沉淀。浓的淀粉糊冷却时，在有限的区域内，淀粉分子重新排列较快，线性分子缔合，溶解度减小。淀粉溶解度减小的整个过程称为老化。"老化"是"糊化"的逆过程。"老化"过程的实质是，在糊化过程中，已经溶解膨胀的淀粉分子重新排列组合，形成一种类似天然淀粉结构的物质。老化伴随着结晶度、凝胶硬度、浊度的增加。

在 25℃下储存 20 天后，HMT 小麦、燕麦和扁豆淀粉的老化焓高于天然淀粉。如小麦、燕麦和扁豆淀粉的老化焓增加幅度分别为 2.6J/g、2.9J/g 和 1.6J/g。然而，在相同的时间间隔内，马铃薯淀粉的老化焓降低了 2.5J/g。在 HMT 处理过程中，结晶度变化与 AM-AMP 相互作用解释了这些结果。老化焓（扁豆>小麦>燕麦）的增加是由于 HMT（100℃，16h，30%水分）处理后结晶度（小麦>扁豆>燕麦）增加，这降低了相邻支链簇外分支之间的分离程度。因此，在凝胶储存过程中，支链淀粉链的双螺旋的形成在 HMT 淀粉中比在天然淀粉中更强，发生得更快。有人认为 HMT 淀粉的老化焓变化也可能受到 AM-AMP 相互作用的影响。这是因为，如果 HMT 淀粉结晶度的变化是影响老化焓的唯一因素，那么老化的增加程度应该遵循以下趋势：小麦>扁豆>燕麦。然而，相对于小麦和扁豆（扁豆>小麦）淀粉，老化焓的相反趋势被上述研究者归因于天然扁豆淀粉颗粒内部 AM-AMP 链之间更强的相互作用（由于其更长的 AM 和 AMP 链）。HMT 会增强（由于链迁移率的增加）这种相互作用，导致扁豆淀粉在糊化过程中 AM 和 AMP 链之间的氢键破坏较少。因此，在凝胶储存过程中，HMT 扁豆淀粉的老化焓反映了结晶度的增加和 AM-AMP 相互作用的关系。而在小麦淀粉中，影响老化焓的主要因素是结晶度的增加。老化焓对马铃薯淀粉老化作用的降低归因于 HMT 过程中结晶度的破坏，这否定了 AM-AMP 相互作用对 HMT 的影响。Takaya 等通过 DSC 研究表明，HMT 玉米淀粉（饱和湿度，20min，在 120℃ 和 130℃）在 5℃ 储存期间增加了其老化的程度和速度。X 射线衍射研究表明，玉米、马铃薯和淀粉在 HMT［饱和湿度，125℃ 下 20min（玉米），110℃ 下 30min（马铃薯）］下的老化显著增加，这归因于 HMT 过程中支链淀粉外链降解导致的重结晶和短链的结合。Adebowale 等通过对黏豆淀粉的 DSC 研究报道，在温度范围为 60~90℃，水分含量范围为 18%~27% 的情况下，HMT 可以减少淀粉在 30℃ 下储存 2d 和 7d 的老化，但没有对这一减少原因作出解释。

五、HMT 对淀粉消化特性的影响

淀粉被分为快速消化淀粉（RDS）、慢消化淀粉（SDS）和抗性淀粉（RS）。RDS 是指在小肠中快速消化的淀粉，SDS 指可在小肠中缓慢消化的淀粉，RS 被定义为"小肠不吸收的淀粉和淀粉降解产物的总和"。据报道 RS 的益处很多，包括预防结肠癌、降糖作用、促进益生菌微生物生长和抑制脂肪代谢。SDS 与稳定的葡萄糖代谢、糖尿病管理有关。HMT 已用于修改各种原生淀粉中 RDS，SDS 和 RS 的量。有研究报道，经 HMT 处理（30% 水分，100~140℃，80min）的高直链玉米淀粉，在 100℃、120℃ 和 140℃ 时，RS 分别增加了 13%、25% 和 34%。Shin 等研究了天然和 HMT（40℃、55℃ 和 100℃，20%、50% 和 90% 水分，12h）甘薯淀粉被胰酶和淀粉糖苷酶的混合物水解后，RDS、SDS 和 RS 的形成。结果表明，天然淀粉中 RDS、SDS 和 RS 含量分别为 17.1%、15.6% 和 67.3%。在 100℃/90% 湿度、55℃/50% 湿度和 40℃/20% 湿度下 HMT 淀粉中 RDS、SDS 和 RS 的含量分别达到最高水平，RDS（82.0%）、SDS（31.0%）和 RS（68.9%），研究者将酶解程度和速率

的变化归因于 HMT 内部颗粒结构的改变。

Sang 等研究报道,将玉米淀粉(50%直链淀粉)同时进行 HMT(45%水分,110℃,4h)和磷酸化(三偏磷酸钠/三聚磷酸钠)可使 RS 提高 19%,SDS 和 RDS 水平分别降低 12% 和 6%。然而,在上述条件下,HMT 高直链玉米淀粉(70%直链淀粉)RS 提高了 18%,RDS 降低了 18%,而 SDS 水平保持不变。Jacobasch 等使用 HMT(在 121℃下高压灭菌 1h,在室温下冷却 2h,在 20℃下冷冻 1h)来提高直链玉米淀粉中抗性淀粉 RS3,其 RS3 含量高达 75%。

六、HMT 对酸水解的影响

人们普遍认为,无论是在表面还是在内部,多相酸水解更倾向于攻击颗粒的非晶态区域。相比之下,晶体区域不易被水合质子(H_{30}^+)攻击。因此,酸水解是用于研究在 HMT 过程中颗粒的非晶和结晶区域内发生的结构变化是一种理想的探针。目前,关于 HMT 对酸水解的影响的研究较少,特别是在 HMT 处理过程中,不同时间、温度、水分对淀粉酸水解的速率和程度的影响。在谷物淀粉中,HMT 小麦和玉米淀粉酸水解的敏感性略有下降,而 HMT 燕麦淀粉对酸水解的敏感性略有增加。HMT 豆类淀粉(田豆、扁豆、黑豆)的水解程度(11%~17%)比它们对应的天然淀粉更大。HMT 块茎淀粉(马铃薯、木薯、芋头)在水解的前 5d 水解率增加 1%~13%。之后,它们的水解程度比它们对应的天然淀粉低 2%~15%。然而,HMT 山药和椰子块茎淀粉表现出了不同的特征,如在整个水解过程(15d)中,HMT 山药淀粉的水解程度(22%)低于其天然淀粉。然而,在前 9d,HMT 椰子淀粉水解率下降(225%),但此后,天然椰子淀粉和 HMT 椰子淀粉的水解程度几乎相同。HMT 酸水解的变化归因于 HMT 处理过程中发生的结构变化的相互作用(AM-AM 和/或 AM-AMP 相互作用)、晶体破坏、晶体重定向、多晶成分的变化、新晶体的形成、颗粒表面裂缝的形成。

第三节　湿热处理淀粉的应用

一、HMT 淀粉在食品工业中的应用

通过 HMT 对淀粉进行改性,可以获得具有适当特性的淀粉,如糊化特

性，热稳定性，溶解度等，以适应多样化的工业生产需求，尤其是食品产业。HMT改性淀粉是饼干生产中重要的膨化剂，也是面包等烘焙产品生产中的黏合剂，在饮料、奶油和罐头食品中用作乳剂稳定剂，在各种食品中用作增稠剂。HMT改性淀粉具有较好的热稳定性和抗剪切性，可以用于酱汁、糖果、罐头产品和意大利面。有研究报道，HMT改性后的苋菜淀粉和玉米淀粉在面食中的应用，该面食膨胀性好，蒸煮时间短，弹韧性好，使用经HMT处理后的淀粉提升了面食的品质。对HMT物理改性的红薯淀粉制品粉条进行质量评价发现，其弹韧性增加，品质得到了改善。

(一) 面条制造

红薯淀粉（SPS）已被证明不适用于生产Bihon型面条（由大米、玉米和绿豆淀粉混合制成），因为它的黏性较大。然而由100% HMT红薯淀粉（27%~30%水，3h，110℃）或混合物（50% HMT SPS：50%玉米淀粉）制备的生淀粉面条，白煮面条在颜色和质地方面与商业bihon型面条几乎相似。有学者研究表明，在对辣酱面的感官评价中，最受欢迎的是100% HMT SPS，因为它们的味道更饱满，有独特的嚼劲。面条也可以用西米淀粉制作，用HMT（25%水分，110℃，16h）西米淀粉制备的面条与用天然淀粉制备的面条相比，具有更高的硬度和弹性，更低的黏性以及更少的蒸煮损失。

(二) 焙烤制品

有研究报道了，HMT小麦和马铃薯淀粉在不同含水量（18%~27%）下，在高温下制作的面包和蛋糕的品质。结果表明，HMT小麦淀粉在高温下的面包烘焙质量和面包体积下降；相反HMT增加了马铃薯淀粉的发酵潜力、质地和面包体积。HMT降低了小麦淀粉的焙烤性能，但增加了马铃薯淀粉的焙烤性能（体积更大，密度更小，颗粒更均匀）。研究者推测，马铃薯淀粉经HMT处理后烘焙性能的改善可能是由于HMT淀粉非晶和结晶区域内发生的结构变化导致的物理化学（膨胀力、溶解度、糊状）特性的变化。HMT小麦淀粉焙烤性能的下降可能是由于淀粉的破坏。然而，HMT前后淀粉损坏程度尚未确定。用天然玉米（NM）淀粉或HMT玉米淀粉（HMT-M）代替（20%）小麦粉制作面包，与NM和对照（不含玉米淀粉）相比，HMT面团弹性降低。用HMT-M代替小麦粉后，在最佳吸水率下烘烤的面包的体积和柔软度降低。加入起酥油可以增大HMT-M烘烤面包的体积，改善面包的颗粒结构。然而，在没有起酥油的情况下，用HMT烤的面包硬度保持不变。研究者推测

HMT-M无法改善面包质量可能是由于HMT玉米淀粉无法有效地与面筋相互作用。作者认为，在HMT处理过程中，淀粉链之间的相互作用和直链淀粉—脂质相互作用可能是导致HMT淀粉中面筋—淀粉相互作用减少的主要原因。

（三）加工食品

HMT已被证明能提高所有淀粉的热稳定性、抗剪切性和酸稳定性。因此，HMT可以作为一种化学改性的替代品，用于蒸煮食品、调味品、面糊产品和糖果中。

二、HMT在包装材料方面的应用

HMT已被应用于改善淀粉和米粉制备的生物可降解膜的特性。研究表明，与未经湿热改性的淀粉生产的薄膜相比，HMT淀粉可以改善薄膜的性能，从而获得更好的拉伸强度，以及更大的刚性和延伸性。这种物理改性也适用于红薯淀粉制备的可食用薄膜，经HMT改性后，薄膜的厚度、抗拉强度和伸长率均有所提高，但溶解度降低。

参考文献

［1］Sui Z, Yao T, Zhao Y, et al. Effects of heat-moisture treatment reaction conditions on the physicochemical and structural properties of maize starch: Moisture and length of heating ［J］. Food Chemistry, 2015, 173: 1125-1132.

［2］Sudheesh C, Sunooj K V, Alom M, et al. Effect of dual modification with annealing, heat moisture treatment and cross-linking on thephysico-chemical, rheological and in vitro digestibility of underutilised kithul (Caryota urens) starch. Food Measure, 2020, 14 (3): 1557-1567.

［3］Hoover, Ratnajothi. The impact of heat-moisture treatment on molecular structures and properties of starches isolated from different botanical sources ［J］. Crit Rev Food Sci Nutr, 2010, 50 (9): 835-847.

［4］Shin S I, Kim H J, Ha H J, et al. Effect of hydrothermal treatment on formation and structural characteristics of slowly digestible non-pasted granular sweet potato starch ［J］. Starch, 2005, 57: 421-430.

［5］Sang Y, Seib P A. Resistant starches from amylose mutants of corn by simultaneous heat-moisture treatment and phosphorylation ［J］. Carbohydr Polym, 2006, 63: 167-175.

［6］Jacobasch G, Dongowski G, Schmiedl D, et al. Hydrothermal treatment of Novelose 330 results in high yield of resistant starch type 3 with beneficial prebiotic properties and decreased secondary bile acid formation in rats [J]. Brit J Nutr, 2006, 95: 1068-1074.

[7] Hoover R, Vasanthan T. Effect of heat moisture treatment on the structure and physicochemical properties of cereal, legume and tuber starches [J]. Carbohydr Res, 1994, 252: 33-53.

[8] Eerlingen R C, Jacobs H, Block K, et al. Effects of hydrothermal treatments on the rheological properties of potato starch [J]. Carbohydr Res, 1997, 297: 347-356.

[9] Miles M J, Morris V J, Ring S G. Gelation of amylose [J]. Carbohydr Res, 1985, 135: 257-269.

[10] Takaya T, Sano C, Nishinari K. Thermal studies on the gelatinization and retrogradation of heat-moisture treated starch [J]. Carbohydr Polym, 2000, 41: 97-1000.

[11] Adebowale K O, Lawal O S. Microstructure, physicochemical properties and retrogradation behaviour of mucuna bean (Mucuna puriens) starch on heat moisture treatment [J]. Food Hydrocolloid, 2003, 17: 265-272.

[12] Lorenz K, Kulp K. Heat-moisture treatment of starches. II. Functional properties and baking potential [J]. Cereal Chem, 1981, 58: 49-52.

[13] Miyazaki M, Morita N. Effect of heat-moisture treated maize starch on the properties of dough and bread [J]. Food Res Intl, 2005, 38: 369-376.

[14] Hoover, Ratnajothi. The impact of heat-moisture treatment on molecular structures and properties of starches isolated from different botanical sources. [J]. Crit Rev Food Sci Nutr, 2010, 50 (9): 835-847.

第八章　干热处理对淀粉结构、性质的影响

干热处理是用于淀粉加工适性改良的物理改性技术之一。目前，干热处理已在谷物、豆类、薯类等淀粉原料的改性中得到广泛应用。研究表明，淀粉经干热处理后，其溶解性、膨胀性、糊化性能等加工特性发生改变，甚至可以达到与化学改性同样的效果。

将淀粉在一定水分及温度条件下处理一段时间，淀粉的结构和性能将发生变化。根据水分及温度条件的不同，可将其分为干热处理、湿热处理、韧化处理、压热处理及淀粉糊化等类型。干热处理是指在初始水分含量为7%~13%（通常≤10%），处理温度通常高于110℃的条件下对淀粉进行热加工。糊化是淀粉在过量水分中（>35%）加热到糊化温度以上时，淀粉颗粒发生不可逆的吸水膨胀并失去双折射现象，在伴有机械搅拌的情况下，高度膨胀的淀粉颗粒发生破裂，分散于水相中的淀粉分子以胶体形式将淀粉颗粒碎片包裹其中形成黏稠的糊状物的过程。

干热处理并不要求淀粉原料完全无水，因为在完全无水的条件下，淀粉分子链的运动受到极大限制，淀粉聚集态结构无法发生变化。本质上，通过干热处理改性淀粉的关键因素是水分和热量（温度）。淀粉干热处理与其他热处理方式在处理条件上的主要差异如下。

首先，干热处理与其他热处理方式在水分含量上存在差异。韧化、压热处理及淀粉糊化要求水分充足，甚至在过量水分条件下进行，而干热和湿热处理要求在有限水分含量条件下进行，且干热比湿热处理要求更低的水分含量。干热处理和湿热处理的温度高于淀粉的糊化温度，当水分充足时，淀粉将发生糊化；而在有限水分条件下淀粉的糊化受到限制，在处理温度达到或超过 T_g 时，淀粉无定形区发生相转变，分子链的流动性增强，在该过程中水分子作为塑化剂促使淀粉聚集态结构发生改变，从而达到改变淀粉物性的目的。

其次，干热改性与其他热处理方式存在处理温度上的差异。韧化处理所需温度较低（45~60℃），通常在水浴装置中进行；湿热处理温度为60~

145℃（通常为90~130℃）；压热处理在压力容器中进行，处理温度通常为121℃，随着压力的增加（如高压釜中），压热处理温度可达145℃。有研究报道，干热处理温度范围为60~200℃，但更为常用的处理温度范围为110~130℃。此外，干热改性与其他热处理方式的处理时间差异较大。干热处理0.5~20h，压热处理10min到1h，而湿热处理从10min到16h不等，韧化处理达到预期效果则需要更长时间，从数小时甚至到数天不等。淀粉在干热处理前，须将其初始水分含量调整到10%以下。为了避免湿淀粉在干燥过程中发生变化，一般采取低温（45~55℃）烘干；接着将淀粉在一定高温条件下（烘箱或烤箱）处理一段时间，即得到干热改性淀粉。

近年来，人们对干热处理不断创新，在施加方式（连续式、循环式、与其他方式结合等）、添加物（如离子胶）、处理设施设备等方面的研究不断深入，使干热处理在提升淀粉特性、开发符合健康饮食标准的新型淀粉食品方面得到更有效的应用。

干热改性前可采取外添配料的方式，如将离子胶（黄原胶、瓜尔胶、羧甲基纤维素、海藻酸钠、乳清分离蛋白等）或氨基酸等配料按照一定质量浓度分散在水相中，随即加入淀粉，搅拌混匀，低温烘干，控制水分含量10%以下，再进行干热处理，可获得比处理单纯淀粉更好的效果。在干热处理实施方式上，有学者对比了循环式和连续式处理对小麦淀粉物性的影响，研究发现淀粉结构在连续干热模式下更加敏感，淀粉物性变化的幅度更大，而循环干热处理模式更有利于淀粉的慢消化及抗性组分的增加。还有学者将干热处理与淀粉的其他改性方式联合使用，这使得干热处理对淀粉改性的施加方式更加灵活。表8-1列举了干热处理改性谷物淀粉的常用条件参数。

表8-1 干热处理改性谷物淀粉的常用条件参数

淀粉来源	初始水分含量/ （g/100g）	温度及加热设备	处理时间	共存成分
大米淀粉	7	130℃，烘箱	0、2h、4h	—
小麦淀粉	—	130℃，烘箱	加热3h后室温冷却1h，循环2~6次或连续加热3h、6h、9h、12h、15h、18h后冷却1h	—
玉米淀粉	<10	140℃，烘箱	2h	—

续表

淀粉来源	初始水分含量/(g/100g)	温度及加热设备	处理时间	共存成分
小米淀粉	8	130℃，烘箱	2h、4h	—
玉米淀粉	<10	140~200℃，温度梯度为10℃	2h	—
蜡质玉米淀粉	<10	140℃，烘箱	加热4h后室温冷却1h，循环1~5次，或连续加热8~20h	—
小麦淀粉	10.1	铝箔密封，放入130℃烘箱	2h、4h	—
大米淀粉	<10	130℃，烘箱	4h	黄原胶
高直链大米淀粉	<10	110℃、130℃、150℃，烘箱	0、1h、2h、4h	—
玉米淀粉	—	130℃	2h	黄原胶、海藻酸钠
青稞淀粉	<10	160℃，烘箱	2h	碳酸钠

注 —表示无数据。

第一节 干热处理对淀粉结构的影响

一、颗粒特性

由于物料初始水分含量较低（<10%），干热处理后，淀粉的颗粒形态与原淀粉相比通常无明显差异。SUN 等研究发现干热处理（130℃，2h 或 4h）黄小米淀粉的颗粒表面仍保持完好。LEI 等研究发现，玉米淀粉经干热处理后，淀粉颗粒完整性未受影响。但也有研究报道干热处理会损害淀粉颗粒的完整性。吴会敏研究报道了干热处理糯米淀粉前后淀粉粒形态，如图 8-1 所示。经过不同处理的糯米淀粉颗粒大小在 2.3~7.5μm，呈多面体，形状不规则。未经过干热处理的淀粉多数颗粒较完整，少数颗粒表面不平整。经过干热处理后淀粉表面未发现明显且有规律的变化，但干热处理后部分颗粒之间开始有黏结，且干热处理温度和时间并没有使这个变化明显加剧或减轻。汝

远等报道玉米淀粉干热处理后,原本光滑的颗粒表面出现凹坑。ZHANG 等报道普通小麦及糯小麦的淀粉经干热处理(130℃)后,其颗粒的表面出现皱缩或沟槽。ZOU 等发现糯玉米淀粉经干热处理后,颗粒表面被剥蚀,出现孔洞和沟槽。尽管有研究认为,这种现象可能是由于干热处理过程中直链淀粉从颗粒中漏出导致的,但这无法解释糯性淀粉颗粒经过干热处理也会出现表面剥蚀。这表明淀粉颗粒在干热处理过程中的完整性可能既与淀粉来源有关,也与干热处理条件有关。

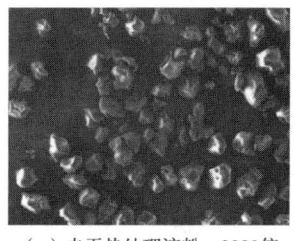

(a)未干热处理淀粉,2000倍 　　(b)130℃干热3h淀粉,2000倍 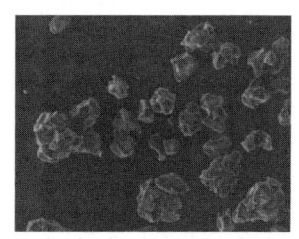　　(c)150℃干热3h淀粉,2000倍

(d)未干热处理淀粉,5000倍 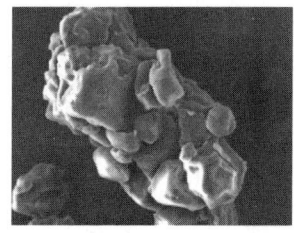　　(e)130℃干热3h淀粉,5000倍 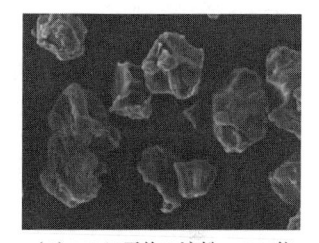　　(f)150℃干热3h淀粉,5000倍

图 8-1　干热处理前后糯米淀粉在不同放大倍数下的扫描电镜照片

聚集成团是干热处理带来的另一个淀粉颗粒特性变化。ZOU 等报道糯玉米淀粉经干热处理后,淀粉颗粒成团聚集在一起。LEI 等也发现,玉米淀粉经过干热处理后,会出现堆积在一起的情况,研究推测这可能与水分丢失和表面特性改变有关。汝远等报道干热处理的玉米淀粉在电子显微镜视野下观察到颗粒间发生黏结。在针对黄小米粉及黄小米淀粉的干热处理(130℃,2h 或 4h)研究中,黄小米粉及其淀粉同样出现成团聚集现象,由于黄小米粉的聚集程度更高,因此研究认为这种聚集主要是颗粒表面非淀粉类组分之间的相互作用导致的。干热处理有时会对淀粉粒径造成影响。MANIGLIA 等将小麦淀粉在 130℃干热处理 2h 与 4h 后,较大颗粒淀粉的平均粒径由原先的

21.7μm 增大到 22.6μm 和 24.1μm，而较小颗粒淀粉的平均粒径从 13.3μm 变为 13.7μm 和 14.1μm，导致粒径增大的原因可能在于干热过程中颗粒的水分迅速气化从而使淀粉颗粒膨胀。

二、晶体结构

大多数研究表明，干热处理一般不会造成谷物淀粉结晶类型变化，但常常会造成衍射峰强度的改变。有研究报道，干热处理后的藜麦淀粉与原淀粉的出峰位置没有发生明显变化，没有新的衍射峰出现。LEI 等报道干热处理后玉米淀粉衍射峰的位置无变化，仍为 A 型结晶，但相对结晶度从 27.8% 下降到 22.4%。ZHOU 等报道大米淀粉经干热处理（120℃，120min）后，保持 A 型结晶不变，但相对结晶度从 26% 下降到 23%；研究认为，结晶度下降是由于淀粉微晶结构受到破坏（如不稳定晶型的部分熔化），抑或是微晶取向在干热处理过程中发生了改变。QIU 等干热处理（130℃）糯米淀粉，其相对结晶度从 32.82% 增高至 35.02%。LI 等报道糯米淀粉干热处理（130℃，4h）后，相对结晶度从 46.18% 增加到 55.29%；研究认为，干热处理使淀粉非晶区发生部分重组，最终导致相对结晶度增加。汝远等报道玉米淀粉经 60℃、90℃干热处理后，衍射峰更加锐利，淀粉的相对结晶度增加；而经过 120℃ 和 150℃ 干热处理，17°和 18°（2θ）处的衍射峰趋于平缓，推测这些衍射峰对应的晶体结构发生一定程度的解聚。这表明干热处理淀粉，其相对结晶度增加或者降低，很大程度上取决于淀粉的结晶区或非晶区对干热处理的敏感度。

ZOU 等对比分析连续式（140℃、20h）及循环式（140℃、5次循环，每次 4h 后室温下冷却 1h）干热处理对蜡质玉米淀粉特性的影响，结果表明，在前 2 次循环或连续干热 8h 内相对结晶度有所增加，继续处理导致其降低。王伟玲等的研究结果表明小麦粉中淀粉结晶特性不仅受到干热处理时间影响（样品干热处理 1h 时的相对结晶度高于处理更长时间），而且受处理温度的影响。110℃ 干热处理时相对结晶度高于未处理组，而 130℃ 和 150℃ 干热处理时相对结晶度反而降低，且在 150℃ 时小麦粉的结晶类型从 A 型变为 B 型。这表明更高的温度或更长时间使淀粉链的迁移程度增加，改变了淀粉的结晶结构。

三、分子结构

研究表明，干热处理能够改变淀粉分子的特性。LEI 等报道干热处理使玉米淀粉发生降解，随着干热处理温度升高，长链直链淀粉几乎消失而短链直链淀粉增加。CHI 等研究发现，干热处理使玉米淀粉发生一定程度降解（由 4.88×10^7 g/mol 下降至 3.21×10^7 g/mol），使样品中低于 4.0×10^7 g/mol 的组分比例增加，干热处理并未使玉米淀粉近程有序度改变，但使淀粉的片层结构发生变化。卞华伟等研究发现干热处理会造成青稞淀粉多尺度结构改变，在 100℃、2h 条件下干热处理，青稞淀粉分子发生降解，分子摩尔质量低于 2×10^7 g/mol；但观察到有序化程度和结晶度的增加，认为这是因为淀粉分子断链后发生重排，使螺旋结构含量增加，结晶片层结构更加有序。吴会敏研究发现，干热处理对糯米淀粉分子结构的影响。与未经干热处理的淀粉相比，干热处理的糯米淀粉在 $480cm^{-1}$ 处的峰强度降低，表明干热变性后糯米淀粉相对短程有序性增加。经干热变性后糯米淀粉 $1380cm^{-1}$ 处的吸收峰强度明显增大，可能是淀粉结晶度降低引起的。在拉曼光谱中，干热处理后糯米淀粉在 $606cm^{-1}$、$1340cm^{-1}$ 和 $1461cm^{-1}$ 处的吸收峰随干热温度和时间的增加而减弱。$606cm^{-1}$ 处吸收归因于骨架模式 C—C 拉伸，$1340cm^{-1}$ 处吸收归因于 CH_2 弯曲和 C—O—H 弯曲，$1461cm^{-1}$ 处吸收归因于 CH_2 弯曲，这些振动吸收峰的减弱或消失可能是由于热处理过程中附近吸收峰的增加掩盖了其强度导致降低。同时，有研究表明，热处理会破坏淀粉的骨架，骨架上的某些化学键之间的连接会变得松散，导致振动能降低。整体来看，干热处理后糯米淀粉未出现新的吸收峰，且未有峰消失，所有特征谱带都清晰可见，且观察到的谱带位置基本相同，表明干热处理糯米淀粉未改变化学键。

第二节　干热处理对淀粉性质的影响

一、干热处理对淀粉膨胀性和溶解性的影响

干热处理会影响淀粉的膨胀性和溶解性。淀粉颗粒因吸水发生膨胀，膨胀性与无定形区和结晶区的水合能力有关。Lei 等采用 140~200℃ 干热处理玉米淀粉 2h，发现玉米淀粉的溶解度随加热温度的升高而增加，且随着加热温度的升高，长直链淀粉链消失，而短直链淀粉链的形成增多。这说明长直链淀粉链在干热过程中发生了降解，在膨胀的过程中更容易解离并扩散出颗粒，

从而使淀粉溶解度增大。

　　ZHANG 等报道糯小麦淀粉的膨胀性随着干热处理时间延长而降低。干热处理导致淀粉结晶度提升，增强了淀粉分子链之间的相互作用，造成膨胀性下降。溶解性主要与直链淀粉的特性有关，反映淀粉颗粒吸水膨胀时直链淀粉溶出程度。随着干热处理循环次数或时间延长，普通小麦淀粉及糯小麦淀粉的溶解性逐渐增加。ZOU 等研究发现玉米淀粉经干热处理后溶解性增加，这一方面主要与淀粉颗粒在干热条件下形成的孔道和裂隙，从而提高了无定型区域的直链淀粉的溶出；另一方面，随着干热处理时间延长，一些支链淀粉分子会裂解为短链直链淀粉而溶解于水相，从而导致溶解性增加。汝远等研究发现玉米淀粉的溶解性受干热处理条件的影响，短时（0.5h）处理，由于淀粉非晶区的重排，改性淀粉的溶解性远低于原淀粉，但随着处理时间延长（0.5~4.0h），溶解性逐渐增大，甚至超过原淀粉。

　　卢露润报道了藜麦淀粉的溶解度随着干热时间的延长显著增大，膨胀度和溶解度的趋势基本相同，干热 8h 后膨胀度最高，达到 27.49%。这可能是因为在干热处理后，破坏了晶格的结构，淀粉的双螺旋结构被解开，水分子就能和淀粉分子中游离的羟基相结合，使膨胀度和溶解度变大。

二、干热处理对淀粉糊化特性的影响

　　干热处理使淀粉糊化特性发生不同程度的改变。研究发现，高直链大米淀粉糊化特性的变化与干热处理条件密切相关。当处理温度为 110℃时，糊化特性曲线显著上移，处理 2h 时的样品组淀粉的峰值黏度和最终黏度达到最大值；而 130℃、150℃干热处理时，处理 1h 峰值黏度和最终黏度达到最大值，随着加热时间延长，淀粉糊的黏度随之下降，处理 4h 的样品冷糊黏度甚至低于原淀粉，这可能与更高温度更长处理时间下淀粉糖苷键的断裂有关。QIU 等研究发现，糯米淀粉经 130℃干热处理，随着处理时间延长，糊化温度无显著变化，但峰值黏度从 2579cP 逐渐上升到 3096cP，冷糊黏度从 1305cP 上升到 1505cP。

　　CHUNG 等报道干热处理使糯米淀粉的峰值黏度升高，而普通大米淀粉的峰值黏度降低，二者主要在直链淀粉含量上存在差异，因此造成这一相反趋势的原因可能与干热处理主要作用于直链淀粉有关。SUN 等也报道玉米淀粉的峰值黏度因干热处理而降低。王雨生等对不同直链淀粉含量的玉米淀粉进行干热处理（130℃、4h）后发现，淀粉变得更易糊化，高直链和蜡质玉米淀粉的峰值黏度和最终黏度下降，而普通玉米淀粉的峰值黏度及最终黏度无显著变化。原因可能在于干热对直链及支链淀粉的作用方式不同，引起淀粉分子降解或交联最终表现在糊的黏度的变化上。吴会敏研究发现，干热处理时间和温度都影响了糯米淀粉的糊化特性。130℃处理糯米淀粉，提高了糯米淀粉糊化过程中的黏度，但是淀粉的稳定性降低。150℃处理后，糯米淀粉糊化所需温度降低，抑制了淀粉的膨胀和提高了淀粉的剪切稳定性，但淀粉糊冷却过程中更易老化。

三、干热处理对淀粉回生特性的影响

通过测定淀粉凝胶老化后的熔融焓，可以反映淀粉糊的老化结晶程度。糊化后的糯米淀粉冷藏第1d老化程度弱，未观察到老化峰的存在。淀粉完全糊化后，DSC测定不会吸热出峰，但当淀粉老化时会出现吸热峰，且吸热峰越大，表明淀粉的老化程度越大。第7d回生焓测定出现老化峰，第15d各淀粉样的回生焓值均继续增加，说明糯米淀粉凝胶的老化焓值在冷藏期间呈增加趋势。在同一储藏期130℃处理下的样品，随着干热时间的增加，淀粉的回生焓呈现先降低后升高的趋势，在130℃、3h处理下的回生焓最低；150℃处理淀粉随着处理时间的延长逐渐增大，表明处理时间和温度均会影响变性淀粉的回生特性。

四、干热处理对淀粉热力学特性的影响

干热处理影响淀粉的热特性。LEI等研究发现，干热处理使玉米淀粉ΔH、T_o、T_c的差值（ΔT）增加，这表明淀粉双螺旋结晶的多态性增加。OH等研究发现高直链大米淀粉经干热处理后热特性的改变与干热处理温度及时间有关。处理时间恒定（4h），随着处理温度升高（110~150℃），T_o逐渐下降（59.4~53.6℃），T_p（65.2~53.8℃）和ΔH（9.1~3.6J/g）均呈下降趋势，这主要与淀粉结晶结构的完整性尤其是双螺旋有序结构遭到破坏有关。有研究报道，相对于未干热处理的糯米淀粉，变性糯米淀粉的各项糊化温度（T_o、T_p和T_c）和玻璃化转变温度（T_g）均降低。可能是干热会破坏淀粉的氢键，淀粉的结晶结构较为不稳定，使糊化温度降低。

五、干热处理对淀粉消化特性的影响

干热处理影响淀粉的消化特性。根据消化速率的差异，淀粉可划分为快消化淀粉（RDS）、慢消化淀粉（SDS）和抗性淀粉（RS）。淀粉的消化特性与粒度、颗粒表面特性、结晶度、直链淀粉含量及分子结构等多种因素有关。ZHANG等研究发现，相比于天然淀粉，经干热处理后小麦淀粉RS含量增加，而SDS含量随着循环次数增加或处理时间延长呈先增加后降低的趋势。NUNES等研究发现在干热处理过程中，淀粉发生化学转化生成了RS4型抗性淀粉。CHI等研究表明，玉米淀粉经130℃、2h干热处理，其RDS含量变化不显著，但SDS含量从2.08%增加到5.43%，RS含量从5.44%降低至2.68%（$P<0.05$）。OH等研究了高直链大米淀粉经干热处理后消化特性的变化，与未处理的样品相比，干热处理使RDS含量降低而RS含量增加，110℃干热处理2h的样品，RS含量增加24%；随之的结果是干热处理使高直链大米淀粉的预测血糖生成指数下降，其中130℃干热处理1h样品的预测血糖生成指数值下降幅度最大，达到9.1%。

六、干热处理对淀粉流变特性的影响

与原淀粉相比，130℃改性糯米淀粉的表观黏度均有所提高，其中130℃、5h处理淀粉的表观黏度最高，其次是130℃、3h淀粉，未处理的糯米淀粉的表观黏度始终最低。150℃处理淀粉，其淀粉糊黏度随处理时间的增大逐渐增大，这些结果与RVA黏度结果一致。推测是因为干热处理使淀粉分子间的相互作用更强，从而淀粉糊具有更强的抗剪切和剪切稳定性能。所有变性淀粉凝胶样品中的储能模量和损耗模量均显著高于未热变性的淀粉。糯米淀粉成胶能力随着储藏模量值和损耗模量值的增大而增强，说明干热变性影响了糯米淀粉结构，使其具有良好的黏弹性。Li等也报道了类似的结果，干热糯米淀粉和黄原胶混合物的 G' 和 G'' 均有所增加。

第三节 干热改性淀粉的应用

干热处理作为预处理步骤，有利于改变谷物的淀粉特性，提高其在食品

工业中的利用率。传统上，出于存储的安全性考虑，干热处理常用于将谷物干燥至安全水分限以下，热处理还具有钝酶、脱毒、杀灭虫卵和病原菌等作用，可在谷物贮藏中减少化学防霉剂和熏蒸剂的用量。研究显示，热处理（120℃，30min）可使小麦粉中黄曲霉毒素的分解率达到80%。同时，热处理还能够改善谷物原料的加工性能。热处理取代早期普遍采用的氯气处理法改善小麦粉品质是最为经典的案例。经热处理的小麦粉具有更好的面团稳定性，更适于蛋糕加工。在热处理过程中，谷物原料中淀粉、蛋白质等主要组分发生多层次结构变化，从而改变其加工性质，并最终影响到制品的品质。

干热处理用于改善米粉的加工特性。Bucsella等报道了干热处理后小麦粉的功能特性由于蛋白质相关特性的改变而发生变化。用干热处理过的面粉制成的蛋糕表现出更高的面团稳定性、更强的泡沫结构和更大的体积。QIU等研究发现，随着干热处理时间延长，糯米粉的二硫键含量逐渐增加，成糊性、凝胶硬度和黏性逐渐增强。峰值黏度从115cP增加到3381cP，冷糊黏度从394cP增加到3043cP，可见干热处理显著改善了糯米粉的加工特性。ZHOU等研究了干热处理对米粉加工特性的影响，结果表明，经干热处理后大米粉的持油性增强，增加幅度与大米粉的粒度有关，细颗粒大米粉的持油性增幅（67%）最大，中颗粒（28%）次之，粗颗粒（14%）最次，该研究表明干热处理使大米粉的三相接触角增加、表面疏水性提高，粒度和干热处理是调控大米粉持油性的一种有效手段。干热处理能够用于调节面团的特性，改善小麦粉的加工适性。SUDHA等将小麦粉分别进行干热（烤炉中100℃，2h）和湿热（常压蒸制30min）处理，结果发现，经干热处理的小麦粉降落值更高，加工出的面包比容未发生显著改变，而湿热处理的小麦粉制作的面包比容显著减小；研究还发现干热处理使加工制作的面包具有较低的免疫原性。王伟玲等研究发现，小麦粉经适度干热处理（110℃或130℃）可使面团形成时间延长，面团稳定性增强，但150℃干热处理不利于改善小麦粉的加工特性。制作面团的弱化度增加，面团稳定性下降。干热处理拓宽了谷粉淀粉在食品工业中的应用范围。付霞将蜡质玉米淀粉进行干热处理后用于酸奶制作，结果表明，干热改性蜡质玉米淀粉不仅可提升酸奶在低温贮藏过程中的持水性（比原淀粉提高18.80%），甚至优于添加化学交联淀粉，而且可以改善酸奶的表观黏度及流变特性，提升酸奶综合感官性质。徐菲菲等研究了干热变性大米淀粉用于鸡肉丸品质的改善，结果发现，随着干热变性大米淀粉添加量增加，鸡肉丸的硬度、弹性和咀嚼性显著增加，并且添加量为 1.2% 时，鸡肉丸的解冻汁液流失和蒸煮损失得到明显改善。MANIGLIA 等将干热处理用于改善小麦淀粉的 3D 打印特性，研究结果表明，小麦淀粉经 130℃、2~4h 干热处理后，淀粉凝胶强度提高而析水率降低，干热处理 4h 的小麦淀粉表现出更佳的 3D 打印性能。

前已述及，干热处理可以提升谷物淀粉的加工特性，这将最终改善谷物制品品质。王治中等研究发现干热处理使小麦面粉加工制作的鲜湿面白度值增加，煮后鲜湿面的拉断力、硬度和咀嚼性显著提高，这表明干热处理可提升鲜湿面的品质。SEGUCHI 报道干热改性小麦淀粉作为配料用于松饼制作，可提升松饼的弹性。GONZÁLEZ 等研究发现，随着干热处理温度增加，小麦粉的淀粉结晶度和分子有序性增加，RDS 比例快速降低（从 20℃ 时的 53.21% 下降到 200℃ 时的 22.24%），而 SDS 比例相应提高（从 20℃ 时的 26.12% 上升到 200℃ 时的 31.48%）；当处理温度不高于 100℃ 时，经处理的小麦粉制作的面包质地与对照组接近，仅表现为 RDS 比例降低；但温度超过 100℃，面包硬度大幅升高，体积减小。

参考文献

[1] 汪嘉颖，刘嘉，雷琳，等．干热处理改性谷物淀粉的研究进展 [J]．食品与发酵工业，2023，49（14）：302-310.

[2] Fonsecalm, Elhalalslm, Diasarg, et al. Physical modification of starch by heat-moisture treatment and annealing and their applications：A review [J]．Carbohydrate Polymers，2021，274：118665.

[3] Baruas, Rakshitm, Srivastavp. Optimization and digestogram modeling of hydrothermally modified elephant foot yam (Amorphophallus paeoniifolius) starch using hot air oven, autoclave, and microwave treatments [J]. LWT, 2021, 145：111283.

[4] Soler A, Velazquez G, VELAZQUEZ-CASTILLO R, et al. Retrogradation of autoclaved corn starches：Effect of water content on the resistant starch formation and structure [J]．Carbohydrate Research, 2020, 497：108137.

[5] Sun Q J, Gong M, Li Y, et al. Effect of dry heat treatment on the physicochemical properties and structure of proso millet flour and starch [J]．Carbohydrate Polymers, 2014, 110：128-134.

[6] Lei N Y, Chai S, Xu M H, et al. Effect of dry heating treatment on multi-levels of structure and physicochemical properties of maize starch: A thermodynamic study [J]. International Journal of Biological Macromolecules, 2020, 147: 109-116.

[7] Zou J, Xu M J, Tian J, et al. Impact of continuous and repeated dry heating treatments on the physicochemical and structural properties of waxy corn starch [J]. International Journal of Biological Macromolecules, 2019, 135: 379-385.

[8] Maniglia B C, Lima D C, Da Matta M Jr, et al. Dry heating treatment: A potential tool to improve the wheat starch properties for 3D food printing applicatio [J]. Food Research International, 2020, 137: 109731.

[9] Li Y, Zhang H E, Shoemaker C F, et al. Effect of dry heat treatment with xanthan on waxy rice starch [J]. Carbohydrate Polymers, 2013, 92 (2): 1647-1652.

[10] Qiu C, Cao J M, Xiong L, et al. Differences in physicochemical, morphological, and structural properties between rice starch and rice flour modified by dry heat treatment [J]. Starch-Stärke, 2015, 67 (9/10): 756-764.

[11] 王伟玲, 钟昔阳, 潘燕, 等. 干热处理对小麦粉热力学特性与面团流变学性质影响 [J]. 食品科技, 2020, 45 (5): 134-142.

[12] 卞华伟, 郑波, 陈玲, 等. 干热处理对青稞淀粉多尺度结构和理化性质的影响 [J]. 食品科学, 2020, 41 (7): 93-101.

[13] Zhang B, Zhang Q, Wu H, et al. The influence of repeated versus continuous dry-heating on the performance of wheat starch with different amylose content [J]. LWT, 2021, 136: 110380.

[14] Oh I K, Bae I Y, Lee H G. Effect of dry heat treatment on physical property and in vitro starch digestibility of high amylose rice starch [J]. International Journal of Biological Macromolecules, 2018, 108: 568-575.

[15] 王雨生, 陈海华, 赵阳, 等. 热处理对不同直链淀粉含量的玉米淀粉理化性质的影响 [J]. 中国粮油学报, 2016, 31 (9): 45-51.

[16] Nunes F M, Lopes E S, Moreira A S P, et al. Formation of type 4 resistant starch and maltodextrins from amylose and amylopectin upon dry heating: A model study [J]. Carbohydrate Polymers, 2016, 141: 253-262.

[17] 付霞. 干热法淀粉的制备及其在酸奶中的应用研究 [D]. 无锡: 江南大学, 2021.

[18] 徐菲菲, 钟芳, 李玥, 等. 干热变性大米淀粉对鸡肉丸品质的影响 [J]. 食品与机械, 2013, 29 (1): 13-17.

[19] 王治中, 陈洁, 王远辉, 等. 干热处理面粉对鲜湿面品质的影响 [J]. 河南工业大学学报 (自然科学版), 2018, 39 (1): 58-62.

[20] 吴会敏. 干热变性糯米淀粉的制备、性质及其应用研究 [D]. 武汉：武汉轻工大学，2022.
[21] 卢露润，王飘飘，刘芳兰，等. 干热处理对藜麦淀粉结构和理化性质的影响 [J]. 中国粮油学报，2023，38（7）：93-99.

第九章　辐照处理对淀粉结构和性质的影响

辐照作为一种新型的食品加工和灭菌方法，在食品工业中得到了广泛的应用。辐照在延长食品保质期的同时，可使食品的多种成分发生理化和结构变化，改变食品的营养和食用品质。辐照技术可修饰淀粉，以增强其溶解度和酶促消化，从而提高其在食品工业中的适用性。辐照改性主要是通过高能射线对物质进行扫射，控制扫射的时长来达到一定的辐射剂量，被扫射的物质在射线的作用下发生性质的变化。食品辐照常用的辐照源包括电子束、X射线及γ射线。γ射线在淀粉基体系中可产生不同的自由基，正是由于辐照产生的自由基可以使淀粉大分子中的化学键断裂，导致淀粉链断裂，促进淀粉和水相互作用，经辐射分解后会产生糊精产物。利用这一性质辐照技术可以用于淀粉改性，为淀粉在不同的食品和非食品应用领域创造新的功能。

第一节　辐照对淀粉结构的影响

一、颗粒结构

通过扫描电镜可以看出，辐照处理对淀粉的颗粒形态和偏光十字没有明显影响。也就是说，辐照不会引起颗粒形态的显著变化。图 9-1 总结了不同淀粉在不同条件下颗粒形态的细微变化：表面出现裂纹 [图 9-1（e）（i）]，表面出现空腔 [图 9-1（a）（d）（h）]，颗粒部分撕裂破坏 [图 9-1（b）（c）（f）]。

在淀粉粒度方面，辐照处理对淀粉粒度的影响如表 9-1 所示。Sofi 等和 Othman 等发现 γ 辐照对蚕豆和西米淀粉的颗粒大小没有明显影响。Gul 等、Barroso 等、Wani 等和 Teixeira 等发现，辐照处理后水稻、慈菇和玉米淀粉的颗粒大小略有下降。而 Wani 等发现，经过 15kGy 辐照处理后，七叶树淀粉的粒径略有增大。此外，有研究者发现辐照处理后，粒径较小的颗粒数量增加，而粒径较大的颗粒数量减少。说明不同的淀粉品种具有不同的抗辐射能力（表9-1）。

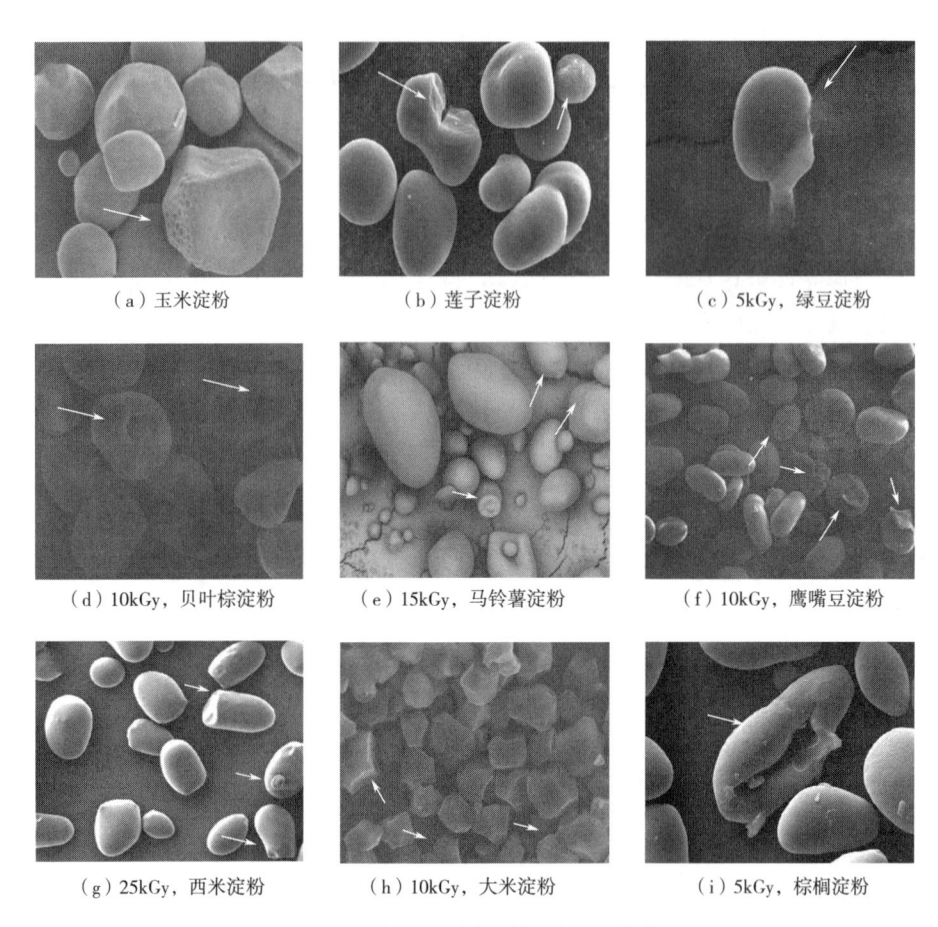

（a）玉米淀粉　　　　　（b）莲子淀粉　　　　　（c）5kGy，绿豆淀粉

（d）10kGy，贝叶棕淀粉　（e）15kGy，马铃薯淀粉　（f）10kGy，鹰嘴豆淀粉

（g）25kGy，西米淀粉　　（h）10kGy，大米淀粉　　（i）5kGy，棕榈淀粉

图9-1　辐照对淀粉颗粒形态的影响

表9-1　辐照对淀粉颗粒粒径的影响

淀粉来源	剂量/kGy	主要结果
蚕豆	15	无显著影响
西米	25	无显著影响
大米	10	颗粒粒径略有减小
慈菇	15	颗粒粒径略有减小
玉米	15	颗粒粒径略有减小
大米	5	粒径<4μm的颗粒数目增加，粒径>4μm的颗粒数目减少

续表

淀粉来源	剂量/kGy	主要结果
玉米	40	粒径<8μm 的颗粒数目增加，粒径>8μm 的颗粒数目减少
土豆	15	粒径>26μm 的颗粒数目减少，粒径<26μm 的颗粒数目无明显影响
七叶树	15	颗粒粒径略有增加

Sujka 等利用低温氮吸附法（ltna）分析辐照处理后马铃薯淀粉的比表面积和孔径。结果发现，30kGy 辐照处理后，直径<10nm 的孔隙比例增加，而直径>10nm 的孔隙比例减少。马铃薯淀粉孔隙平均直径从 3.69nm 增加到 3.27nm，马铃薯淀粉的比表面积从 $0.2817m^2/g$ 显著增加到 $0.3425m^2/g$。孔径的减小意味着淀粉分子间的间隙变小。比表面积的增大表明淀粉颗粒的吸附能力增大。在许多研究中发现，辐照处理后的水吸附能力和油吸附能力都有所增加，这与上述结果相吻合。

总之，首先，辐照处理对淀粉颗粒形态和偏光十字没有明显影响，只会对淀粉颗粒造成轻微损伤。其次，辐照对颗粒大小的影响取决于淀粉品种、辐照剂量或水分含量。最后，辐照处理增加了淀粉颗粒的比表面积和吸附能力。

二、分子结构

据报道，辐照处理后，大米（9kGy）、高直链玉米（60kGy）、玉米（50kGy）、糯玉米淀粉（30kGy）、绿豆（5kGy）、玉米（20kGy）和马铃薯（0.1kGy）的平均分子量均有不同程度下降。其中降低最明显的是 Zhou 等的研究，经过 30kGy 辐照处理，玉米淀粉的 M_w 从 $68.35×10^6$ 下降到 $1.04×10^6$。在链长分布方面，大多数研究发现短链的比例增加，而长链的比例减少。如 Chung 等、Zhou 等发现，随着辐照剂量的增加，糯玉米和普通玉米淀粉的 DP 6~12 逐渐升高，DP 13~24、DP 25~36 和 DP>37 逐渐降低。然而，一些研究发现了相反的结果，Polesi 等发现水稻淀粉的 DP 6~12，DP 13~24 和 DP 25~36 随着辐照剂量的增加而降低，DP>37 则升高。此外，Chung 等还发现辐照处理略微增加了马铃薯和豆类淀粉的平均链长。

目前，FTIR 已被广泛用于分析 γ 辐照对淀粉分子结构的影响。但从表 9-2

中可以看出，不同研究的 FTIR 结果是不同的，差异明显。目前只知道辐照确实影响 C—O—C、—OH 或 —CH。

表 9-2　γ 辐照对淀粉红外光谱的影响

淀粉来源	剂量/kGy	主要发现、波数（作者推测对应组）
玉米	50	$3000 \sim 3600 cm^{-1}$（O—H）、$2800 \sim 3000 cm^{-1}$（C—H）、$900 \sim 950 cm^{-1}$（C—O—C）、$1600 \sim 1800 cm^{-1}$（结合水）降低
七叶树	15	$1018 cm^{-1}$（C—O—C 的弯曲和不对称拉伸）增加
鹰嘴豆	12	$1640 cm^{-1}$（非晶区吸附水的振动）减小
扁豆	5	几乎所有的峰都明显减少了
慈菇	15	$3400 cm^{-1}$（—OH）增加，$1047 cm^{-1}$（结晶度）降低
大米	10	$995 cm^{-1}$（C—O—C 的骨架模式振动）增加
鹰嘴豆	10	$1000.65 cm^{-1}$（C—O—H）升高
玉米、土豆、木薯	15	$1000 cm^{-1}$（C—O—C）和 $2904 cm^{-1}$（C—H）增加
竹薯粉	15	出现 $2981 cm^{-1}$（不能确定相关基因）
莲子	20	$3300 cm^{-1}$（—OH）增加
大米	50	$3264 cm^{-1}$（O—H）转变为 $3195 cm^{-1}$（O—H）
贝叶棕	10	$3742 cm^{-1}$（—OH）、$2925 cm^{-1}$（—CH$_2$）和 $1640 cm^{-1}$（非晶区吸附水的弯曲振动）降低
鹰嘴豆	10	$1002 cm^{-1}$（C—O—H）增加
荞麦、燕麦	20	$1006 cm^{-1}$ 和 $1013 cm^{-1}$（结晶度）增加
蚕豆	15	$1018 cm^{-1}$（C—O—H）增加

近 20 年来，人们利用 ESR（电子自旋共振）、NMR（核磁共振）和质谱仪等手段对淀粉的辐射机理和细节进行了研究。如图 9-2 所示，糖苷裂解形成还原糖的过程是通过糖苷捕获电子形成一个自由基阴离子，然后失去糖苷烷氧基功能，在糖苷中心形成一个自由基来实现的。这个自由基随后被羟基自由基湮灭，形成还原糖的半缩醛。首先，由于辐照，淀粉分子出现激发态片段（RH*），然后，自由基（R·）由于从 RH* 中提取 H 而出现在 C_1 或 C_4 上。最后，自由基 R· 分解糖苷键，生成还原物或羧酸。此外，据报道，辐照产生的葡萄糖最终会发生环断裂，生成糖、戊糖、酸和乙二醛以及

其他几种 2 碳、3 碳和 4 碳产物。

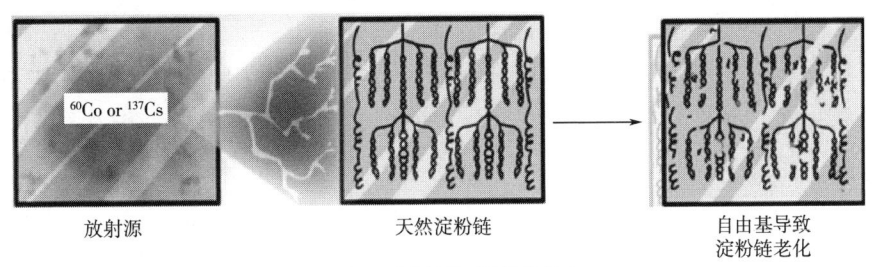

（a）辐照对淀粉分子结构的影响

（b）辐照诱导淀粉老化

图 9-2　γ 辐照对淀粉分子结构的影响

在芸豆（20kGy）、蚕豆（15kGy）、山药（25kGy）、莲藕（20kGy）、魔芋（12kGy）、山药（10kGy）、木薯（10kGy）、马铃薯（50kGy）、西米（25kGy）和水稻（20kGy）淀粉中，辐照处理后羧基含量增加，pH 降低，还原糖含量增加。同时，在水稻（10kGy）、芸豆（20kGy）、蚕豆（15kGy）、山药（25kGy）、马铃薯（20kGy）、莲藕（20kGy）、荞麦（20kGy）、燕麦（20kGy）、高直链淀粉（60kGy）、玉米（50kGy）和糯玉米（50kGy）淀粉中，也观察到直链淀粉含量和碘结合能力的降低，这些结果都证实了淀粉辐射分解的上述机理。此外，据报道，辐照后，H_2O 分子会被分解形成 $H·$、$·OH$、e^-、H_3O^+、H_2 和 H_2O_2，这些物质在淀粉的辐照分解中起着重要作用。Yoon 等的研究发现，不同含水量的玉米淀粉辐照后的平均分子量有明显差异。同时，也有报道称，氧含量会影响淀粉的辐照分解。在有氧存在的情况下，能量转化率明显降低，因为氧以三重态基态存在，因此会淬灭在辐照分解过程中形成的自由基。也就是说，除了淀粉品种和辐照剂量外，水分含量和氧含量也是影响辐照效果的重要因素。总之，辐照破坏了糖苷键，降低了平均分子量，这可能是辐照后淀粉性质发生变化的根本原因。

三、晶体结构

在几乎所有的研究中，都发现辐照处理不会影响淀粉的晶体类型。即辐照后衍射峰的形状不会发生变化。表9-3总结了辐照处理对淀粉相对结晶度的影响。可以看出，在大多数研究中，随着辐照剂量的增加，淀粉的相对结晶度逐渐降低。此外，Pinto等通过全谱拟合细化分析观察到辐照处理后淀粉晶体的平均尺寸减小，这可能与分子量的减小密切相关，可能是相对结晶度降低的关键。

然而，在一些研究中发现，较低剂量的辐照处理可以增加淀粉的相对结晶度（表9-3）。辐照处理后马铃薯淀粉（0~0.5kGy）、大米淀粉（0~7kGy）、小麦淀粉（0~10kGy）、紫豆淀粉（1~5kGy）、马铃薯淀粉（0~15kGy）、小麦淀粉（0~9kGy）和鹰嘴豆淀粉（0~12kGy）的相对结晶度略有增加。这与上述辐照降低相对结晶度的结果正好相反。此外，已经证明辐照剂量并不是导致相反结果的关键。在Chung等的研究中，玉米淀粉以0.40kGy/h、0.67kGy/h、2kGy/h的不同剂量辐照至总剂量为10kGy，但其相对结晶度无明显差异。总之，这些结果表明，在适当的条件下（可能是水分含量），较低剂量的辐照处理可以促进淀粉分子的重排，提高相对结晶度。具体细节可能需要进一步研究。

表9-3 辐照处理对淀粉相对结晶度的影响

淀粉来源	剂量/kGy	RC/%	淀粉来源	剂量/kGy	RC/%	淀粉来源	剂量/kGy	RC/%
大米	0	39.1	小米	0	38.8	黑豆	0	29.1
	5	38.4		5	38.1		5	28.4
	10	37.9		10	37.6		10	27.9
	20	37.1		20	36.8		20	27.1

续表

淀粉来源	剂量/kGy	RC/%	淀粉来源	剂量/kGy	RC/%	淀粉来源	剂量/kGy	RC/%
黄豆	0	29.2	红豆	0	28.8	白豆	0	28.6
	5	28.7		5	28.2		5	28.1
	10	28.1		10	27.6		10	27.7
	20	27.3		20	27.0		20	27.1
粒用苋	0	31.6	粒用苋	0	27.6	山药	0	19.3
	2	29.3		2	26.6		5	19.3
	4	29.6		4	27.4		10	19.1
	6	29.0		6	27.2		15	18.0
	8	28.9		8	28.4		20	18.0
	10	28.0		10	27.7		15	18.1
白马铃薯	0	33.1	红薯	0	32.9	藕粉	0	30.0
	5	32.4		5	32.1		5	29.4
	10	31.7		10	31.5		10	28.8
	20	30.3		20	30.2		20	28.3
高直链玉米	0	13.9	马铃薯	0	9.3	马铃薯	0	10.8
	30	12.1		0.1	7.2		0.1	11.5
	60	11.6		0.5	6.2		0.5	13.4
玉米	0	29.9	荞麦	0	24.5	燕麦	0	25.2
	200	25.4		10	23.1		10	24.1
	500	19.1		20	22.3		20	18.9
大米	0	36.2	高直链玉米	0	19.8	棕榈	0	34.3
	0.5	35.6		30	19.5		0.5	33.9
	1	40.1		60	17.5		1	33.2
	3	38.9	玉米	0	28.5		2.5	31.8
	5	37.2		2	28.3		5	30.7
	7	38.5		10	27.7		10	29.4
	9	36.6		50	26.9			
棕榈	0	16.1	高直链玉米	0	11.6	土豆	0	32.8
	1	14.6		30	9.6		10	30.7
	10	10.5		60	9.6		50	30.0

续表

淀粉来源	剂量/kGy	RC/%	淀粉来源	剂量/kGy	RC/%	淀粉来源	剂量/kGy	RC/%
莲子	0	29.8	玉米	0	29.0	绿豆	0	30.6
	5	29.1		10	27.2		0.5	28.0
	10	28.6		20	26.6		1	27.8
	15	28.4		30	25.8		3	27.8
	20	27.9		40	25.1		5	27.5
糯玉米	0	16.2	小麦	0	3.47	肖竹芋	0	22.2
	2	15.9		0.25	3.76		1	20.6
	4	15.8		0.5	3.77		5	21.6
	6	15.7		1	3.79		20	20.9
	8	15.7		5	3.82		50	20.6
	10	15.6		10	3.87	鹰嘴豆	0	27.0
	15	15.0	大豆	0	27.2		4	18.7
	20	14.7		10	26.0		8	16.9
	30	14.3		50	25.3		12	35.0
土豆、小麦	0	20.6	玉米	0	23.4	木薯	0	23.1
	15	21.5		15	22.9		15	21.8
小麦	0	24.0	高直链玉米	0	34.5	玉米	0	33.6
	1	24.7		1	33.4		1	31.7
	3	25.2		5	31.2		5	31.8
	5	25.0		10	30.9		10	30.9
	7	26.1		25	28.6		25	27.7
	9	25.4		50	28.3		50	26.3
高直链玉米	0	27.9	高直链玉米	0	25.5	棕榈	0	1.90
	1	27.3		1	24.9		20	1.96
	5	26.3		5	22.5		50	2.08
	10	25.3		10	22.8		80	2.19
	25	25.0		25	22.2		100	2.26
	50	24.0		50	22.9			

续表

淀粉来源	剂量/kGy	RC/%	淀粉来源	剂量/kGy	RC/%	淀粉来源	剂量/kGy	RC/%
马铃薯	0	29.1	马铃薯	0	29.5	马铃薯	0	28.1
	0.1	28.2		0.1	28.3		0.1	27.9

注 RC 为相对结晶度。

此外，1047/1022cm^{-1} 的 FTIR 也可以用来评价淀粉的结晶度。Abu 等和 Kong 等发现小麦（9kGy）和豇豆（50kGy）淀粉的 1047/1022cm^{-1} 在辐照处理后没有明显变化。Chung 等和 Lee 等发现辐照处理后玉米（50kGy）、西米（50kGy）、马铃薯（50kGy）和豆类（50kGy）淀粉的 1047/1022cm^{-1} 含量略有下降。而 Abu 等发现辐照处理后豇豆（50kGy）淀粉 1047/1022cm^{-1} 略有增加。总之，辐照处理对淀粉的结晶类型没有影响，在大多数情况下会降低淀粉的结晶度。此外，在适当的条件下，较低剂量的辐照处理可以增加淀粉的结晶度。

第二节 辐照处理对淀粉性质的影响

一、辐照处理对淀粉糊化特性的影响

淀粉的糊化特性通常是用 RVA（快速黏度分析仪）和标准糊化程序来分析的。黏度表示淀粉颗粒或淀粉糊的抗剪切性。糊化温度表示淀粉颗粒膨胀最快的相应温度。峰值黏度代表淀粉颗粒的溶胀极限。淀粉峰值黏度前，淀粉黏度与淀粉颗粒膨胀程度呈正相关。黏度达到峰值后，淀粉颗粒发生崩解，黏度可能与支链淀粉/直链淀粉含量和平均分子量有关。崩解值和回生值分别代表淀粉糊的稳定性和淀粉形成凝胶的能力。

辐照对淀粉糊化性能的影响见表 9-4。可以看出，大多数研究表明，随着辐照剂量的增加，峰值黏度、谷值黏度、最终黏度、崩解值和回生值逐渐降低。这与辐照处理后淀粉溶胀能力和平均分子量的降低密切相关。值得注意的是，黏度值与 RVA 试验中使用的淀粉悬浮液浓度密切相关。因此，表 9-4 中不同研究之间的明显差异可能是由于淀粉悬浮液浓度的差异。

此外，如表 9-4 所示，不同研究的糊化温度结果呈现出不同的趋势。以大米淀粉为例，Wu 等发现籼稻、粳稻和杂交稻淀粉的糊化温度随着辐照剂量

从 0 到 1kGy 的增加而逐渐升高。Gul 等发现，随着辐照剂量的增加，水稻淀粉 pr121 和水稻淀粉 pr116 的糊化温度从 0~10kGy 逐渐降低。然而，Polesi 等发现辐照处理（0~5kGy）对水稻淀粉-irga417 的糊化温度没有规律性的影响。此外，由表 9-4 可以看出，在大多数情况下，较低剂量（<1kGy）的照射处理可以提高糊化温度，而较高剂量（>1kGy）的辐照处理会降低糊化温度。如 Sudheesh 等发现，在 0~0.5kGy 辐照剂量范围内，棕榈淀粉的糊化温度随辐照剂量的增加而升高；在 1~10kGy 辐照剂量范围内，糊化温度随辐照剂量的增加而逐渐降低。糊化温度的降低可能与辐照后分子量的减小有关，而辐照处理后糊化温度升高的原因还需要进一步研究。总之，辐照处理可以显著降低淀粉的黏度、回生值和崩解值。另外，较低剂量（<1kGy）的辐照处理可以提高糊化温度，而较高剂量（>1kGy）的辐照处理会降低糊化温度。造成这一现象的原因还需要进一步研究。

表 9-4 辐照处理对淀粉糊化性能的影响

淀粉来源	剂量/kGy	PV	TV	FV	SB	BD	PT/℃	淀粉来源	剂量/kGy	PV	TV	FV	SB	BD	PT/℃
籼米	0	156	113	305	148	43	75.2	粳稻	0	215	125	239	24	90	70.5
	0.2	152	109	276	123	43	76.4		0.2	169	102	187	18	67	72.1
	0.4	147	102	211	64	45	78.9		0.4	149	75	154	5	74	76.3
	0.6	138	98	172	33	40	82.3		0.6	133	64	131	-2	69	83.2
	0.8	110	90	143	32	20	84.1		0.8	114	48	98	-16	66	86.2
	1	61	50	75	14	11	85.9		1	74	28	49	-24	46	88.2
杂交水稻	0	241	172	293	-9	69	79.2	鹰嘴豆	0	1201	1005	1565	551	196	76.5
	0.2	231	159	270	-48	72	80.6		0.5	1016	871	1218	448	156	75.4
	0.4	212	145	231	-68	67	81.5		1	864	445	775	299	401	74.3
	0.6	179	113	182	-67	66	86.5		2.5	527	208	534	200	319	73.3
	0.8	153	87	143	-153	66	87.3		5	442	163	497	111	279	72.7
	1	126	79	111	-126	47	90.7		10	302	104	283	102	198	71.3
红薯	0	1008	661	872	193	347	75.5	七叶树	0	5156	2040	3232	1191	3116	65.8
	0.2	982	644	807	162	338	79.2		5	2729	1012	1326	313	1717	66.0
	0.3	848	627	796	157	220	79.6		10	2348	678	879	200	1669	65.6
	0.4	937	674	859	167	262	79.4		15	1422	337	410	73	1085	65.2

续表

淀粉来源	剂量/kGy	PV	TV	FV	SB	BD	PT/℃
鹰嘴豆	0	4381	2969	6466	3497	1412	72.9
鹰嘴豆	4	2894	1226	2354	1128	1668	70.1
鹰嘴豆	8	1907	462	814	352	1445	70.3
鹰嘴豆	12	1516	267	448	181	1249	70.1
扁豆	0	3898	2424	4912	2740	2353	71.0
扁豆	5	3329	976	1685	709	1474	70.5
大米	0	2641	2669	4218	1549	591	73.2
大米	2	1479	1448	2577	1129	492	71.6
大米	5	782	282	1102	820	386	70.8
大米	10	418	117	323	206	298	64.7
小麦	0	2653	974	2002	1027	1678	61.6
小麦	0.5	1760	768	1336	568	992	61.1
小麦	1	1462	824	1131	307	638	61.0
小麦	2.5	948	430	694	263	518	60.7
小麦	5	785	332	581	249	453	60.1
小麦	10	447	107	294	186	339	59.5
肖竹芋	0	3930	3051	4945	1894	77	87.7
肖竹芋	1	2200	1364	2241	877	62	87.7
肖竹芋	5	1433	640	891	252	44	87.7
肖竹芋	20	981	299	419	120	30	87.3
肖竹芋	50	489	77	113	35	15	86.5
大米	0	164	91	230	140	73	76.6
大米	1	150	63	158	95	87	74.1
大米	2	131	49	122	74	82	74.6
大米	5	112	28	76	49	84	72.8
竹芋	0	173	48	57	9	124	67.2
竹芋	5	146	17	22	5	130	68.1
竹芋	10	110	8	9	0.7	101	68.3
竹芋	15	82	4	5	0.5	77	68.3
慈菇	0	4693	3223	4619	1395	1469	77.0
慈菇	5	3092	1008	1500	492	2083	76.3
慈菇	10	1751	443	631	188	1308	75.9
慈菇	15	881	280	404	123	601	76.5
扁豆	0	3788	2343	4884	2488	1644	71.0
扁豆	5	3729	976	1685	709	1474	70.5
大米	0	2860	2121	4550	2429	769	74.3
大米	2	1656	1010	2667	1657	626	72.4
大米	5	857	313	1161	848	544	71.8
大米	10	433	59	398	339	374	68.5
棕榈	0	291	136	212	76	155	80.9
棕榈	0.5	254	108	168	61	146	82.1
棕榈	1	180	83	147	63	96	79.5
棕榈	2.5	143	35	31	107	107	79.8
棕榈	5	127	16	30	14	111	81.8
棕榈	10	117	13	24	11	104	79.7
西米	0	397	142	193	51	256	74.3
西米	5	179	47	60	13	133	73.9
西米	10	171	12	16	4	158	73.6
西米	25	128	1	2	2	128	73.6
西米	50	53	1	0.2	1	54	72.4
大米	0	236	173	418	245	63	83.3
大米	1	177	108	289	180	69	84.1
大米	2	159	83	233	150	76	83.5
大米	5	111	44	127	83	67	84.9
白土豆	0	1693	1039	4809	3770	654	73.3
白土豆	5	1376	831	1692	861	545	73.1
白土豆	10	1192	705	1075	370	487	68.5
白土豆	20	444	147	256	109	297	72.4

续表

淀粉来源	剂量/kGy	PV	TV	FV	SB	BD	PT/℃	淀粉来源	剂量/kGy	PV	TV	FV	SB	BD	PT/℃
豌豆	0	3901	2114	5239	3125	1717	71.8	野豌豆	0	3326	1615	4323	2608	1612	72.1
	5	1850	972	1379	406	877	72.2		5	1883	475	629	154	1342	72.1
玉米	0	3459	1613	3091	1478	1846	73.8	红土豆	0	2486	1730	5372	3642	756	73.1
	2	3212	1034	2003	969	2177	72.8		5	2245	1591	2316	725	654	72.6
	10	2155	174	403	229	1980	71.5		10	1692	1174	1565	391	518	68.0
	50	774	1	24	24	774	69.3		20	949	573	653	80	376	73.1
鹰嘴豆	0	1175	743	1467	531	432	73.8	山药	0	1985	1374	2148	745	610	85.5
	0.5	849	405	1313	304	444	73.5		5	792	183	268	84	616	84.4
	1	524	230	637	158	294	72.5		10	266	35	53	18	231	86.3
	2.5	494	133	575	78	361	71.6		15	192	21	34	12	171	85.2
	5	425	122	478	56	303	71.9		20	112	17	26	8	94	85.8
	10	266	73	196	35	193	69.5		25	99	16	21	6	83	85.2
荞麦	0	3412	2150	3018	868	1262	71.6	燕麦	0	3951	2634	4210	1576	1317	65.9
	5	2015	1216	1846	630	779	69.6		5	2623	1326	2115	789	1297	64.0
	10	1054	651	987	336	403	67.8		10	1694	770	1006	236	770	62.7
	15	842	336	774	438	506	67.4		15	983	397	516	119	397	61.7
	20	412	128	512	384	284	65.6		20	227	164	194	30	164	61.5
玉米	0	3523	2338	3873	1535	1184	74.0	马铃薯	0	798	ND	490	ND	321	67.0
	1	3177	1729	2863	1134	1448	73.8		0.01	728	ND	518	ND	277	68.6
	2	3018	1341	2250	909	1677	73.4		0.05	712	ND	513	ND	278	68.6
	5	3012	1190	2010	820	1822	73.4		0.1	698	ND	505	ND	270	67.9
	10	2837	726	1204	478	2111	73.6		0.5	638	ND	462	ND	249	67.8
	20	2100	242	440	198	1659	72.3		0	786	ND	402	ND	373	66.4
	50	1440	13	44	30	1427	69.7		0.01	752	ND	426	ND	341	67.7
	100	363	10	21	12	355	68	马铃薯	0.05	717	ND	424	ND	306	67.8
	200	174	8	15	5	164	64.4		0.1	696	ND	420	ND	298	67.9
	500	207	5	9	4	202	ND		0.5	633	ND	412	ND	304	67.9

续表

淀粉来源	剂量/kGy	PV	TV	FV	SB	BD	PT/℃	淀粉来源	剂量/kGy	PV	TV	FV	SB	BD	PT/℃
糙米	0	2779	1873	3012	1139	906	69.8	燕麦	0	3102	2219	3776	1557	889	90.2
	5	2363	1528	2269	741	835	69.2		5	2735	1917	2239	977	575	83.0
	10	1564	902	1368	466	662	66.6		10	1666	1350	2164	952	490	58.7
	15	587	406	716	310	181	66.2		15	1272	1066	1841	643	455	55.5
	20	455	353	518	165	102	65.1		20	1089	986	1666	528	425	52.5
燕麦	0	3931	1562	3188	1625	2369	87.2	燕麦	0	2554	1490	3673	2182	2334	87.0
	5	3432	1328	2481	1179	2216	83.0		5	3265	1242	3394	2147	1994	50.5
	10	2872	1131	2262	1054	1171	78.4		10	2780	1174	3228	2115	1583	47.3
	15	2451	1075	2083	1034	1131	73.3		15	2638	1114	3084	1752	1561	45.5
	20	2234	1046	2063	986	1083	64.3		20	2349	1063	1453	1562	1250	42.1
大米	0	1606	529	816	-793	1077	83.8	蚕豆	0	2484	1587	5281	3694	1897	75.4
	5	1056	114	206	-851	942	79.9		5	1205	768	1192	424	437	74.3
	10	972	62	121	-851	910	79.5		10	693	426	626	200	267	73.9
	20	651	18	56	-595	633	79.0		15	508	323	73	126	185	73.5
	30	529	5	34	-495	524	77.6								
	40	399	4	24	-375	395	77.5								
	50	384	2	18	-366	382	76.7								

注 PV—峰值黏度；TV—谷值黏度；BD—崩解值；FV—终值黏度；SB—回生值；PT—糊化温度。

二、辐照处理对淀粉热性能的影响

热性能通常用 DSC（差示扫描量热仪）来表征。T_o、T_p 和 T_c 分别代表结晶熔化的起始温度、峰值温度和结束温度。T_o、T_p 和 T_c 值越高，说明淀粉的结晶结构越致密，不易被破坏。ΔH 为结晶熔化所需焓，可根据 DSC 曲线峰面积计算。辐照处理对淀粉热性能的影响如表 9-5 所示。可以看出，许多研究发现辐照处理降低了淀粉的 T_o、T_p 和 T_c，表明辐照引起的淀粉分子量的降低可能使晶体结构更容易被破坏。然而，在一些研究中，辐照处理后马铃薯（0~0.5kGy）、燕麦（0~20kGy）、玉米（0~50kGy）、糯玉米（0~10kGy）、水稻（0~5kGy）和木薯（0~20kGy）淀粉的 T_o、T_p 和 T_c 增加，表明辐照处理使晶体结构变得更致密。此外，有研究发现辐照处理对淀粉的 T_o、T_p 和 T_c 无明显影响。上述结果差异的原因可能需要进一步研究。

表9-5 辐照对淀粉热性能的影响

淀粉来源	辐射剂量/kGy	T_o/℃	T_p/℃	T_c/℃	ΔH/(J/g)	淀粉来源	辐射剂量/kGy	T_o/℃	T_p/℃	T_c/℃	ΔH/(J/g)
大米	0	65.3	ND	79.5	20.9	糯米	0	73.4	ND	88.8	15.6
	10	59.6	ND	73.6	18.7		10	67.5	ND	81.2	12.6
	30	58.8	ND	72.5	18.2		30	66.9	ND	80.4	11.9
	50	56.4	ND	71.7	15.8		50	65.9	ND	79.5	12.3
蜡质玉米	0	65.1	70.7	75.6	20.1	马铃薯	0	61.6	66.2	78.5	19.2
	5	67.3	72.1	78.7	19.8		10	63.2	67.8	79.6	18.2
	10	67.8	72.9	79.9	19.4		50	61.7	66.2	79.0	17.2
大豆	0	69.4	76.5	92.0	14.4	棕榈	0	79.73	82.34	87.50	11.26
	10	69.5	76.3	91.9	14.1		1	72.63	77.24	83.82	8.25
	50	70.3	76.2	90.4	12.7		10	66.56	72.69	80.24	5.85
大米淀粉-IAC202	0	66.7	70.9	74.9	10.5	大米淀粉-IRGA417	0	60.0	64.5	68.9	9.6
	1	66.2	70.4	74.1	9.7		1	60.3	64.5	68.8	9.5
	2	66.7	71.1	75.0	10.3		2	60.1	64.4	69.1	9.3
	5	66.5	70.8	74.8	10.4		5	63.2	64.7	72.0	10.4
蜡质玉米	0	67.1	71.8	77.0	3.3	玉米	0	66.5	72.1	76.5	2.8
	1	66.6	71.3	76.5	3.4		1	67.0	72.0	76.9	3.0
	5	67.7	72.5	78.1	3.4		5	66.9	72.2	76.9	2.7
	10	66.0	70.7	75.8	3.5		10	66.5	71.5	75.7	3.0
	25	63.9	69.0	74.2	3.0		25	65.8	71.0	75.4	2.9
	50	61.2	66.8	72.6	2.7		50	65.8	70.3	74.6	2.7
玉米	0	71.9	79.3	93.4	3.2	玉米淀粉-Hylon Ⅶ	0	72.2	84.3	106.0	3.4
	1	72.8	80.2	93.4	2.5		1	72.4	84.2	104.4	3.3
	5	72.3	80.4	100.0	3.6		5	71.3	91.2	104.9	4.0
	10	71.4	78.5	93.3	1.8		10	70.6	88.3	107.6	3.9
	25	69.8	77.5	90.4	1.7		25	69.6	80.8	104.6	2.5
	50	67.6	77.4	88.9	2.4		50	67.7	82.0	101.1	2.1

续表

淀粉来源	辐射剂量/kGy	T_o/℃	T_p/℃	T_c/℃	ΔH/(J/g)	淀粉来源	辐射剂量/kGy	T_o/℃	T_p/℃	T_c/℃	ΔH/(J/g)
马铃薯	0	66.7	60.4	75.0	18.85	慈菇	0	70.3	72.3	73.3	8.9
	10	66.4	60.3	74.1	17.95		5	68.9	71.2	72.3	8.2
	20	66.4	60.1	74.0	18.17		10	68.5	71.3	71.9	7.9
	30	65.9	60.1	73.6	17.62		15	63.3	64.8	65.9	6.7
小麦	0	56.6	63.3	71.7	12.7	鹰嘴豆	0	63.77	69.77	76.57	8.37
	1	56.3	63.0	71.4	12.7		0.5	63.63	69.17	76.00	8.17
	3	56.5	62.9	71.1	12.1		1	63.37	68.97	75.61	7.87
	5	56.4	62.8	71.2	12.5		2.5	63.15	68.04	75.22	6.78
	7	56.5	62.9	71.2	12.0		5	62.63	67.63	74.81	6.51
	9	56.5	62.8	71.3	12.5		10	62.29	66.66	74.08	6.26
大米淀粉-PR121	0	60.4	65.1	71.6	11.5	大米淀粉-PR116	0	58.1	62.2	67.9	9.7
	2	60.1	64.2	71.0	10.2		2	57.7	61.8	67.7	9.1
	5	60.0	63.7	71.4	10.9		5	57.4	61.1	68.1	9.6
	10	58.6	63.0	70.7	11.3		10	54.2	59.6	67.3	9.2
西米	0	67.6	73.3	82.8	15.0	慈菇	0	63.9	71.0	81.3	4.2
	6	67.8	73.3	81.3	14.8		5	66.5	74.0	84.7	22.0
	10	68.7	74.1	83.5	15.2		10	66.7	74.0	93.9	23.4
	25	68.5	73.9	81.4	14.6		15	67.9	74.1	83.9	22.3
蜡质玉米	0	67.5	72.7	76.5	15.6	木薯	0	61.35	69.44	77.01	17.30
	2	64.3	69.1	74.0	15.2		5	63.10	71.34	80.11	16.58
	4	64.2	69.0	73.7	15.7		10	65.46	74.05	83.55	14.32
	6	63.8	68.6	73.4	15.6		20	68.74	77.41	89.22	11.99
	8	63.5	68.5	73.8	15.7	西米	0	69.06	74.69	79.96	5.43
	10	63.3	67.8	72.5	15.7		5	69.39	74.08	78.80	4.54
	15	63.6	67.8	72.8	15.4		10	69.50	74.17	78.39	4.21
	20	62.2	67.0	71.8	14.4		25	69.23	73.99	78.78	6.20
	30	60.2	65.0	70.3	14.2		50	66.12	72.44	77.03	7.75

续表

淀粉来源	辐射剂量/kGy	T_o/℃	T_p/℃	T_c/℃	ΔH/(J/g)	淀粉来源	辐射剂量/kGy	T_o/℃	T_p/℃	T_c/℃	ΔH/(J/g)
莲子	0	137.4	138.3	143.2	5.58	荞麦	0	62.18	64.34	68.20	6.12
	5	136.9	136.8	143.1	6.38		5	62.11	64.22	67.42	6.05
	10	134.9	135.8	143.8	5.64		10	61.76	64.10	67.15	5.42
	15	134.5	135.0	140.0	3.75		15	60.10	63.23	66.41	3.18
	20	134.2	134.4	142.5	5.56		20	58.68	63.00	64.24	2.20
玉米	0	67.5	72.9	81.9	14.4	大米	0	56.4	63.6	69.6	12.1
	2	67.0	72.5	81.7	14.7		0.5	56.3	62.8	69.2	11.5
	10	66.6	72.5	81.7	15.1		1	56.3	62.5	69.2	10.5
	50	63.8	70.1	79.7	15.9		3	56.4	62.4	69.7	9.7
高直链玉米淀粉	0	84.3	94.1	104.0	3.52		5	56.7	63.1	69.2	10.3
	30	91.8	93.1	101.1	2.33		7	56.7	62.8	69.3	10.3
	60	73.9	83.8	84.2	2.04		9	56.4	62.7	69.0	10.8
燕麦	0	66.40	68.13	72.15	8.12	马铃薯淀粉	0	59.04	63.04	67.82	14.37
	5	63.58	66.10	69.48	7.46		0.01	59.35	63.20	67.88	14.40
	10	63.21	66.00	69.34	4.34		0.05	59.68	63.53	68.50	14.42
	15	61.18	64.16	66.81	2.77		0.1	60.28	64.07	68.68	14.50
	20	59.87	61.48	64.22	1.89		0.5	60.30	64.24	68.94	14.62
玉米	0	61.6	66.8	72.6	14.1	马铃薯淀粉	0	58.12	61.74	66.73	15.02
	1	60.8	66.4	72.2	14.7		0.01	59.35	62.92	67.82	14.97
	2	61.5	66.6	72.1	14.2		0.05	59.64	63.06	67.84	14.90
	5	60.8	66.6	72.9	14.9		0.1	59.63	63.07	67.84	15.00
	10	61.6	67.2	72.5	14.4		0.5	59.68	63.10	67.88	15.38
	20	61.3	66.1	72.1	14.8	燕麦淀粉	0	55.1	82.5	101.2	12.30
	50	55.7	60.9	66.8	13.3		5	59.6	84.1	111.3	11.95
	100	53.9	58.8	64.1	10.3		10	64.3	89.6	117.3	11.36
	200	52.5	55.9	63.7	0.6		15	70.5	90.1	121.5	10.95
	500	ND	ND	ND	ND		20	75.1	99.5	126.1	10.00

续表

淀粉来源	辐射剂量/kGy	T_o/℃	T_p/℃	T_c/℃	ΔH/(J/g)	淀粉来源	辐射剂量/kGy	T_o/℃	T_p/℃	T_c/℃	ΔH/(J/g)
燕麦淀粉-SKO-20	0	48.5	79.6	100.5	11.90	燕麦淀粉-SKO-90	0	52.4	80.7	101.0	12.10
	5	53.3	83.7	105.4	11.38		5	55.4	84.3	109.7	11.50
	10	59.7	88.5	111.7	11.24		10	60.2	89.4	114.9	11.37
	15	66.3	93.7	117.8	10.98		15	67.4	93.1	119.4	11.23
	20	71.4	93.5	120.2	10.32		20	74.1	96.1	123.2	10.38
大米	0	60.54	66.80	75.68	6.11	高直链玉米淀粉	0	99.7	106.1	110.6	0.79
	0.5	60.64	66.37	73.37	5.77		30	82.7	91.1	99.1	0.22
	2	60.35	66.99	77.32	5.98		60	81.6	90.1	101.1	0.45
	4	60.43	66.95	77.29	4.33		0	70.01	73.83	80.49	15.90
糙米	0	63.18	66.22	71.30	7.37		2	69.51	73.40	80.06	16.10
	5	63.05	65.89	70.11	7.11	粒用苋	4	69.83	73.69	79.85	15.77
	10	62.21	65.14	68.65	6.05		6	69.78	73.35	79.62	15.49
	15	59.14	61.55	65.48	4.19		8	69.39	73.35	80.03	15.34
	20	58.58	60.10	65.11	3.01		10	69.49	73.21	79.38	15.38

在焓值方面，由表 9-5 可以看出，在大多数情况下，辐照处理可以降低淀粉的 ΔH，这与 XRD 的结果一致，说明辐照处理破坏了淀粉的结晶结构。特别是当辐照剂量大于 200kGy 时，ΔH 几乎降至 0。此外，Polesi 等和 Singh 等发现，较低剂量（<1kGy）的辐照处理能使水稻和马铃薯淀粉的 ΔH 略有增加，说明较低剂量的辐照处理可能具有分子重排的功能。令人惊讶的是，Lee 等和 Barroso 等发现辐照处理还增加了玉米（50kGy）、西米（50kGy）和木薯（15kGy）淀粉的 ΔH。

总之，在大多数情况下，辐照处理降低了淀粉的焓值，少数研究也发现了相反的结果。此外，辐照处理对淀粉的 T_o、T_p 和 T_c 的影响在不同的研究中观察到不同的结果（上升趋势、下降趋势或无影响），其原因可能需要进一步研究。

三、辐照对淀粉消化性能的影响

糖尿病是目前世界上最受关注的慢性疾病之一。RS 是指小肠在 120min

内不能被消化的淀粉,其在糖尿病的控制中起着重要作用。由表 9-6 可以看出,有研究者发现辐照处理可以降低淀粉的 RS 含量,提高淀粉的酶解速率,这与辐照后淀粉分子量降低密切相关,分子量越低越有利于快速酶解。此外,Sujka 等发现辐照处理可以增加马铃薯淀粉的比表面积,这也可能更有利于酶与淀粉分子的接触。

表 9-6 辐照处理对淀粉消化性能的影响

淀粉来源	辐射剂量/kGy	主要发现
大米	0~5	RS 增加,酶解速率降低
玉米	0~50	RS 增加,以玉米蜡淀粉的 RS 增加最多
玉米	0~50	RS 增加,SDS 减少,对 RDS 无影响
土豆、豆类	0~50	RS 增加,SDS 减少,马铃薯 RDS 增加,豆类 RDS 降低
玉米	0~20	RS 增加,SDS 减少,RDS 增加。辐照处理后,含水量为 5%的玉米淀粉的 RS 含量高于含水量为 12%的玉米淀粉
蜡质玉米淀粉	0~100	RS 增加,SDS 减少,RDS 增加
大米	0~50	不消化部分(RS 和 SDS)增加
棕榈	0~10	RS 减少,SDS 减少,RDS 增加
大米	0~5	RS 减少,SDS 增加,对 RDS 无影响
马铃薯	0~0.1	RS 减少,SDS 增加,RDS 增加
谷物	0~2.5	酶水解率提高
马铃薯	0~30	酶水解率提高
大米	0~10	辐照处理对 RS 含量无影响

然而,也有研究者发现辐照处理会增加 RS 含量,降低淀粉的酶解速率,这可能从以下 3 个方面解释。首先,通常使用的淀粉酶的最适 pH 为 6~7。结果表明,辐照处理能显著提高淀粉的羧基含量,降低淀粉的 pH。例如,辐照处理后大米淀粉和七叶树淀粉的 pH 分别从 6.37 和 6.72 降低到 5.52 和 5.50。因此,pH 的降低可能会降低淀粉酶的活性。其次,辐照处理后的短链分子更容易发生老化。如果辐照处理后不立即进行体外消化试验,短链分子引起的快速降解可能导致 RS 含量偏高。最后,Chung 等认为辐照处理可能会形成一些 β-1,3-糖苷键或 β-1,4-糖苷键,这些糖苷键只能被体外消化实验中使用

的酶部分消化。

此外,据报道,淀粉的水分含量和直链淀粉含量会影响辐照处理对淀粉 RS 含量的影响。如 Chung 等发现,蜡质玉米淀粉辐照后 RS 含量的增加明显高于普通玉米淀粉或高直链玉米淀粉。Yong 等发现辐照处理后,水分含量为 5% 的玉米淀粉的 RS 含量高于水分含量为 12% 的玉米淀粉。此外,Lee 等也发现辐照处理对大米淀粉的 RS 含量没有明显影响。因此,辐照处理对淀粉消化性能影响的机理和细节有待进一步研究。

四、辐照处理对淀粉回生性能的影响

淀粉的回生是受储存温度、分子结构、pH、水分含量等因素的影响,通过氢键、范德瓦耳斯力或静电相互作用使淀粉分子发生重排和再结晶的过程。淀粉的回生通常伴随着结晶度的增加、硬度的增加、水分的浸出和 RS 含量的增加等。由表 9-7 可以看出,一些研究发现辐照处理可以抑制淀粉的回生。例如,玉米淀粉凝胶经 50kGy 辐照后的热焓值仅为未辐照的 13.6%。然而,也有研究发现,辐照处理可以略微加速淀粉的回生。一方面,辐照处理引起的 pH 值降低可能不利于淀粉的降解。另一方面,辐照处理引起的短链分子可能更容易回生。

表 9-7　辐照处理对淀粉回生性能的影响

淀粉来源	辐射剂量/kGy	储存条件	主要发现
马铃薯淀粉	0~0.5	4℃,7d	抑制回生
马铃薯淀粉	0~0.5	4℃,7d	加速回生
玉米	0~50	5℃,14d	抑制回生
大米	0~10	4℃,7d	抑制回生
小麦	0~9	4℃,7d	抑制回生
大米	0~5	5℃,15d	加速回生
马铃薯	0~50	5℃,14d	抑制回生(10kGy) 加速回生(50kGy)
大豆	0~50	5℃,14d	抑制回生
马铃薯	0~0.1	5℃,30d	抑制回生
马铃薯	0~0.1	5℃,90d	加速回生

更令人费解的是，Singh 等发现辐照处理抑制了马铃薯淀粉 Kufri Chipsona-2 的回生，而加速了马铃薯淀粉 Kufri Jyoti 的回生。Gul 等发现辐照处理抑制了大米淀粉的回生，而 Polesi 等发现辐照处理加速了大米淀粉的回生。此外，Chung 等发现 10kGy 的辐照抑制了马铃薯淀粉的回生，而 50kGy 的辐照则加速了马铃薯淀粉的回生。总之，到目前为止，辐照处理对淀粉回生性能影响的规律和机制尚不清楚。

五、辐照对淀粉流变和质构特性的影响

目前，辐照处理对淀粉凝胶流变学和质构特性影响的研究很少。硬度表示使淀粉凝胶变形所需的力，弹性是凝胶在外力作用下的变形和去除外力后的恢复原来大小和形状的性质，黏性表示将淀粉凝胶剪切成稳定可食用状态所需的能量，胶着性表示从测试探针剥离淀粉凝胶所需的力，内聚性表示淀粉凝胶中分子交联的程度。

辐照后的淀粉凝胶的硬度、弹性、黏性、胶着性、内聚性如表 9-8 所示，在四项不同的研究中表现出不同的趋势。不同的淀粉品种可能具有不同的辐照抗性，或其他影响辐照对淀粉质构特性影响的隐性因素尚未被发现。

就流变特性而言，屈服应力表示实现流动所需的应力，K（稠度系数）表示流动阻力，n（流动行为指数）表示假塑性程度。而淀粉凝胶的 n 通常小于 1，说明淀粉凝胶是一种假塑性流体，G'（储能模量）表示弹性固体特性，G''（损耗模量）表示黏性流体的性质。淀粉凝胶的 G' 一般大于 G''，说明淀粉凝胶为固体状弱凝胶。

由表 9-8 可知，随着辐照剂量的增加，淀粉的 G'、G''、K 值逐渐降低，说明辐照处理使淀粉凝胶变得柔软易碎，这与辐照处理后分子量的降低密切相关。

表 9-8 辐照对淀粉凝胶流变特性和质构特性的影响

淀粉来源	辐射剂量/kGy	主要发现
马铃薯	0~0.5	硬度降低，弹性降低，内聚力增加，黏性降低，对胶着性无影响
鹰嘴豆	0~10	硬度降低，弹性降低，内聚力降低，黏性降低，胶着性降低
魔芋	0~12	硬度增加，对弹性、内聚力和黏性无影响，胶着性增加

续表

淀粉来源	辐射剂量/kGy	主要发现
小麦	0~9	硬度降低，对弹性无影响，内聚性增加，胶着性降低
粒用苋	0~10	G' 和 G'' 降低
马铃薯	0~0.5	G' 和 G'' 降低
荞麦、燕麦	0~20	屈服应力、K 和 n 降低
棕榈	0~10	G' 和 G'' 降低
小麦、马铃薯	0~50	K 减小，n 增大
黑米	0~20	G'、G'' 和 K 减小，n 增大

六、辐照处理对淀粉溶胀、溶解度、透过率、显色、吸附能力的影响

辐照处理对淀粉溶胀特性的影响目前已被广泛研究。辐照处理能显著降低不同淀粉的溶胀指数，这与 RVA 的结果一致。此外，也有研究者发现，在较低温度（50~60℃）下，辐照处理可使某些淀粉的溶胀指数略有增加。这可能是因为在较低的温度下（未达到膨胀极限），淀粉颗粒的膨胀取决于吸水能力。而在较高温度下，淀粉颗粒的膨胀极限取决于平均分子量。即辐照引起平均分子量的降低，降低了淀粉颗粒在高温下的溶胀极限。此外，Atrous 等发现了一个特殊现象，即小麦和马铃薯淀粉的膨胀指数随着辐照剂量从 0 到 10kGy 的增加而增加，但随着辐照剂量从 10 到 50kGy 的增加，膨胀指数下降。

此外，大多数研究发现，辐照可以显著增加不同淀粉的溶解度。例如，500kgy 辐照处理后，玉米淀粉的溶解度提高了 67.2 倍。溶解的本质是水分子包裹溶质并将其分散到溶液中。分子量越小，越容易溶解。然而，Castanha 等发现辐照处理（0.5~5kGy）会略微降低绿豆淀粉的溶解度，原因可能需要进一步研究。

此外，还可用比色仪分析辐照对淀粉颜色的影响。L 表示亮度，a 表示红色和绿色的程度（红色为正值，绿色为负值），b 表示黄色和蓝色的程度（黄色为正值，蓝色为负值）。首先，我们发现辐照处理对淀粉的 a 值没有影响。其次，有研究发现辐照处理会轻微降低淀粉的 L 值，而 Wani 等的研究结果相

反，Teixeira 等人发现辐照处理对玉米、马铃薯、木薯淀粉的 L 值没有影响。最后，如图 9-3 所示，大多数研究发现辐照处理显著提高了不同淀粉的 b 值。有人认为，b 值的变化可能是由于辐照过程中单糖的焦糖化。此外，几乎所有的研究都发现辐照处理可以显著提高透光率。有研究认为，淀粉糊浊度的形成主要是由于直链淀粉部分形成的聚集体。因此，辐照处理后透光率的增加可能与直链淀粉含量的降低密切相关。

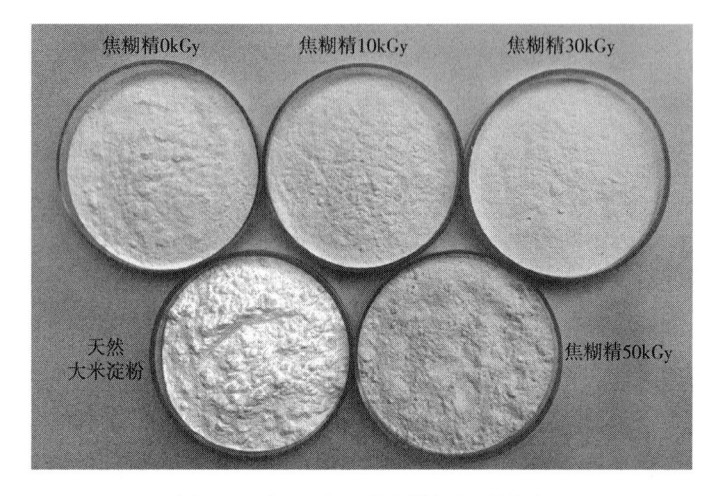

图 9-3　辐照处理对淀粉颜色的影响

此外，大多数研究发现辐照处理增加了淀粉的吸水能力。而 Castanha 等发现了相反的结果，Ocloo 等发现辐照对甘薯淀粉的吸水能力没有明显影响。此外，大多数研究发现辐照处理增加了淀粉的吸油能力。而 Sujka 等得出了相反的结果，Wani 等的研究发现辐照对慈菇淀粉的吸油能力无明显影响。吸油能力的增加可能是由辐照处理后淀粉颗粒比表面积增加导致的。而淀粉颗粒吸水能力的增加可能是由于高亲水性单糖或双糖的增加，以及辐照后淀粉颗粒比表面积的增加。

总之，辐照处理提高了淀粉的 b 值、溶解度吸水能力和吸油能力，降低了淀粉的溶胀性。

综上所述，辐照处理对淀粉结构和性能的影响主要表现在以下几方面。第一，辐照破坏了糖苷键，降低了平均分子量，这可能是辐照后淀粉性质发生变化的根本原因。第二，辐照处理只会对淀粉颗粒造成轻微损伤，增加比表面积。第三，辐照处理对淀粉的结晶类型没有影响，但在大多数情况下会降低淀粉的结晶度。第四，在大多数情况下，辐照处理显著降低了淀粉的黏度、回生值和崩解值。低剂量照射（<1kGy）使糊化温度升高，高剂量照射（>1kGy）使糊化温度降低。第五，在大多数情况下，辐照处理降低了淀粉的焓，不同的研究显示辐照对T_o、T_p和T_c的影响结果不同。第六，不同研究中辐照对淀粉消化、降解和质构性质的影响结果不一致。第七，辐照降低了淀粉的G'、G''和K值。第八，辐照处理提高了淀粉的b值、溶解度吸水能力和吸油能力，降低了淀粉的溶胀性。

研究认为，在辐照后，H_2O分子会分解形成$H·$、$·OH$、e^-、H_3O^+、H_2和H_2O_2，这些物质在淀粉的辐射分解中起着重要作用。同时，实验证明，不同含水率的淀粉经过辐照后呈现出不同的结构和性能。因此，水分含量可能是影响淀粉辐照处理的最重要因素之一。然而，在许多关于淀粉辐照处理的研究中，忽略了淀粉的水分含量。这可能是即使使用相同的淀粉品种和相似的辐照剂量，在不同的研究结果（如消化、降解和质地等）中出现相反趋势的关键原因。因此，在后续的研究中，必须明确说明淀粉的水分含量，否则作为参考结果的价值将大大降低。探讨不同含水量下辐照对淀粉的影响具有重要意义。

另外，淀粉辐射分解的机理是高能γ光子使电子从原子核束缚中释放出来，在C_1或C_4上产生自由基，导致糖苷键断裂。辐照处理引起的分子量降低是淀粉性质发生变化的根本原因。然而，在少数研究中也发现辐照处理会使淀粉的平均链长略有增加，这表明在适当的条件下，辐照处理可以促进淀粉的交联。而这种"未知的适宜条件"可能是未来重要的研究内容，对充分解释辐照对淀粉结构和性质的影响机制可能具有重要意义。

第三节 辐照改性淀粉的应用

辐照改性淀粉基包装膜，廖娟等采用^{60}Co-γ射线修饰玉米淀粉，制备的薄膜表面更均匀，力学性能可达国标。Kanatt采用了辐照技术，将辐照淀粉与明胶以2∶1的比例混合，以甘油为增塑剂，采用浇铸法制成淀粉基薄膜，制备的薄膜的溶胀量和水解度低于其他薄膜，溶解度和透光率高于其他薄膜，具有改善微生物品质和降低腐败程度等效果。辐照可以破坏淀粉分子内部以及淀粉分子与淀粉分子之间的氢键，使得淀粉颗粒变小，致使淀粉分子的流动性增强；淀粉经辐照后直链淀粉含量降低，使淀粉乳黏稠、透明。由此可见，辐照改性淀粉更适用于制备对透明度需求较高的包装膜。

此外，有研究报道了，通过辐照对玉米淀粉进行改性，制备出的辐照改性复合材料，在相容性和力学性能方面均有较好的效果，可以制备出高效生物可降解的复合材料。

参考文献

［1］ Chen Z G, Zhou R, Tong Z G. The effects of gamma irradiation treatment on starch structure and properties：A review［J］. International Journal of Food Science and Technology, 2023.

［2］ Zhou X, Ye X J, He J, et al. Effects of electron beam irradiation on the properties of waxy maize starch and its films［J］. International Journal of Biological Macromolecules, 2020, 151：239-246.

［3］ Chung H J, Liu Q. Molecular structure and physicochemical properties of potato and bean starches as affected by gamma-irradiation［J］. International Journal of Biological Macromolecules, 2010, 47（2）：214-222.

［4］ Polesi L F, Sarmento S B S, Moraes J D, et al. Canniatti-Brazaca. S. G. Physicochemical and structural characteristics of rice starch modified by irradiation［J］. Food Chemistry, 2016, 191：59-66.

［5］ Yoon H S, Kim J H, Lee J W, et al. In vitro digestibility of gamma-irradiated corn starches［J］. Carbohydrate Polymers, 2010, 81（4）：961-963.

［6］ Sofi B A, Wani Y A, Masoodi F A, et al. Effect of gamma irradiation on physicochemical properties of broad bean（*Vicia faba* L.） starch［J］. LWT-Food Science and Technology, 2013, 54：63-72.

［7］ Othman Z, Hassan O, Hashim K. Physicochemical and thermal properties of gamma-irradiated sago（Metroxylon sagu）starch［J］. Radiation Physics and Chemistry, 2015, 109：48-53.

［8］ Gul K, Singh A K, Sonkawade R G. Physicochemical, thermal and pasting characteristics of gamma irradiated rice starches［J］. International Journal of Biological Macromolecules, 2016, 85：460-466.

［9］ Barroso A G, Mastro N L D. Physicochemical characterization of irradiated arrowroot starch［J］. Radiation Physics and Chemistry, 2019, 158：194-198.

[10] Wani A A, Wani I A, HussainP R, et al. Physicochemical properties of native and γ-irradiated wild arrowhead (*Sagittaria sagittifolia* L.) tuber starch [J]. International Journal of Biological Macromolecules, 2015, 77: 360-368.

[11] Sujka M, Ciesla K, Jamroz J. Structure and selected functional properties of gamma-irradiated potato starch [J]. Starch, 2015, 67: 1002-1010.

[12] Pinto C D C, Sanches E A, Clerici M T P S, et al. X-ray diffraction and Rietveld characterization of radiation-induced physicochemical changes in Ariá (Goeppertia allouia) C-type starch [J]. Food Hydrocolloids, 2021, 177: 106682.

[13] Kong X L, Zhou X, Sui Z Q, et al. Effects of gamma irradiation on physicochemical properties of native and acetylated wheat starches [J]. International Journal of Biological Macromolecules, 2016, 91: 1141-1150.

[14] Abu J O, Duodu K G, Minnaar A. Effect of γ-irradiation on some physicochemical and thermal properties of cowpea (*Vigna unguiculata* L. Walp) starch [J]. Food Chemistry, 2006, 95: 386-393.

[15] Lee J S, Ee M L, Chung H H, et al. Formation of resistant corn starches induced by gamma-irradiation [J]. Carbohydrate Polymers, 2013, 97: 614-617.

[16] Wu D X, Shu Q Y, Wang Z H, et al. Effect of gamma irradiation on starch viscosity and physicochemical properties of different rice [J]. Radiation Physics and Chemistry, 2002, 65: 79-86.

[17] Sudheesh C, Sunooj K V, Jamsheer V, et al. Development of Bioplastic Films from γ-Irradiated Kithul (Caryota urens) Starch; Morphological, Crystalline, Barrier, and Mechanical Characterization [J]. Starch. 2021, 73: 2000135.

[18] Singh S, Singha N, Ezekiel R, et al. Effects of gamma-irradiation on the morphological, structural, thermal and rheological properties of potato starches [J]. Carbohydrate Polymers, 2011, 83: 1521-1528.

[19] Atrous H, Benbettaieb N, Chouaibi M, et al. Changes in wheat and potato starches induced by gamma irradiation: A comparative macro and microscopic study [J]. International Journal of Food Properties, 2017, 20 (7): 1532-1546.

[20] Castanha N, Miano A C, Sabadoti V D, et al. Irradiation of mung beans (Vigna radiata): A prospective study correlating the properties of starch and grains [J]. International Journal of Biological Macromolecules, 2019, 129: 460-470.

[21] Teixeira B S, Garcia R H L, Takinami P Y I, et al. Comparison of gamma radiation effects on natural corn and potato starches and modified cassava starch [J]. Radiation Physics and Chemistry, 2018, 142, 44-49.

[22] Ocloo F C K, Otoo G, Riverson N M, et al. Functional and physicochemical characteristics of starch obtained from gamma-irradiated sweet potato (*Ipomea batatas* L.) [J]. Journal of Agriculture and Food Technology, 2011, 1 (7): 116-122.

[23] 廖娟, 柏宗春, LIAO, 等. 热塑性辐照玉米淀粉薄膜的制备及表征 [J]. 核农学报, 2017, 31 (6): 6.

模块三 化学改性

第十章　氧化处理对淀粉的分子结构和物理化学性质的影响

当天然淀粉没有表现出工业用途所需的特性时，可以通过物理、化学或酶法对直链淀粉和支链淀粉的分子结构进行改性。不同的改性方法改性后的淀粉具有不同的性质。用于天然淀粉改性常见的化学方法有乙酰化、交联、氧化、羟丙基化和醚化。在氧化过程中，淀粉分子的羟基首先被氧化为羰基，然后被氧化为羧基。因此，淀粉分子中羰基和羧基的含量表明淀粉氧化的程度。

次氯酸钠氧化已被用于在造纸行业至少150年，其中氧化淀粉广泛用作施胶剂，以改善机械性能以及纸张、纸板和纺织品的成膜性能。氧化淀粉的使用提高了纸张的强度和可印刷性。在氧化过程中，淀粉分子上的羟基首先被氧化为羰基，然后转化为羧基。因此氧化淀粉上的羧基和羰基含量表明淀粉的氧化程度，这种氧化主要发生在 C_2、C_3 和 C_6 位置的羟基上。直链淀粉和支链淀粉中羰基和羧基官能团的插入使其可应用于纺织、洗衣、钻孔、基础和黏合材料。氧化淀粉可被改性的程度取决于天然淀粉的来源和分子结构、结晶片层的大小，非晶片层的尺寸，所用氧化剂的类型和反应条件。淀粉氧化的初步研究集中在确定适宜的次氯酸钠浓度、反应时间、pH 和反应温度，制备具有高羰基含量以及低黏度的淀粉。羰基含量、羧基含量和降解程度通常用来表示淀粉氧化的程度。目前，一些新技术被纳入淀粉研究，如分子量测定、凝胶渗透色谱法、高效阴离子交换色谱法、高效排阻色谱法、扫描电镜、X 射线衍射、傅里叶红外光谱、核磁共振已经用于分析氧化对淀粉颗粒结构和性质的影响。

一、次氯酸钠氧化

商业上生产氧化淀粉通常使用次氯酸钠作为氧化剂。用次氯酸钠作为氧化剂生产氧化淀粉的影响因素包括 pH、反应温度、反应时间、次氯酸钠浓度、淀粉分子结构与淀粉来源。在次氯酸钠氧化过程中直链淀粉和支链淀粉中的羟基被氧化为羰基和羧基。根据氧化程度，直链淀粉和支链淀粉也可能发生部分降解。羰基和羧基的比例直接影响氧化淀粉的物理化学性质及应用。

淀粉与次氯酸盐的反应速率受 pH 的影响最大，在 pH 接近 7 时反应速率最快，在 pH 为 10 时反应速率非常缓慢。在工业上，用次氯酸钠制备氧化淀粉是在碱性或微碱性的条件下进行的。中性到碱性的环境有利于产生羰基。在大麦淀粉中，使用不同浓度的活性氯（1.0%、1.5% 和 2.0%），在 pH 为 9.5 时，氧化产物中发现羰基比羧基含量高。在另一项研究中，使用次氯酸钠氧化香蕉淀粉，在 pH 7.5 和 pH 11.5 下持续 1h、2h、3h 和 4h，发现 pH 主要影响羧基的形成。在 pH 11.5 下氧化香蕉淀粉产生的羧基数量更高。与之相反的是，有研究发现在次氯酸氧化过程中 pH 为 7.0 和 8.0 时产生的羰基和羧基含量更高。根据 Sangeweong 等的研究发现，pH 为 8.0 和 9.0 有利于 C_2 和 C_3 上羧基的形成，削弱在 C_1 位置结合。这种弱化可能导致淀粉发生解聚。

关于氯浓度对羰基和羧基形成的影响，在对玉米淀粉进行氧化时，与 0.8% 和 2.0% 氯浓度相比，当氯浓度为 5.0% 时羰基和羧基含量更高。其氧化程度可能受到直链淀粉和支链淀粉含量的影响。有研究发现，当氯浓度为 5.0% 时，糯玉米淀粉中羧基含量最高（0.76%）。其发生氧化主要在淀粉颗粒的无定形片层中。高直链淀粉含量使结晶片层的氧化更加困难，直链淀粉和支链淀粉链的共结晶破坏了支链淀粉双螺旋的堆积，拉动一些支链淀粉链条彼此靠近。因此直链淀粉含量高的淀粉可能会抑制淀粉颗粒中结晶片层的有效氧化，低直链淀粉比高直链淀粉更易氧化。使用不同浓度次氯酸钠（0.25%~3.0% 活性氯）氧化蜡质玉米淀粉与普通玉米发现，普通玉米淀粉氧化后羧基含量较蜡质玉米淀粉的高。此外，玉米淀粉氧化是一个受多种因素影响的过程，其影响因素主要取决于直链淀粉含量和淀粉的分子结构，淀粉颗粒大小和形状，使用的活性氯浓度以及反应条件。研究次氯酸钠氧化对木薯淀粉膨胀性能和结构影响发现，木薯淀粉的膨胀特性受氧化过程中使用的活性氯浓度、pH 和温度的影响。此外，当用次氯酸盐代替日晒氧化过程中木薯淀粉的膨胀特性能得到很好的控制。次氯酸钠氧化不依赖于气候条件，并且产生的产物更均匀。

二、过氧化氢氧化

与次氯酸钠相比,过氧化氢在商业上的应用没那么广泛。一些研究报道了过氧化氢在淀粉氧化中的应用,如表10-1所示。过氧化氢氧化淀粉不会形成任何有害的副产品,因为它很容易分解成氧气和水。

表10-1 不同来源植物淀粉的过氧化氢氧化条件

淀粉来源	催化剂	氧化剂浓度/%	反应时间/min	pH	反应温度/℃
木薯	—	0.12~2.89	50	1.64~8.36	20~45
	$CuSO_4$	3.0	30~300	10.0	30
玉米	UV	1~4.0	120~1320	3,5,7,9	室温
	—	0.7	1440	7.0	25
	$CuSO_4$	—	30	—	15~60
	WO_4^{2-}			1.5~4.0	—
	Cu	2.0	60	—	313
马铃薯	Cu,WO_4^{2-}	2.0	60,240,1440	10.0	40
	Cu	2.0	1440		40
	FePcS,WO_4^{2-}	5.3	60~420	2.0~10.0	40~90
	$CuSO_4$	3.0	1440	9.0~10.0	30~40
大米	Cu	0.4	240	—	60

注 "—"表示未描述。

在金属催化剂的存在下,过氧化氢氧化淀粉的作用机理是一个非常复杂的过程。氧化是通过自由基链式反应发生的,在金属催化剂中,过氧化氢会迅速分解为羟基自由基(OH)。这些高度活跃的自由基通过从碳水化合物糖环上提取氢,形成新的自由基(R·CHOH),如图10-1所示。

有研究报道,过氧化氢氧化淀粉的程度通常低于2.78%。但是,其他研究报道,过氧化氢氧化淀粉时用的过氧化氢浓度很高。为了增加改性淀粉中官能团的数量,通常在反应过程中添加金属离子,金属离子催化剂的效率为:$Cu^{3+} > Fe^{2+} > WO_4^{2-}$,反应的pH(3.5、7.0和9.0)、反应时间(2.0min、4.0min、6.8min和10.0min)、过氧化氢浓度(1mol/L、2mol/L、3mol/L、

4mol/L 葡萄糖)。对紫外线的影响研究发现，在酸性 pH 下制备氧化淀粉，反应时间长、过氧化氢浓度高，产生的羰基和羧基含量高。

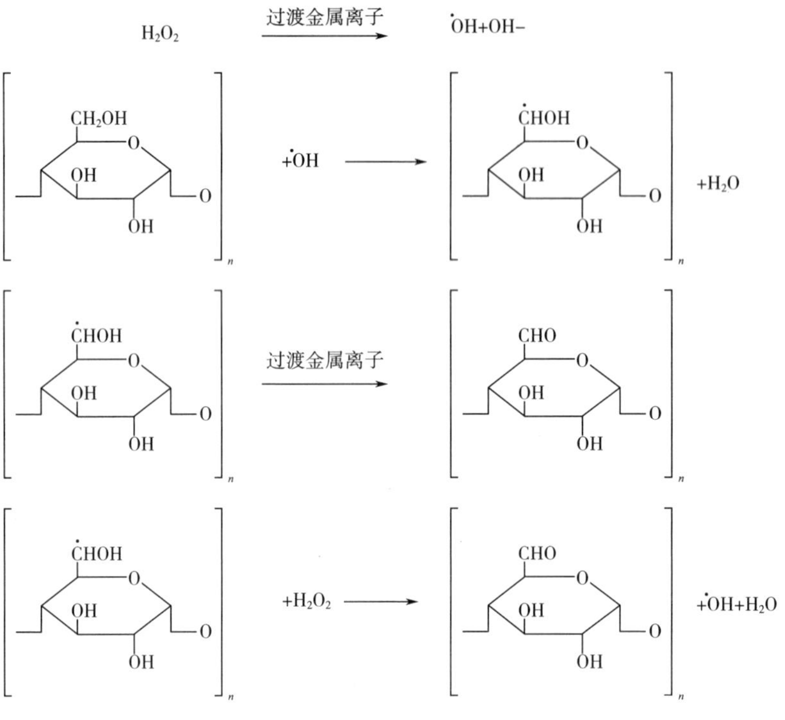

图 10-1　淀粉的过氧化氢氧化

有研究报道，使用不同浓度的 $CuSO_4$ 作为催化剂催化氧化玉米淀粉的效率，结果表明 0.5% 的 $CuSO_4$ 浓度就足以将反应时间从 72h 降至 1h。此外，过高的催化剂浓度可能会导致副反应的发生，可导致淀粉产生令人不愉快的颜色，因此在使用金属催化剂时应控制好用量。使用过氧化氢氧化马铃薯淀粉，用 FePcS 作催化剂，结果表明在 pH 10.0 和 pH 8.4 有利于羧基和羰基的生成。使用交联淀粉代替天然淀粉有助于氧化反应，有利于羧基的引入。研究发现交联玉米淀粉的低氧化改性与天然玉米淀粉相比，交联可以阻止淀粉分子在干燥过程中重新排列，产生更多暴露的内部结构，这些暴露的结构使氧化剂分子容易进入淀粉颗粒内部促进氧化。在氧化生产木薯淀粉的实验中，作者研究了过氧化氢浓度、pH 和反应温度对淀粉性质的影响。所有反应均使用催化剂，反应时间均为 50min。发现最佳反应条件为 1.5% 的过氧化氢，pH 5.0 和 32.5℃。

用不同方法制备氧化淀粉的进行比较研究，次氯酸钠和过氧化氢进行了比较，氧化木薯淀粉时两种试剂在 pH 10.0 下的反应时间分别为 30min、60min、120min 和 300min。次氯酸钠氧化发现有利于羧基的形成，而氢过氧化有利于羰基的形成。次氯酸钠和过氧化氢氧化产生具有相似黏度的氧化淀粉。但是，过氧化氢氧化所需要的反应时间更短。

三、臭氧氧化

次氯酸钠和过氧化氢作为氧化剂被研究得最多。但是，次氯酸钠和过氧化氢氧化过程会产生废水，并可能在食品中留下残留物影响产品品质。臭氧氧化是一种无污染的氧化方式，臭氧氧化反应的最终产物是二氧化碳、水和无机离子，产生的副产物毒性较小。在反应过程中，臭氧氧化可以通过直接反应（主要是在酸性介质中），或通过间接反应（主要在碱性介质中）。直接反应更具选择性，但速度较慢。在碱性介质中，臭氧可以在与底物反应之前分解，臭氧氧化的产物之一是羟基自由基，其作用机理主要有：氢的提取、电子转移、O_3 自由基的添加。

有研究报道了催化剂、反应 pH、水溶液中的臭氧和淀粉来源对淀粉氧化的影响，结果表明，臭氧氧化淀粉中的链在 C_6 位置，pH 在 4.0 至 10.5 之间有利于反应发生。用臭氧氧化木薯淀粉，pH 分别为 3.5、6.5 和 9.5 时，研究者发现 pH 6.5 和 9.5 更有利于淀粉分子之间交联的形成。据报道，臭氧对玉米、西米和木薯淀粉的氧化，与次氯酸钠或过氧化氢氧化相比，臭氧氧化引入的羰基多于羧基。不管淀粉来源如何，臭氧氧化会影响淀粉结构性质及其应用。臭氧气体氧化 30min 对稻米淀粉性能的影响表明，臭氧氧化的大米淀粉与低浓度臭氧氧化的淀粉具有相似的糊化特性。

四、用其他试剂氧化

高碘酸盐氧化导致 1,2-二醇结构裂解，每个葡萄糖单元形成两个醛。高碘酸盐反应被称为选择性氧化二醇断裂反应。用高碘酸盐氧化的淀粉表现出特有的性质，生成的二醛基团可以作为交联剂，高碘酸盐作为氧化剂氧化后的淀粉可用于纸张、纺织品、蛋白质和药物。通过 X 射线衍射研究淀粉颗粒的形态、淀粉的分子量、支链淀粉侧链长度分布、淀粉多糖的链与碘结合特性，具有不同氧化程度的淀粉的分子性质取决于其氧化程度。

第一节 氧化对淀粉结构的影响

一、颗粒结构

氧化淀粉颗粒的形态取决于反应条件，如 pH、温度和活性氯浓度以及淀粉来源。Castanha 等使用臭氧改性技术对马铃薯淀粉进行改性，臭氧改性对马铃薯淀粉颗粒的结晶结构没有明显的影响。有研究报道，经 0.8% 和 2.0% 的活性氯氧化后马铃薯、玉米和大米淀粉颗粒没有变化，但是 5.0% 活性氯使颗粒表面变得不规则。当 pH 为 9.5，活性氯浓度为 0.5% 和 1.0% 时氧化蚕豆淀粉，其表面形态没有变化。然而活性氯浓度在 1.5% 时，淀粉颗粒表面出现裂痕，且表面变粗糙。pH 9.5，活性氯分别为 1.0%、1.5% 和 2.0% 时，大麦淀粉表面形态与天然大麦淀粉的比较无显著差异。

用 3% 活性氯或 3% 双氧水氧化木薯淀粉，pH 为 10，反应时间大于 2h，淀粉颗粒表面变粗糙。在 pH 9.0~9.5 下用次氯酸钠氧化 4h 后的刀豆淀粉颗粒表面出现裂痕，一些氧化的刀豆淀粉颗粒表面出现孔洞。不同来源的淀粉颗粒形状、大小和成分可能各不相同。例如，大米淀粉通常是多面体，块茎、根和果实淀粉颗粒通常椭圆形，但也发现了其他球形、圆形、椭圆形和不规则形状的颗粒。

二、晶体结构

淀粉结晶度的差异归因于晶体大小、支链淀粉含量、支链淀粉链长、支链淀粉双螺旋在结晶区中的定向排列，以及双螺旋之间相互作用的程度。玉米淀粉在 2θ 为 15.2°、17.2°、18.0°、23.1° 处出现了特征衍射峰，是玉米淀粉的双螺旋结构的 A 型结晶的特征峰。玉米氧化后其特征峰不变，表明玉米淀粉经氧化后，淀粉的晶体结构并未改变。对马铃薯、玉米、水稻、蚕豆、芋头、木薯的研究发现，通常淀粉结晶度不会因氧化而改变。马铃薯、小麦淀粉和大豆淀粉的氧化并没有改变淀粉的结晶度，这表明氧化主要发生在非结晶区。氧化对淀粉结晶的影响取决于淀粉的来源和作用条件。淀粉氧化与羧基含量有关，其又与结晶度有关，直链淀粉的含量也会影响氧化。

FTIR 光谱可用于测定结晶度，其是通过表征淀粉颗粒内的半结晶区和无定形区中发生的变化来测定的。用 1035~1048cm^{-1} 和 1015~1022cm^{-1} 处的红外吸收带表征结晶区和无定形区，结晶度是通过比较结晶和无定形区域的吸收带来计算的。

三、分子结构

氧化淀粉的分子结构通常可以通过凝胶渗透色谱法、高效排阻色谱法以及核磁共振进行表征，但由于核磁共振成本较高所以使用较少。氧化主要发生在淀粉颗粒的半结晶同心环中的无定形区中，因为直链淀粉主要沉积在这些无定形区中，直链淀粉更多易氧化。然而，当淀粉被氧化时，结构也发生变化。

通过高效排阻色谱法对天然的通过次氯酸钠氧化的和过氧化氢氧化的木薯淀粉进行评价，天然木薯淀粉分成两个部分：保留时间短，对应支链淀粉；与直链淀粉相对应的较长保留时间的部分。支链淀粉洗脱速度快，而直链淀粉则较慢，因为直链淀粉的分子量小会渗透到固定相的孔中，则保留时间更长。通过使用高效排阻色谱法分析普通和蜡质玉米淀粉的分子结构，研究发现，次氯酸钠氧化将支链淀粉转化为具有不同分子量的两组主要聚合物。测定平均链长（以葡萄糖为单位），通过断裂 α-1,6-糖苷键测定支链淀粉链的支链分布（以百分比表示），并通过高效阴离子交换色谱洗脱分离相应的组分发现，氯浓度（3%）降低了普通玉米淀粉和蜡质玉米淀粉的平均链长。B1 和 B2 链的比例维持不变，然而聚合度最高的 B3（DP 37~63）明显减少，而聚合度较低的 A 链（DP 5~12）在两种淀粉中都明显增加。

块茎淀粉比谷物淀粉更容易氧化，通过使用高效排阻色谱法分析玉米、土豆和大米淀粉氧化产物的分子量分布发现，马铃薯淀粉直链淀粉部分的糖苷键较多，与玉米和大米淀粉相比容易断裂。马铃薯直链淀粉对氧化的敏感性较高，可能是由于其聚合度（DP）较高，马铃薯直链淀粉的 DP 为 4700，而玉米和水稻直链淀粉的 DP 为 1000。此外 B 型淀粉中具有双螺旋结构，如马铃薯淀粉比 A 型谷物淀粉结构更松散且更容易被氧化剂作用。

过氧化氢氧化淀粉的反应中，马铃薯淀粉在氧化过程中的解聚程度与氧化程度、使用的催化剂和反应条件有关。凝胶渗透色谱法表征淀粉分子量表明，当铜和铁一起用作催化剂时，淀粉的解聚作用更强。此外，单独使用铜做催化剂时表现出较高的解聚效率。

通过凝胶渗透色谱法测定臭氧氧化 10min 的玉米和西米淀粉平均分子量（M_w）和数均分子量（M_n），玉米和西米淀粉的分子量低于未改性的淀粉。M_w 和 M_n 的减少主要原因是淀粉颗粒中支链淀粉链的解聚。但木薯淀粉经臭氧氧化 10min 表现出比天然木薯更高的 M_w，这一结果主要是由分子间交联形成的。

用白色和红色芋头，白色和黄色甘薯通过臭氧氧化制备氧化淀粉，结果表明，经臭氧氧化 10min 均表现出直链淀粉含量增加和支链淀粉含量减少。产生这一现象可能是因为臭氧氧化导致淀粉颗粒中结晶区域的部分解聚，这些结晶区域主要由支链淀粉链组成。白色和红色芋头以及白色和黄色甘薯淀粉氧化后其 M_w 增加，较高的 M_w 值意味着支链淀粉的解聚，臭氧分子与直链淀粉之间形成分子间交联。

第二节　氧化处理对淀粉性质的影响

一、溶胀力和溶解度

溶胀力是淀粉在特定条件下的水合能力，溶解度是在特定条件下溶胀后的淀粉颗粒浸出的分子的百分比。有研究报道了氧化对各种来源的淀粉的影响，如玉米、大豆、大米、土豆、大麦。氧化通常会降低淀粉的溶胀力。氧化的普通玉米淀粉和蜡质玉米淀粉表现出比未氧化的玉米淀粉更低的溶胀性。氧化后溶胀力的降低是由于淀粉颗粒在氧化过程发生了结构解体。淀粉颗粒的吸水能力主要由支链淀粉决定。在次氯酸钠氧化（95℃）作用下普通玉米淀粉和蜡质玉米淀粉的溶胀力都下降了，其主要原因在于支链淀粉的水解，高温和海绵结构的存在使得淀粉颗粒能够在加热过程中吸收水分，但是在离心时这种海绵结构无法保持吸收的水分。这一现象在 Vanier 等用次氯酸钠氧化的蚕豆淀粉的实验中得到了证实。

次氯酸钠氧化马铃薯淀粉，使得其溶胀力下降，抗性淀粉增加。低溶胀力的氧化淀粉阻碍了氧化酶进入淀粉颗粒，增加了抗性淀粉的含量。可溶性主要是由于直链淀粉颗粒在膨胀过程中的浸出和扩散。一些研究报道了氧化淀粉与天然淀粉相比其溶解度增加。以 6% 次氯酸钠氧化的高粱淀粉为研究对象，高溶胀力的淀粉其溶解度更高。这种现象是意料之中的，因为颗粒膨胀，削弱了颗粒内结合。淀粉分子尤其是直链淀粉，浸出到连续相中，导致溶解性增加。当淀粉分子在水中被加热，分子的半结晶区被破坏，水分子与直链淀粉和支链淀粉暴露的羟基形成氢键，增加淀粉的溶胀力和溶解度。淀粉的溶胀力取决于淀粉来源，不同来源的淀粉其溶胀力不同。次氯酸钠氧化（95℃）的普通玉米淀粉比天然普通玉米淀粉在水中表现出更高的溶解度。在低活性氯浓度（0.25%）下，氧化提高了蜡质玉米淀粉的溶解度。氧化增加了淀粉的亲水性，还促进了无定形区水的通道、晶内结构的破坏以及通过氧化降解断裂了分子内氢键。氧化时溶解度的增加是由于结构弱化以及淀粉颗粒的解聚。经次氯酸钠氧化后蜡质玉米淀粉的溶解度降低可能是因为交联阻止了支链淀粉分子的浸出。

二、糊化性能

淀粉的糊化是吸热过程，故差示扫描量热法（DSC）可以从热学角度表征淀粉的糊化性质。根据吸热曲线，可记录淀粉的起始糊化温度（T_o）、峰值糊化温度（T_p）、终止糊化温度（T_c）和糊化焓值（ΔH）。T_o、T_p和T_c以及淀粉的糊化焓（ΔH）受氧化影响。在糊化过程中，淀粉的结晶结构被破坏。这种破坏是由直链淀粉和支链淀粉的羟基和水分子之间相互作用形成的，这些相互作用增加了淀粉颗粒的尺寸，最终导致颗粒破裂和淀粉的部分溶解。通过对玉米、大豆进行研究表明淀粉氧化后糊化温度降低，这些氧化淀粉的T_o、T_p和T_c的降低可以归因于淀粉颗粒结构的减弱，导致支链淀粉双螺旋过早断裂以及淀粉颗粒在有氧氧化条件下可能发生颗粒的机械损伤。

氧化剂的类型可能会影响氧化反应的温度和淀粉的糊化焓，次氯酸盐氧化的木薯淀粉表现出比天然木薯淀粉更低的糊化温度，而过氧化氢氧化木薯淀粉表现出比天然木薯淀粉更高的糊化温度。这种差异是由于次氯酸钠和过氧化氢两种氧化剂不同的作用机制引起的。次氯酸钠氧化的淀粉使得羧基含量增加，使氧化的淀粉带负电，这些负电荷使淀粉易于吸水，促进淀粉在较低的温度下糊化。

反应温度和ΔH取决于以下因素：支链淀粉部分的结晶度、支链淀粉链的长度、颗粒大小、直链淀粉含量。ΔH表示糊化过程中涉及的能量，氧化作用一般通过淀粉分子晶体区中的部分降解，导致淀粉颗粒变弱。因此，氧化淀粉与天然淀粉相比，其所需的糊化温度更低。然而，天然蜡质玉米淀粉和氧化蜡质玉米淀粉的 ΔH 无明显差异，他们将这种现象归因于在天然蜡质玉米淀粉和氧化后蜡质玉米淀粉结构中的微晶数量没有发生改变。同样，氧化玉米、西米和木薯淀粉的热性能与相应的未氧化的淀粉相比较也无明显差异。ΔH 的差异受氧化剂和氧化条件的影响。

淀粉颗粒在糊化过程中发生的变化通常使用黏度计或快速黏度分析仪来测量。氧化可显著降低淀粉的糊化温度，研究发现普通玉米淀粉氧化后糊化温度降低，但糯玉米氧化后的糊化温度与普通淀粉没有差异。氧化玉米淀粉较低的糊化温度是由于在反应初期随着温度升高淀粉分子结构的弱化和淀粉分子降解。在氧化过程中分子和颗粒结构的弱化是通过增加淀粉中羰基和羧基含量，并通过葡萄糖解聚，这也使得峰值黏度和终值黏度降低。用 1.0% 和 1.5% 次氯酸钠氧化的蚕豆淀粉时，氧化淀粉的峰值和终值黏度降低，其主要原因是糖苷键的部分断裂。研究发现，氧化淀粉颗粒抗剪性较差，不能保持完整性，从而使得黏度降低。淀粉黏度取决于反应条件以及淀粉来源，用 0.5% 活性氯氧化蚕豆淀粉时，其峰值黏度和终值黏度增加。同样，木薯淀粉在低 pH 条件下，用不同活性氯水平的次氯酸钠（从 0.25% 至 2.0%）氧化淀粉，当氯浓度高于 1.0% 时，氧化淀粉较天然淀粉具有更高的黏度。氧化淀粉表现出比天然淀粉更高的溶胀力，由于它们的颗粒结构较弱，这种更高的溶胀力使氧化淀粉中的颗粒更容易破碎。据报道，用臭氧氧化的小麦淀粉的黏度降低。

三、回生特性

回生是一个持续的过程，包括直链淀粉分子最初的快速重结晶，随后支链淀粉分子慢速的重结晶。淀粉在冷藏过程中发生老化在商业上具有重要的意义，因为它影响淀粉基产品的结构和感官特性。淀粉老化导致淀粉沉淀以及淀粉基产品的稠度和透明度的变化。对糊化后冷藏 5d 的淀粉其老化性质进行评价，冷却后，淀粉分子发生重排称为老化或重结晶。这种变化的特征是使得晶体从有序到无序转变。淀粉的老化特性和热焓值可以通过 DSC 来进行评价。可以通过 DSC 测定淀粉的热焓值来评价淀粉的老化，其是通过将糊化的淀粉进行冷藏，然后重新加热直至重结晶的支链淀粉熔化，这种转变是热焓值和晶体从有序到无序的转变引起的。

脱水是凝胶中液体渗出的过程，淀粉凝胶中水的渗出是影响淀粉基食品质量的一个重要因素，脱水可用于评估淀粉的冻融稳定性，以脱水百分比表示的冻融稳定性也是指示淀粉老化的标志，低脱水值表示老化速率缓慢。研究表明，脱水强度与直链淀粉含量、淀粉链的结合程度、支链淀粉侧链链长以及直链淀粉和支链淀粉的聚合度有关。此外，据报道，氧化淀粉表现出更高的冻融稳定性，这可能是因为氧化淀粉与未改性淀粉相比，具有更弱的分子结构和更低的分子量。

第三节　氧化淀粉的应用

氧化淀粉具有低黏度、高稳定性、高透明性、成膜性以及良好的黏合性能，被广泛应用于许多行业，如食品、造纸、纺织品、表面涂层等行业。在食品工业中氧化淀粉可以用于布丁、奶油布丁、稀奶油。自从发现氧化可以改善淀粉的冻融稳定性，淀粉被用于冷冻食品。氧化的淀粉除被用于冷冻食品，还被用于乳化剂和阿拉伯树胶的替代剂。

氧化淀粉也已用于制备包装材料。有文献报道利用臭氧技术对马铃薯淀粉进行处理，结果显示臭氧化改变了淀粉薄膜形态，使薄膜形成表面更光滑、无孔的致密结构，同时，臭氧氧化降低了直链淀粉的含量，导致薄膜具有更均匀的形态和更强的机械性能。与未改性的马铃薯淀粉（45MPa和81%）相比，30min臭氧化马铃薯淀粉形成的薄膜具有更高的杨氏模量（64MPa）和更低的断裂伸长率（19%），接触角从31.5°增加到60.7°，水蒸气透过［26g/（$m^2 \cdot d \cdot kPa$）］不受臭氧处理的影响。当使用臭氧改性时，薄膜的透明度也得到了很大提高。臭氧在淀粉改性中可以起到巨大的作用，尤其是臭氧改性后对淀粉的流变性能、功能特性起到作用。臭氧技术在处理淀粉分子方面可以很好地改善淀粉的机械性能与疏水性能，在淀粉基环保包装材料的制备中，发挥着重要的作用。

氧化的大麦淀粉可用于制备可生物降解的薄膜，薄膜的性能取决于淀粉氧化的程度。氧化淀粉薄膜的均匀性归因于氧化淀粉分子的解聚，淀粉分子的解聚使得增塑剂和淀粉之间可以更好地相互作用，使用1.5%活性氯氧化的淀粉提高了薄膜强度和拉伸性能。含有氧化马铃薯淀粉的薄膜在酸性溶液中其具有较好的透明度、不透油性和稳定性。此外，含氧化马铃薯淀粉的薄膜与含有明胶的薄膜相比对空气中的甲醛分子表现出较好的抗交联能力。使用0.5%、1.0%和1.5%活性氯氧化后的淀粉制备可生物降解的薄膜，1.5%活性氯氧化的淀粉制成的膜表现出比含有天然淀粉的薄膜更低的溶解度和水蒸气透过率。据报道，氧化淀粉形成的薄膜比天然淀粉形成的薄膜更透明、更柔韧，含有氧化香蕉淀粉的薄膜具有更高的拉伸强度。氧化淀粉中的羧基和羰基可以与直链淀粉和支链淀粉分子中的羟基形成氢键，使得聚合物结构更加完整，从而增加了膜的拉伸强度。

用次氯酸钠氧化蜡质玉米淀粉时，提高了纳米晶体的水再分散性。淀粉纳米晶体是通过水解无定形部分的颗粒，破坏淀粉的半结晶结构而获得的。淀粉纳米晶体是由于氢键和范德瓦耳斯力发生自聚集，形成的微米级聚集体，此聚集由于通常需要均匀的分散体，从而极大地限制了淀粉纳米晶体的应用。因此，通过在淀粉纳米晶体表面引入负电荷，可以显著改善分散性。

大量的文献数据表明，淀粉来源和反应条件都会对次氯酸钠氧化淀粉产生影响。在具有高浓度氯和较长反应时间的轻度至中度碱性环境条件下，氧化作用在 B 型淀粉中表现更为明显。关于其他氧化剂的报道很少，如高碘酸钠、偏碘酸钠。氧化开始于淀粉颗粒的无定形区，直链淀粉含量在氧化时发生变化。对淀粉分子、颗粒和淀粉氧化后的流变特性具有显著影响。直链淀粉和支链淀粉链长对氧化程度和淀粉结构的影响还有待进一步研究。近年来与氧化淀粉纳米晶体相关的研究证明了氧化淀粉纳米晶体在食品工业中的潜在适用性，关于氧化淀粉的消化率及其在低血糖指数食品中的应用潜力研究也具有重要的意义。

参考文献

[1] Halal S L M, Colussi R, Pinto V Z, et al. Structure, morphology, and functionality of acetylated and oxidized barley starches [J]. Food Chemistry, 2015, 168: 247-256.

[2] Sánchez-Rivera M M, Méndez-Montealvo G, Núñez-Santiago C, et al. Physicochemical properties of banana starch oxidized under different conditions [J]. Starch/Stärke, 2009, 61: 206-213.

[3] Sangseethong K, Lertphanich S, Sriroth K. Physicochemical properties of oxidized cassava starch prepared under various alkalinity levels [J]. Starch/Stärke, 2009, 61: 92-100.

[4] Kuakpetoon D, Wang Y J. Structural characteristics and physicochemical properties of oxidized corn starches varying in amylose content [J]. Carbohydrate Research, 2006, 341:

1896-1915.

[5] Jenkins P J, Donald A M. The influence of amylose on starch granule structure [J]. International Journal of Biological Macromolecules, 1995, 17: 315-321.

[6] Dias A R G, Zavareze E R, Elias M C, et al. Pasting, expansion and textural properties of fermented cassava starchoxidised with sodium hypochlorite [J]. Carbohydrate Polymers, 2011, 84: 268-275.

[7] Zhang Y R, Wang X L, Zhao G M, et al. Preparation and properties of oxidized starch with high degree of oxidation [J]. Carbohydrate Polymers, 2012, 87: 2554-2562.

[8] Tolvanen P, Maki-Arvela P, Sorokin A B, et al. Kinetics of starch oxidation using hydrogen peroxide as an environmentally friendly oxidant and an iron complex as a catalyst [J]. Chemical Engineering Journal, 2009, 154: 52-59.

[9] Dias A R G, Zavareze E R, Elias M C, et al. Pasting, expansion and textural properties of fermented cassava starchoxidised with sodium hypochlorite [J]. Carbohydrate Polymers, 2011, 84: 268-275.

[10] Sangseethong K, Termvejsayanon N, Sriroth K. Characterization of physicochemical properties of hypochlorite- and peroxide-oxidized cassava starches [J]. Carbohydrate Polymers, 2010, 82: 446-453.

[11] Klein B, Vanier N L, Moonmand K, et al. Ozone oxidation of cassava starch in aqueous solution at different pH [J]. Food Chemistry, 2014, 155: 167-173.

[12] An H J, King J M. Using ozonation andaminoacids to change pasting properties of rice starch [J]. Journal of Food Science, 2009, 74: 278-283.

[13] Angseethong K, Termvejsayanon N, Sriroth K. Characterization of physicochemical properties of hypochlorite - and peroxide - oxidized cassava starches [J]. Carbohydrate Polymers, 2010, 82: 446-453.

[14] Wang Y J, Wang L. Physicochemical properties of common and waxy corn starches oxidized by different levels of sodium hypochlorite [J]. Carbohydrate Polymers, 2003, 52: 207-217.

[15] Kuakpetoon D, Wang Y J. Characterization of different starches oxidized by hypochlorite [J]. Starch/Stärke, 2001, 53: 211-218.

[16] Oladebeye A O, Oshodi A A, Amoob I A, et al. Functional, thermal and molecular behaviours of ozone-oxidised cocoyam and yam starches [J]. Food Chemistry, 2013, 141: 1416-1423.

[17] Van Soest J J G, Tournois H, Wit D, et al. Short-range structure in (partially) crystalline potato starch determined with attenuated total reflectance Fourier-transform IR spectros-

copy [J]. Carbohydrate Research, 1995, 279: 201-214.

[18] Adebowale K O, Afolabi T A, Oluowolabi B I. Functional, physicochemical and retrogradation properties of sword bean (Canavalia gladiata) acetylated and oxidized starches [J]. Carbohydrate Polymers, 2001, 65: 93-101.

[19] Sandhu K S, Kaur M, Singh N, et al. A comparison of native and oxidized normal and waxy corn starches: Physicochemical, thermal, morphological and pasting properties [J]. LWT-Food Science and Technology, 2008, 41: 1000-1010.

[20] Vanier N L, Zavareze E R, Pinto V Z, et al. Physicochemical, crystallinity, pasting and morphological properties of bean starchoxidised by different concentrations of sodium hypochlorite [J]. Food Chemistry, 2012, 131: 1255-1262.

[21] Olayinka O O, Adebowale K O, Olu-Owolabi B I. Physicochemical properties, morphological and X-ray pattern of chemically modified white sorghum starch. (Bicolor-Moench) [J]. Journal Food Science Technology, 2011, 50: 70-77.

[22] 高书燕, 李家栋, 陈野, 等. 淀粉基生物可降解材料研究进展 [J]. 河南师范大学学报, 2023, 51 (5): 1-7.

第十一章　盐对淀粉结构、性质的影响

淀粉作为自然界中最丰富的可再生资源之一，在食品、医疗、生物、化工等领域有着广泛的应用。淀粉加工的本质是改变其外部条件，如温度、压力、pH、离子浓度等，以保证其宏观性能满足生产者的要求。据报道，离子浓度对淀粉的性质有明显影响。深入了解离子对淀粉的作用规律和机理，对淀粉加工过程中产品质量的精确控制具有重要意义。另外，在淀粉糊化过程中离子的引入可以使淀粉凝胶具有特殊的物理化学性质，如抑菌性和导电性等，在新材料领域具有重要的前景。深入了解离子对淀粉的作用及其机理，对开发新型淀粉基材料具有重要意义。

有报道称，离子可以显著改变淀粉的颗粒形态、糊化性能、回生性能、结晶性能、溶解度性能、膨胀性能、热性能和凝胶性能。特别是在室温下，学者发现淀粉在 $CaCl_2$、$MgCl_2$ 和 $ZnCl_2$ 等高浓度盐（约 4mol/L）中可以发生糊化。在过去的几十年里，不同的研究人员对这种现象（盐诱导淀粉糊化）进行了探索。众所周知，盐诱导的淀粉糊化需要一个阈值盐浓度。当盐浓度低于阈值时，即使延长处理时间，淀粉颗粒也不会糊化。此外，淀粉只能在某些特定的盐中糊化。例如，在室温下，淀粉在 4mol/L 的 $CaCl_2$、$MgCl_2$ 或 $ZnCl_2$ 中可以凝胶化，但在 3mol/L 的 $MgCl_2$ 或 5mol/L（极限浓度）的 NaCl 中则不能。然而，这一现象（阈盐浓度和特定盐）的规律至今仍未明确。

第一节　盐对淀粉结构的影响

一、颗粒形态

通过 SEM 和粒度分析仪分析 $MgCl_2$ 诱导糊化过程中颗粒形貌的变化［图 11-1、图 11-2（a）］。在室温下，4mol/L $MgCl_2$ 处理不同时间（0.5h、1h、3h、6h）后，除处理 0.5h 的样品外，1h、3h、6h 的样品均出现颗粒崩解现象。处理 0.5h 时,马铃薯淀粉颗粒与天然淀粉颗粒相比略有膨胀。同时,我们发现了一个独特的现象,即大多数淀粉颗粒表面出现了大量的裂纹,这与热或高压诱导糊化不同。处理 1h 后,马铃薯淀粉颗粒继续吸水膨胀[图 11-2(a)]。同时,淀粉颗粒表面的裂缝逐渐被撕裂,表面出现孔洞,内部的淀粉分子通过裂缝或孔洞浸出,参与凝胶的形成。同时,大裂缝和孔洞的出现也会加速外部环境中水分子和离子的进入,从而加速水化作用。此外,有研究报道在马铃薯淀粉中发现了通道结构,这是一种直径约为 80nm 的特殊结构,连接淀粉颗粒的表面和内部。一方面,上述裂纹和孔洞极有可能是在 4mol/L $MgCl_2$ 的作用下形成的。另一方面,通道结构对凝胶化初期水合 Mg^{2+} 和 Cl^- 离子的进入也有很大的贡献。此外,在其他研究中,许多研究者认为盐诱导的淀粉糊化可能始于淀粉颗粒的脐点。然而,结果显示,在一个淀粉颗

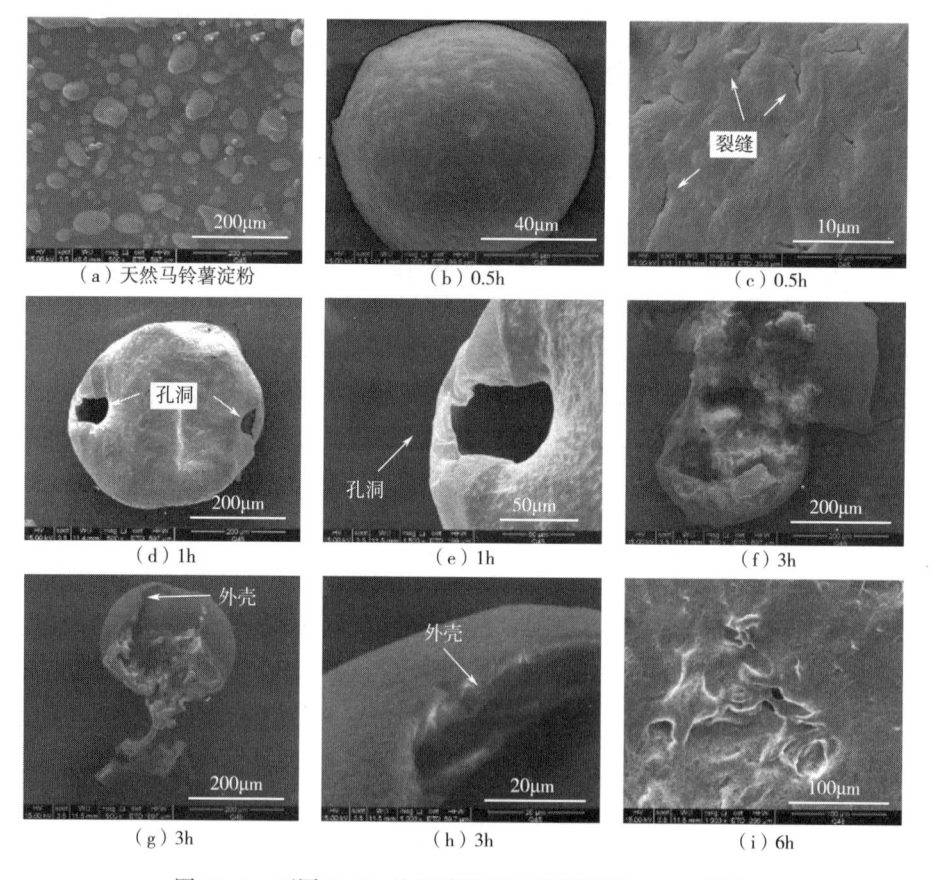

图 11-1 不同 $MgCl_2$ 处理时间下马铃薯淀粉的 SEM 图像

第十一章 盐对淀粉结构、性质的影响

粒表面可以同时发现两个或三个孔,这表明盐诱导糊化可以在淀粉颗粒表面的任何地方随机开始,而不必从淀粉粒脐点开始。随着处理时间的延长,在处理时间为3h时,淀粉颗粒的平均膨胀率达到了天然淀粉颗粒的8倍[图11-2(a)]。此时,淀粉颗粒坚硬的外壳在孔洞或大裂缝上断裂(图11-1),淀粉颗粒的所有内容物都暴露出来,参与凝胶的形成,同时有少量淀粉外壳残留。

结果表明,淀粉颗粒的外层结构比内部结构更坚固。在 Huang 的研究中,通过温和的热处理制备了淀粉颗粒的外壳,并分析了分子量分布。结果表明,外层分子的平均分子量高于内部分子,处理6h后,淀粉的颗粒结构甚至外壳都被完全破坏,参与淀粉凝胶的形成(图11-1),此时无法检测到颗粒大小。

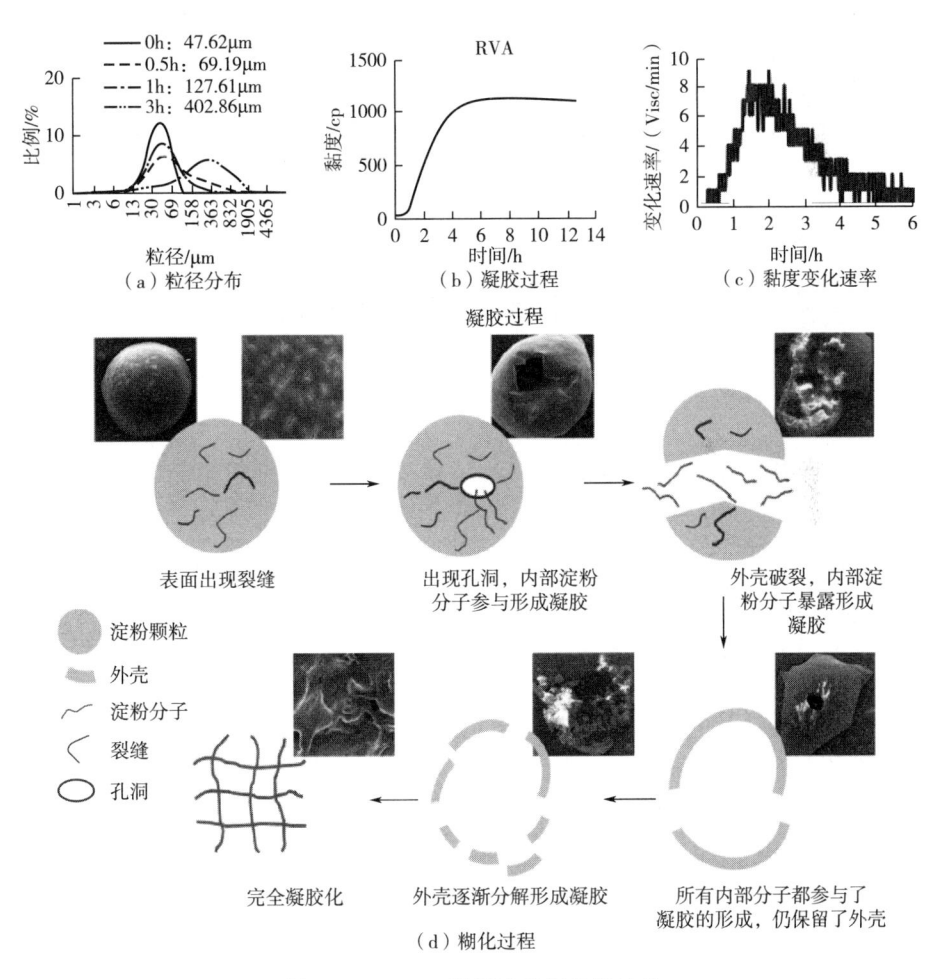

图 11-2 $MgCl_2$ 诱导淀粉糊化的过程

此外，周虹先通过马铃薯、蜡质玉米和玉米淀粉分析了不同盐离子对淀粉颗粒粒径分布的影响，淀粉颗粒由大到小的阴离子影响顺序为 $SCN^->I^->NO_3^->Br^->Cl^->SO_4^{2-}>F^-$；阳离子由大到小的影响顺序为 $Li^+>Na^+>K^+$。实验所得数据与膨胀度结果基本保持一致，遵循霍夫迈斯特序列。

二、分子结构

盐对淀粉的作用本质上是一个三元体系：离子—水—淀粉。由于二价镁离子的强大静电吸引力，2个含有5~20个水分子的水层可以聚集在 Mg^{2+}（水合离子）周围。水结构的变化由离子引起，这也可能是离子影响淀粉结构和性能的重要因素。具体来说，水分子是淀粉结晶区的重要组成部分，水分子数量或位置的不同会改变淀粉的结晶类型或相对结晶度。进入淀粉颗粒的 Mg^{2+} 离子也可能通过强大的静电吸引力影响颗粒结晶区域的水分子，这也可能是 $MgCl_2$ 能够在淀粉颗粒仍然存在的前提下使淀粉原有结晶度消失的重要原因。

第二节 盐对淀粉性质的影响

一、结晶性质

采用 XRD 分析了不同 $MgCl_2$ 和 NaCl 浓度对马铃薯淀粉结晶性能的影响。如图 11-3 所示，天然马铃薯淀粉呈现出典型的 B 型晶体结构（衍射峰 5.5°、17°、22°和24°）。不同 $MgCl_2$ 和 NaCl 浓度（0~4mol/L）处理 3h 后，仅保留17°处的衍射峰。值得注意的是，在 4mol/L $MgCl_2$ 处理 3h 后，马铃薯淀粉在室温下完全糊化。清晰的衍射峰（21°，22°和23°）是由糊化后未分离的剩余氯化镁晶体引起的[图 11-3（e）]。15.5°和25.5°处的衍射峰可能是氯化镁与淀粉分子相互作用的结果，其具体结构有待进一步研究。相对结晶度（2θ 15°~25°），图 11-3（d）所示，除 4mol/L $MgCl_2$ 处理过的样品外，4mol/L NaCl 和 2mol/L $MgCl_2$ 处理过的样品的相对结晶度明显低于其他浓度（水、0.1mol/L NaCl、0.5mol/L NaCl、1mol/L NaCl、0.1mol/L $MgCl_2$、0.5mol/L $MgCl_2$）处理的样品，说明高浓度盐处理对淀粉结晶有破坏作用。此外，0.5mol/L 盐处理样品的相对结晶度平均值略高于水和0.1mol/L 盐处理样品的相对结晶度平均值。然而,由于在非晶区选择上存在误差,相对结晶度结果存在较大的标准偏差($P>0.05$)。因此,在溶液中,适当的盐浓度可以保持淀粉的高结晶度。

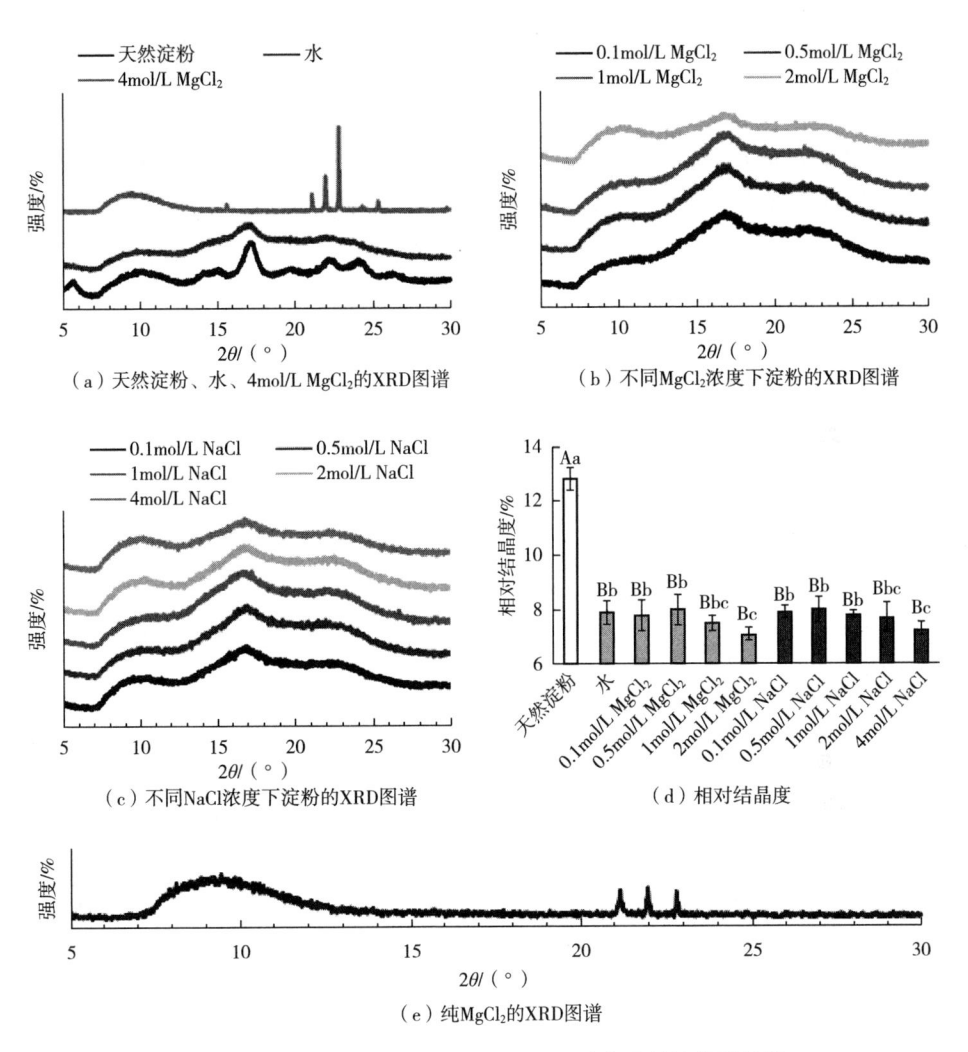

图 11-3 不同 $MgCl_2$ 和 NaCl 浓度下马铃薯淀粉的结晶特性

二、膨胀度与溶解性

溶解度和膨胀度是淀粉链在淀粉无定形区和结晶区结合强弱程度的表征,颗粒内部自身结合力的大小、颗粒粒径分布、颗粒形态、直链淀粉含量及直链支链淀粉含量比值都会影响此结合的紧密程度。

周虹先研究发现，添加不同盐后，淀粉的膨胀度和溶解度不同。对阴离子而言，如 SO_4^{2-}、Cl^-、NO_3^-、SCN^-，既有单原子离子也有多原子离子，它们降低淀粉膨胀度的顺序为 $SCN^->NO_3^->Cl^->SO_4^{2-}$。这主要是由于它们离子结构对称性的增强而造成的，不对称性越强（如 SCN^-），对淀粉结构的破坏性越大，淀粉的膨胀度就越大；而 SO_4^{2-} 离子由于其结构的径向对称性（四面体），其对淀粉颗粒结构具有一定的保护作用，故而会降低淀粉颗粒的膨胀度，此类阴离子对淀粉膨胀度的影响遵循霍夫迈斯特序列。

对于卤素阴离子 F^-、Cl^-、Br^-、I^-（单原子离子），从 F^- 到 I^-，它们的离子半径逐渐增大，离子的电子云半径相应地逐渐增大，在电场中越易发生扭曲和偏振，极化作用越明显，对淀粉颗粒结构就具有更强的破坏作用。淀粉颗粒结构被破坏后，更有利于其在水溶液中的吸水膨胀，而 F^- 对淀粉的颗粒结构具有一定的保护作用，故而会降低淀粉颗粒的吸水膨胀能力。卤素阴离子降低淀粉膨胀度的顺序为 $I^->Br^->Cl^->F^-$，遵循霍夫迈斯特序列。

阳离子（K^+、Na^+、Li^+）均为单原子离子，其半径由小到大为 $K^+<Na^+<Li^+$，与单原子阴离子的影响原因类似，半径越大，极化现象越强，对淀粉颗粒结构的破坏性越大，从而促进了淀粉颗粒的吸水膨胀。它们降低淀粉颗粒膨胀作用的顺序为 $Li^+>Na^+>K^+$，遵循霍夫迈斯特序列。

基本上，盐析离子如 F^-、SO_4^{2-}，对淀粉颗粒结构具有一定的保护作用，会抑制淀粉颗粒的吸水膨胀；而盐溶离子如 I^-、SCN^-，对淀粉颗粒结构具有破坏作用，会促进淀粉颗粒的吸水膨胀。综上所述，盐析离子如 F^-、SO_4^{2-}，对淀粉颗粒氢键键合结构具有一定的保护作用，会抑制淀粉颗粒在水溶液中的溶解；而盐溶离子如 I^-、SCN^-，对淀粉颗粒氢键键合结构具有破坏作用，会促进淀粉颗粒在水溶液中的溶解。

已有报道指出，淀粉颗粒内部的结合力是影响淀粉溶解度的主要原因，因此，如果淀粉颗粒结构紧密，有致密的胶束结构，其相应的溶解度也就较低。所以，溶解度和膨胀度均是颗粒结构结合紧密程度的表征，相应地受盐离子的影响也就具有一致性。对阴离子而言，其溶解度的下降顺序为 $SCN^->I^->NO_3^->Br^->Cl^->SO_4^{2-}>F^-$。对阳离子而言，与单原子阴离子的影响原因类似，半径越大，极化现象越强，对淀粉颗粒结构（主要是氢键的键合）越易造成破坏，从而促进了淀粉颗粒在水溶液中的溶解。它们降低淀粉溶解度的顺序为：

$Li^+>Na^+>K^+$。均遵循霍夫迈斯特序列。

综上所述，盐析离子如 F^-、SO_4^{2-}，对淀粉颗粒氢键键合结构具有一定的保护作用，会抑制淀粉颗粒在水溶液中的溶解；而盐溶离子如 I^-、SCN^-，对淀粉颗粒氢键键合结构具有破坏作用，会促进淀粉颗粒在水溶液中的溶解。

三、透明度

透明度表征的是光线穿过淀粉糊时，淀粉糊的透光程度，与颗粒大小、膨胀能力、直链淀粉含量、直链淀粉/支链淀粉比例、膨胀的淀粉颗粒及未膨胀的淀粉颗粒的比例有关。因此，不同离子对淀粉糊透明度的影响与对其膨胀度的影响具有一定的相关性，膨胀度越大，透明度越高。周虹先对马铃薯、蜡质玉米、普通玉米淀粉的研究发现，添加各种离子盐对马铃薯、蜡质玉米和普通玉米淀粉的透明度均有显著影响（$P<0.05$）。由于离子半径及结构的不同，离子的极化能力不同，极化能力越强的离子，对淀粉分子间的氢键键合结构的破坏力越强，促进了淀粉离子的吸水膨胀，进而使其透明度相对地增大。因此，离子降低淀粉糊透明度的顺序为 $SCN^->I^->NO_3^->Br^->Cl^->SO_4^{2-}>F^-$（阴离子）；$Li^+>Na^+>K^+$（阳离子），遵循霍夫迈斯特序列。并且随着储藏时间的延长，淀粉分子间的聚集沉降使淀粉糊的透明度逐渐降低。

总体而言，促进淀粉膨胀的离子（盐溶离子）相应地会增大淀粉糊的透明度；而抑制淀粉膨胀的离子（盐析离子）则会由于对光线反射、折射的增强而降低淀粉糊的透明度，并且随着储藏时间的延长透明度逐渐降低。

四、凝沉性

淀粉颗粒内结晶区与无定形区间未糊化的淀粉颗粒分布会间接地影响淀粉的凝沉性。因为未糊化的淀粉颗粒的分布会影响到糊化过程中颗粒结构被破坏的程度，并且会影响到老化过程中淀粉链之间的相互作用。

周虹先研究了不同盐对马铃薯淀粉、蜡质玉米淀粉和普通玉米淀粉凝沉性的影响，发现了相同的规律：盐析离子如 F^-、SO_4^{2-}，对淀粉分子间的氢键键合结构有一定的保护作用，会抑制淀粉的糊化，趋向于保护淀粉结构的有序性，所以将糊化的淀粉糊放于4℃储存使其发生老化（淀粉结构由无序变有序）时，此类离子会促进其老化，促进其结构重新有序化，从而将糊化过程中淀粉颗粒内吸收的水分排出，故而析水率比原淀粉大；相反地，盐溶离子如 I^-、SCN^-，对淀粉结构有一定的破坏作用，会促进淀粉的糊化作用而抑制淀粉的老化作用，故而析水率比原淀粉小。凝沉性由小到大阴离子的影响顺序为 $SCN^->I^->NO_3^->Br^->Cl^->SO_4^{2-}>F^-$；阳离子析水率增加顺序为 $Li^+>Na^+>K^+$。实验所得结果与糊化性质测定结果相符，遵循霍夫迈斯特序列。

在淀粉老化过程中，阴离子对其影响更为显著。其影响实质是离子的半径和结构的对称性不同，导致它们在霍夫迈斯特序列中有一个相对应的排序，上端离子（如 Br^-、NO_3^-、I^- 和 SCN^-）对淀粉结构有一个破坏作用，进而促进淀粉糊化，抑制淀粉老化；而下端离子（如 F^-、SO_4^{2-} 和 Cl^-）对淀粉结构有一个保护作用，进而抑制淀粉糊化，促进老化。三种不同淀粉由于其自身结构的不同，其凝沉性由小到大为蜡质玉米淀粉、马铃薯淀粉、普通玉米淀粉。

五、冻融稳定性

淀粉凝胶的冻融稳定性是淀粉凝胶在冻融循环过程中的稳定性，是淀粉加工中一个重要的性质。冻融稳定性通常都是用淀粉凝胶在冻融后的析水率来衡量的。当淀粉凝胶被冻结时，水形成的冰晶会在凝胶基质中富含淀粉颗粒的区域内产生，在这个区域中，水分子保持流动状态而淀粉链会更易形成网格结构，在解冻时，自由水（体相水）会非常容易地从聚合物网格结构中被释放出来，这种现象也称为脱水收缩。已有报道证实，淀粉凝胶的冻融稳定性与其凝胶的老化程度是有直接关系的。淀粉的老化程度越大，则析水率越大，表明其淀粉制品的冻融稳定性越差。周虹先报道了添加不同盐对三种马铃薯淀粉、蜡质玉米淀粉和普通玉米淀粉冻融稳定性的影响，结果如图 11-4 所示。

由图 11-4 可知，离子对淀粉冻融稳定性的影响遵循霍夫迈斯特序列，对于阴离子而言，冻融循环过程中析水率的降低顺序为 $F^->SO_4^{2-}>Cl^->Br^->NO_3^->I^->SCN^-$；对于阳离子而言，析水率的降低顺序为 $K^+>Na^+>Li^+$。在淀粉老化过程中，阴离子对其影响更为显著。而淀粉凝胶的冻融稳定性与其凝胶的老化程度是有直接关系的。因此阴离子对淀粉凝胶冻融稳定性的影响比阳离子要更加显著。

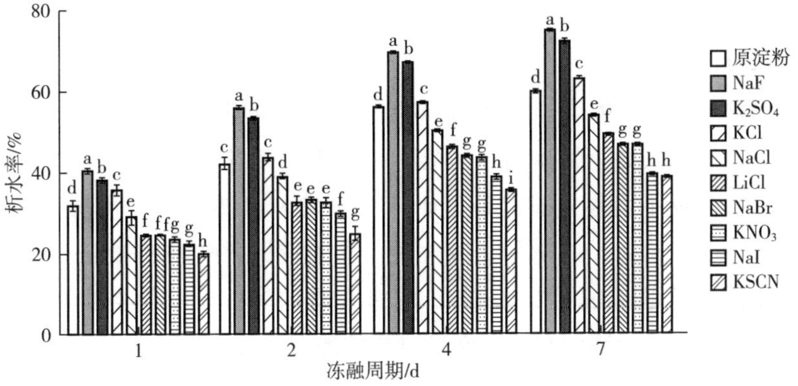

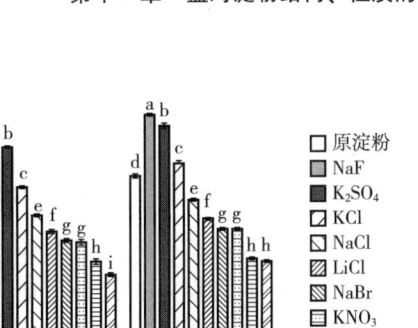

(a) 不同盐对马铃薯淀粉冻融稳定性的影响

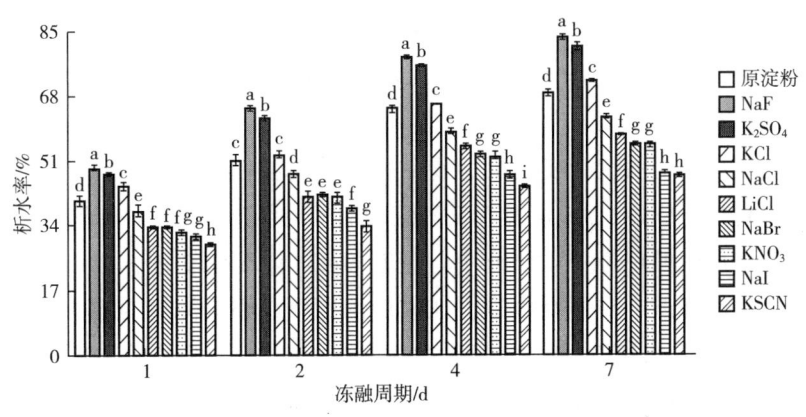

(b) 不同盐对蜡质玉米淀粉冻融稳定性的影响

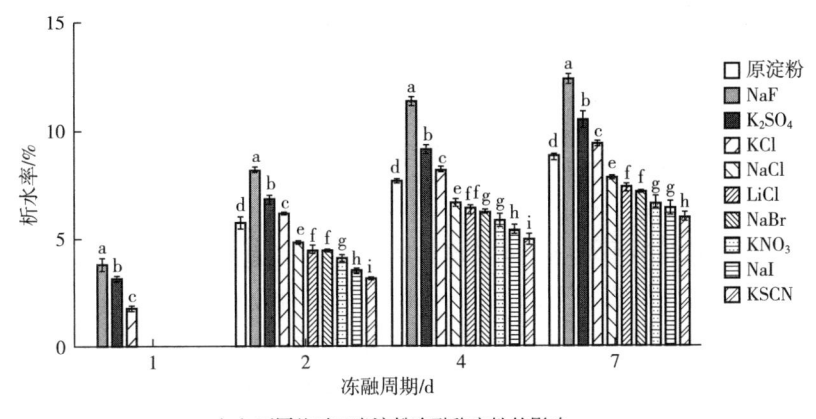

(c) 不同盐对玉米淀粉冻融稳定性的影响

图 11-4 不同盐对淀粉冻融稳定性的影响

六、糊化特性

淀粉颗粒在高盐浓度（如 4mol/L 的 $MgCl_2$、$ZnCl_2$ 或 $CaCl_2$）下糊化。盐诱导的糊化似乎取决于临界离子浓度。当浓度低于这个阈值时，即使延长处理时间，淀粉也不会糊化。此外，研究人员发现盐诱导的糊化从表面开始，然后逐层进行。然而，Chen 等研究发现，除了较低的膨胀率和较慢的糊化速率外，盐诱导糊化（4mol/L $MgCl_2$）的过程与加热诱导糊化相似。此外，凝胶化不仅与总离子的浓度有关，而且与盐的类型有关。

例如，马铃薯淀粉颗粒用 4mol/L $MgCl_2$ 破坏。然而，这些淀粉颗粒在 2mol/L $MgCl_2$ 和 3mol/L NaCl 的溶液中不能被破坏。令人惊讶的是，4mol/L 的 $MgCl_2$ 比 4mol/L 的 $CaCl_2$ 对淀粉颗粒的破坏更大。而 2mol/L $MgCl_2$ 和 2mol/L $CaCl_2$ 的破坏作用小于 4mol/L $CaCl_2$。这表明在盐诱导的糊化过程中，离子之间存在复杂的相互作用。

即使使用相同的盐和相同的淀粉品种，盐对淀粉理化性质的影响也可能出现相反趋势。例如，Wang 发现玉米淀粉的相对结晶度随着 $MgCl_2$ 浓度的增加而逐渐增加。但在另一项研究中，随着 $MgCl_2$ 浓度的增加，玉米淀粉的相对结晶度逐渐降低。有研究报道，在较低浓度下，小麦淀粉的糊化温度随着 NaCl 的增加而逐渐升高，而在较高浓度下，则观察到相反的效果。Chen 等分析了 $MgCl_2$ 和 NaCl 浓度对马铃薯淀粉的影响。随着 $MgCl_2$ 和 NaCl 浓度在 0~4mol/L 范围内的增加，马铃薯淀粉的糊化性能、结晶性能和沉降率均呈现先上升后下降（或先下降后上升）的趋势，在 0.5mol/L 时出现拐点。进一步分析了这一拐点现象，在较高的盐浓度下，淀粉颗粒会吸收外部离子。这些离子增强淀粉分子的水合作用，促进淀粉糊化。当 NaCl 和 $MgCl_2$ 浓度从 0 增加到 4mol/L 时，淀粉的水化强度分别提高 52.09 倍和 65.41 倍。在较低的盐浓度下，天然存在于淀粉颗粒中的离子会从颗粒中渗出。这些离子的渗出可能对淀粉颗粒的天然结构造成一定程度的破坏。

此外，周虹先分析了不同盐离子对马铃薯淀粉、蜡质玉米淀粉、玉米淀粉糊化特性的影响。结果表明，随其阴离子在霍夫迈斯特序列（Hofmeister Series）中的排序越靠上，其离子半径越大，结构的不对称性越强，电荷强度越大，其对淀粉颗粒的破坏作用越强，越易促进淀粉糊化的发生。从 T_p、ΔH 及 ΔT 的数值的逐渐减小中也能显著看出，离子促进上述淀粉糊化温度上升的

顺序均为 $SCN^->I^->NO_3^->Br^->Cl^->SO_4^{2-}>F^-$（阴离子），$Li^+>Na^+>K^+$（阳离子）。实验所得数据与膨胀度结果基本保持一致，遵循霍夫迈斯特序列。

七、流变特性

周虹先研究添加了不同盐后马铃薯淀粉悬浊液的流变特征参数发现，盐析离子如 F^-、SO_4^{2-}，促进了直链淀粉的溶出形成网格结构，则储存模量（G'）和损耗模量（G''）均高于原淀粉，且由于其对淀粉结构的保护作用，淀粉的糊化温度延迟，则 T_m' 和 T_m'' 的值也均高于原淀粉。与此同时，盐溶离子如 I^-、SCN^- 抑制了直链淀粉溶出形成网络结构，则储存模量（G'）和损耗模量（G''）均低于原淀粉，且由于其对淀粉结构的破坏作用，淀粉的糊化温度提前，则 T_m' 和 T_m'' 的值也均低于原淀粉。离子降低 T_m 及 G'' 的顺序为 $F^->SO_4^{2-}>Cl^->Br^->NO_3^->I^->SCN^-$（阴离子），$K^+>Na^+>Li^+$（阳离子），基本遵循霍夫迈斯特序列。

此外，添加了不同盐离子的马铃薯淀粉糊的表观黏度都是随着剪切速率的增大而减小，然后随着剪切速率的减小而逐渐增加，这表明该体系存在剪切稀化现象。很多淀粉糊都被报道具有剪切稀化现象，即在低剪切速率时，淀粉糊表面保持着紧密结合，但是当剪切速率升高，此紧密结合被破坏。

添加了不同盐离子对马铃薯淀粉糊的表观黏度有较大的影响。相同的剪切速率下，盐析离子盐会使得马铃薯淀粉糊的表观黏度有一定程度的增加；添加盐溶离子盐的马铃薯淀粉糊的表观黏度有一定程度的降低。此影响的不同主要是由于不同离子对淀粉凝胶网络结构的影响不同，遵循霍夫迈斯特序列。

八、质构特性

质构特性是评价食品质量的重要参数。淀粉的质构特性受到很多因素的影响，如直链淀粉的流变特征、颗粒的体积分数，糊化淀粉颗粒的韧性和凝胶分散相与连续相之间的相互作用。淀粉凝胶在其储藏过程中质构特性的变化是其老化程度的表征，储藏过程中质构特性变化越大说明淀粉老化趋向性越大。周虹先采用硬度（hardness）、弹性（springiness）、内聚性（cohesiveness）、胶黏性（gumminess）和咀嚼性 chewiness）参数来表征马铃薯淀粉的质构特性。结果如表 11-1 所示。

表 11-1　添加不同盐对马铃薯淀粉质构特性的影响

样品	硬度/g	弹性	内聚性	胶黏性	咀嚼性/g
原淀粉	116.7±5.0^{bc}	0.93±0.046^a	0.61±0.029^b	71.2±4.1^b	66.2±6.8^b
NaF	137.5±4.1^a	0.97±0.059^a	0.73±0.053^a	99.7±3.9^a	97.2±8.5^a
NaCl	111.6±3.0^{bcd}	0.93±0.027^a	0.63±0.043^b	69.8±3.0^b	64.7±4.7^b
NaBr	107.3±1.2^{cd}	0.93±0.010^a	0.60±0.003^b	64.8±0.9^b	60.7±1.7^{bc}
NaI	92.7±3.5^e	0.92±0.016^a	0.60±0.040^b	56.0±5.8^c	51.3±6.1^d
K$_2$SO$_4$	119.2±12.5^{bc}	0.92±0.003^a	0.68±0.024^a	81.1±5.9^a	74.3±6.4^a
KCl	116.9±3.9^{bcd}	0.91±0.011^a	0.67±0.013^a	78.1±0.6^{ab}	71.3±0.4^{ab}
KNO$_3$	103.3±3.7^d	0.92±0.004^a	0.54±0.007^c	56.2±1.3^c	51.5±1.0^c
KSCN	91.3±6.0^e	0.95±0.008^a	0.54±0.020^c	49.0±1.0^d	46.3±0.6^c
LiCl	112.4±9.1^{bcd}	0.92±0.018^a	0.61±0.008^b	68.5±4.4^b	62.9±3.0^a

从表 11-1 可知，添加不同离子对马铃薯淀粉的凝胶质构特性有了不同程度的改变。

①硬度变化与离子对淀粉老化的影响相一致，盐析离子如 F$^-$，会促进淀粉的老化，相应的淀粉凝胶的硬度就大，比原淀粉有显著增加（$P<0.05$），盐溶离子如 I$^-$、SCN$^-$，对淀粉结构有一定的破坏作用，不利于淀粉颗粒的老化，其硬度比原淀粉有显著降低（$P<0.05$）。

②弹性与淀粉结构的紧密程度相关，但整体数值并无显著性变化（$P>0.05$）。

③内聚性与淀粉颗粒结构的紧密程度呈现正相关性，盐析离子如 F$^-$、SO$_4^{2-}$，对淀粉颗粒结构的保护作用使得颗粒的内聚性显著大于原淀粉（$P<0.05$），而盐溶离子如 I$^-$、SCN$^-$，则使内聚性显著小于原淀粉（$P<0.05$）。

④胶黏性和咀嚼性模拟的是样品在人体口腔内咀嚼时所用力大小，是其他三个指标的派生指标，反映综合性质。此两者的变化与淀粉老化产生的质地变硬的现象也有很大关系。基本上，盐析离子如（F$^-$、SO$_4^{2-}$）促进淀粉的老化，使产品质地变硬，则胶黏性和咀嚼性比原淀粉有了显著提高，而盐溶离子如（I$^-$、SCN$^-$）会抑制淀粉的老化，保持产品的柔软性，则胶黏性和咀嚼性比原淀粉有了显著降低（$P<0.05$）。质构特性的整体变化趋势遵循霍夫迈斯特序列。

综上所述，离子对马铃薯淀粉凝胶质构特性的影响遵循霍夫迈斯特序列，盐析离子由于对淀粉颗粒结构有保护作用而促进淀粉老化，增大凝胶硬度、弹性、内聚性、胶黏性和咀嚼性；盐溶离子由于对淀粉颗粒结构有破坏作用而抑制淀粉老化，降低凝胶硬度、弹性、内聚性、胶黏性和咀嚼性。凝胶硬度、弹性、内聚性、胶黏性和咀嚼性的降低顺序为 $F^->SO_4^{2-}>Cl^->Br^->NO_3^->I^->SCN^-$（阴离子），$K^+>Na^+>Li^+$（阳离子）。

第三节　离子改性淀粉的应用

在面条生产中，常加入 $NaCl$、Na_2CO_3、K_2CO_3 等盐类改良剂，这些盐类溶于水实质是以离子状态存在的，它们对面团面条的影响也是以离子的形式影响的。杨鹏程研究了四种离子（Na^+、K^+、Ca^{2+}、Mg^{2+}）对面条的色泽、水分分布、微观结构以及蒸煮、质构特性的影响。结果表明，Na^+、K^+、Ca^{2+}、Mg^{2+} 增加了面条的弱结合水含量，使面条的最佳蒸煮时间明显的缩短，吸水率降低。质构特性显示，Na^+、K^+ 改善了面条的硬度和弹性指标，增大了面条的拉伸距离和拉断力；Ca^{2+}、Mg^{2+} 降低了面条的硬度和弹性指标，降低了面条的拉断力。通过面条微观结构发现，Na^+、K^+ 使面条微观结构变得更紧密，表面光滑细腻，对光的反射增强，提高了面条的亮度，改善了面条的质构特性；Ca^{2+}、Mg^{2+} 弱化了面筋蛋白网络结构，使面条内部淀粉颗粒外露，降低了蛋白质—淀粉之间紧密程度，使面条结构松散，增加了对光的吸收，使面条颜色变暗，同时增加了蒸煮损失率。

参考文献

[1] 周虹先. 盐对淀粉糊化及老化特性的影响 [D]. 武汉：华中农业大学，2014.

[2] C Zhiguang, Y Qi, T Zhaoguo, et al. The effect rules of $MgCl_2$ and NaCl on the properties of potato starch: The inflection point phenomenon [J]. International journal of biological macromolecules, 2023: 123871.

[3] Z Haixia, C Zhiguang, H Junrong, et al. Exploration of the process and mechanism of magnesium chloride induced starch gelatinization [J]. International Journal of Biological Macromolecules, 2022, 205: 118-127.

［4］ Huang J R, Zhang P, Chen Z H, et al. Characterization of remaining granules of acetylated starch after chemical surface gelatinization［J］. Carbohydr. Polym, 2010（80）: 215-221.

［5］ Wang W, Zhou H X, Yang H, et al. Effects of salts on the freeze–thaw stability, gel strength and rheological properties of potato starch［J］. J Food Sci Technol, 2016（12）: 78-85.

［6］ 杨鹏程. 钠, 钾, 钙, 镁离子对面条品质的影响研究［D］. 新乡: 河南师范大学, 2020.

第十二章 酸水解对淀粉结构与性质的影响

第一节 酸水解对淀粉结构的影响

一、淀粉颗粒的水解动力学

淀粉颗粒的水解动力学通常通过两种不同的方式进行监测：溶液中可溶性糖的含量和不可溶性残留物的回收率。几乎所有的淀粉都表现出两阶段水解模式：初始速率较快，随后速率较慢。相对较快的初始速率被认为是淀粉颗粒中无定形部分的水解，而较慢的过程则是由于无定形和结晶区域的同时水解。淀粉颗粒中的无定形区域被认为是由于淀粉链的松散堆积而更容易受到酸攻击，而结晶区域则不然。非晶区域的第一个水解阶段受颗粒大小、表面孔隙、直链淀粉含量以及与脂质结合的直链淀粉链数量的影响。第二个水解步骤，即同时攻击非晶和结晶区域时，受支链淀粉含量、非晶和结晶层之间 α（1→6）支链的分布以及微晶内双螺旋结构的紧密程度的影响。一些作者提出了一个三阶段水解模式，分别对应于非晶、半结晶和结晶区域的水解。为了解释淀粉颗粒结晶区域水解速率较低的原因，提出了两个假设。首先，微晶内淀粉链的紧密排列不易于快速渗透。氢离子进入这些区域。其次，由于淀粉微晶中糖分的固定，葡萄糖环从椅式构型转变为半椅式构型（这是糖苷键水解所必需的）的过程缓慢进行。所有糖苷氧原子都埋藏在双螺旋结构内部，因此，它们不太容易受到酸攻击。

高直链淀粉的淀粉对酸水解的敏感性较低，而低直链淀粉的淀粉则容易水解。高直链淀粉对酸水解低敏感性的的原因可能是淀粉链间关联程度更大，导致无定形区域更紧密地组织，或者由于高直链淀粉的膨胀受限，导致氢离子进入颗粒的速度较慢。蜡质淀粉对水解的敏感性较高可能是由于晶粒内双螺旋结构更松散。然而，关于不同结晶多晶型淀粉对酸水解的敏感性，研究结果并不一致。A 型和 B 型淀粉在酸水解速率上的差异，已被认为受支链淀粉中非结晶区和结晶区中 α（1→6）分支点的分布以及结晶区内双螺旋结构的紧密程度的影响。

二、酸水解对直链淀粉含量的影响

在天然淀粉颗粒中测定直链淀粉含量时，经常采用两种不同的方法：碘结合法和刀豆蛋白 A（Con A）沉淀法。前者基于直链淀粉与碘的结合能力，而后者则是在通过 Con A 特异性沉淀支链淀粉后，通过酶法测定直链淀粉的含量。由于长支链淀粉侧链与碘形成复合物，比色法通常会高估直链淀粉的含量。同样，由于低支化度或缺陷侧链的支链淀粉不完全沉淀，Con A 沉淀法也可能导致直链淀粉含量的高估。也有相关研究讨论了通过这些和其他方法准确测定直链淀粉含量的困难。

通过碘结合法测定的直链淀粉含量在酸水解的早期阶段显著降低。直链淀粉含量的降低主要归因于淀粉颗粒内部无定形区域的优先水解，这与直链淀粉主要位于淀粉颗粒无定形区域的假设一致。经过广泛水解后，直链淀粉含量变得无法检测到，表明残留直链的长度太短，无法形成蓝色碘配合物。然而，使用碘结合法发现，在酸水解过程中，直链淀粉含量最初有所增加，这可以通过快速解聚支链淀粉（AP）并释放更多线性链来解释，也可以通过在直链淀粉（AM）残基之间形成分子内和分子间键来增加链长，从而增加 AM 与碘形成配合物的能力。

相比之下，通过 Con A 法测定的 AM 含量在酸水解的早期阶段迅速增加。研究人员将高 AM 玉米淀粉中 AM 含量的增加解释为表明优先水解 AP，假设 AP 主要存在于无定形区域。这一假设与淀粉颗粒结晶度主要由支链淀粉负责这一普遍观点不一致。然而，考虑到支化度和外链长度与 Con A 和支化多糖之间结合亲和力的关系，AM 含量的初始快速增加更有可能是由于高估了部分降解的 AP 分子导致 Con A 结合亲和力显著损失的结果。酸水解导致淀粉的碘和 Con A 结合能力迅速丧失这一观察结果提供了证据，表明在酸水解的初始阶段，酸同时攻击直链淀粉和支链淀粉。

三、酸水解对支链淀粉链长分布的影响

在天然淀粉颗粒中，支链淀粉链具有多峰分布，A 链链长（CL）12~16，

以及各种长度的 B 链，即 B1（CL 20~24）、B2（CL 42~48）、B3（CL 69~75）和 B4（CL 104~140）。酸水解后，在各种液化淀粉中，可以区分出两个主要的链种群，其峰值最大值分别在 DP 13~15 和 25~27 处。此外，在两个主要峰值之间还检测到小峰（DP<12）和肩峰（DP>12），它们源自支链产物。谷物淀粉的支链淀粉链，但豌豆和马铃薯淀粉的支链淀粉链，显示出额外的肩峰（DP 35）和峰值（DP 50 和 65），这些肩峰和峰值是由多重分支链引起的。从液化淀粉中也检测到一些较长的链残基（DP 77~130），并将其归因于回生游离 AM 或与脂质结合的 AM 片段的双螺旋结构。在水解的早期阶段，非晶态游离 AM 部分水解成物质（DP<120），这些物质回生为双螺旋结构（具有 B 型结晶度），并且能抵抗酸水解。经异淀粉酶脱支处理后，第一类细胞（DP 13~15）的位置基本保持不变，而第二类（DP 25~27）则基本消失。这两类在经液化处理的残余物中，位于 DP 13~15 和 DP 25~27 的主要群体被假定源自天然淀粉支链淀粉中由外部无分支的 A 链和单分支的 B1 链形成的双螺旋结构。双螺旋结构内部和之间的相互作用使得酸难以轻易攻击结晶层。在广泛水解后，单分支的 B1 链（DP 25~27）的存活被解释为表明 B1 链的 α-(1→6) 分支点主要位于结晶层内，并受到保护免受酸水解的影响。长 B2-B3-和 B4 链分别穿过两个、三个或四个结晶层（簇），它们在广泛酸水解中无法存活，并且在 α-(1→6) 分支点附近被裂解，那里的结构大多是无定形的。

四、酸水解对淀粉颗粒分子结构的影响

^{13}CP/MAS-NMR 主要用于分析淀粉颗粒在单链（非晶态）和双螺旋（有序）结构水平上的分子结构。NMR 波谱是一种短距离探测，被认为用于检测与双螺旋含量相对应的有序性，而 XRD 检测的是双螺旋结构被填充到晶体阵列中的情况。C-1（δ 90~110）的 ^{13}C NMR 共振与淀粉颗粒的晶体结构有关：A 型淀粉显示出三重 C-1 共振，B 型淀粉显示出双峰 C-1 共振，而 C 型淀粉的 C-1 共振在很大程度上取决于 A 型和 B 型多晶型的相对比例。例如，如果 B 型多晶型占主导地位，则 C 型淀粉显示出双峰 C-1 共振。

在酸水解过程中，通过 ^{13}C CP/MAS-NMR 光谱（图 12-1）监测到淀粉颗粒分子结构的几个主要变化。在光谱的 C-1 区域（δ 90~110），δ 99~102 范围内的强度逐渐增加（双螺旋结构的特征），而 δ 93~99 和 δ 103 范围内的强

度降低，这些被归因于无定形区域的 C-1 共振。C-4 中由无定形区域产生的 δ 82.5 处的信号变得不那么明显，然后在长时间水解后几乎消失。^{13}C CP/MAS-NMR 光谱中的主要变化也发生在 C-2、C-3、C-4、C-5 区域（δ 68~78），其中信号变得更加尖锐，并分裂成四个清晰可分辨的峰，对应于 δ 72.7 处的一个主峰和 δ 71.5、δ 74.6 和 δ 76.2 处的三个肩峰。这四个峰是高水分含量（30%）的 A 型淀粉的典型特征。另一个显著的变化是，相对于天然淀粉，δ 62 共振的强度显著增加，这归因于 C-6。随着酸水解，红薯淀粉中 C-1 共振逐渐从双峰转变为三峰，表明颗粒内 B 型多晶型优先水解。然而，具有三峰 C-1 共振的 C 型高直链淀粉水稻淀粉在酸水解 20 天后显示出特征性的双峰，这归因于 A 型多晶型的优先水解。酸水解会导致双螺旋含量在初始阶段大幅增加，这被认为是由非结晶区域的优先水解以及释放出的游离直链淀粉的回退所致。与普通淀粉不同，蜡质淀粉在酸水解时双螺旋含量的变化相对较小，这被认为是由于从双螺旋/无序复合物到以双螺旋/V 型构象为主的复合物的整体转变。

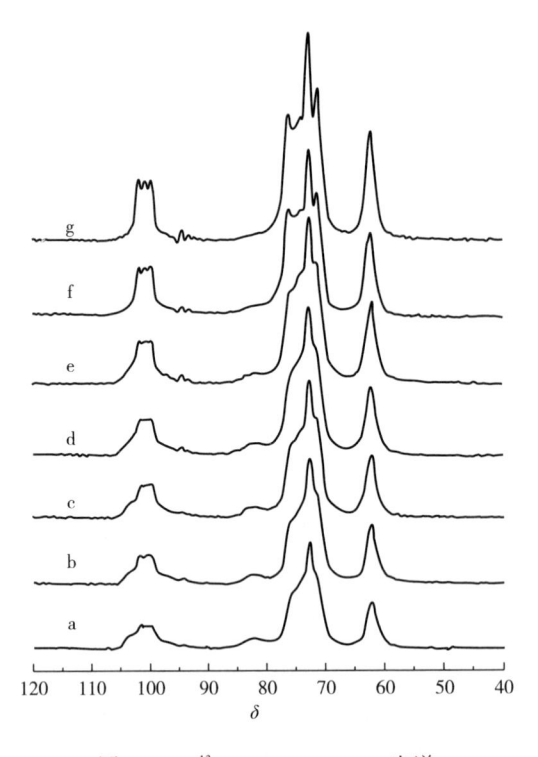

图 12-1 ^{13}C CP/MAS-NMR 光谱

五、酸水解对淀粉颗粒晶体结构的影响

淀粉颗粒的半结晶特性通常通过 X 射线衍射（XRD）、小角度 X 射线散射（SAXS）或中子散射（SANS）技术来表征。当淀粉颗粒经酸水解时，相对结晶度随水解时间的增加而增加，表现为 X 射线衍射峰在 $2\theta 15\sim30°$ 区域内的增加。对于酸水解初始阶段结晶度的增加，已经提出了几个假设。第一，通过非晶区域中一些支链淀粉链的裂解，可能允许新释放的链端重新排列成更结晶的结构。第二，酸水解过程中晶体结构的重新排列会导致结晶度的增加，通过部分填充晶粒腔中的水通道与双螺旋结构。第三，结晶度的增加也可能是由于水解的游离直链淀粉退化成双螺旋结构，重新排列成耐酸水解的结晶区域。如前所述，淀粉颗粒内的水合支链淀粉分子可能表现得像液晶聚合物。酸水解将支链淀粉主链上的单个双螺旋解离，可以消除空间限制，并允许双螺旋排列成更结晶的结构。酸水解淀粉的结晶度增加通常被认为表明在酸水解早期阶段，非结晶区域优先水解，导致结晶区域的比例增加。然而，也有人提出，结晶区域和无结晶区域同时水解，尽管速度较慢。目前还没有方法能够准确评估在特定酸处理时间后，实际水解的无结晶和结晶材料的比例。尽管经林特纳化处理的淀粉的水解时间增加，其结晶度也会提高，但即使经过非常广泛的水解，其结晶度也不会接近 100%。这表明天然淀粉颗粒中存在耐酸的非结晶区域，这些区域大概源自受结晶层保护的非结晶层状结构。

酸水解不仅会增加淀粉颗粒的结晶度，还可能引发 X 射线衍射（XRD）图谱中的多晶型转变，这取决于淀粉的来源和酸水解的程度。在大多数情况下，酸水解不会改变 A 型和 B 型淀粉的结晶多晶型，尽管在大麦、木薯、小麦木薯淀粉的酸水解后，观察到 XRD 图谱从 A 型到 C 型或从 A 型到 B 型的转变。这些改性淀粉的 B 型晶粒数量比天然淀粉多得多，这可以通过 $2\theta\ 5.6°$ 处峰强度的增加、$2\theta\ 15°$ 处峰强度的降低、$17°\sim18°$ 双峰向 $17°$ 单峰的转变以及 $2\theta\ 23°$ 处峰的拓宽来证明。关于 X 射线衍射图谱的这种转变，已经提出了两种假设。第一，一些 A 型晶粒可能是亚稳态的，去除一部分 A 型晶粒会导致剩余的链重新组织成更稳定的 B 型晶体。第二，一些 B 型多晶型可能存在于天然淀粉中，但数量太少，无法通过 X 射线衍射检测到。A 型多晶型的优先水解导致 B 型多晶型的相对比例增加。此外，水解游离直链淀粉的回生也可能导致 B 型多晶型的出现。

在酸水解过程中，C型高直链淀粉水稻和玉米突变淀粉逐渐向B型多晶型转变。这种多晶型转变是A型多晶型优先水解，导致B型多晶型的数量增加，假设B型多晶型本身对酸水解的抗性更强。这一解释与实验观察结果一致，即A型小麦淀粉比B型马铃薯淀粉更易受酸水解的影响，A型玉米突变淀粉也比B型更易受酸水解的影响。然而，有研究者观察到A型普通玉米和小麦淀粉对酸水解的敏感性低于B型马铃薯淀粉。基于A型和B型奈格利糊精中支链结构的差异，A型淀粉的支链点分散在无定形和结晶区域，而结晶区域内的支链点可能受到保护，不易被酸水解。相比之下，B型淀粉的大多数支链点分散在无定形区域，这使得它们更容易受到酸水解的影响。这一解释与B型多晶型结构更容易被酸水解以及B型多晶型具有松散堆积结构有关。

根据研究，淀粉颗粒内的水合支链淀粉分子可以表现得像液晶聚合物。通过酸水解去除非晶态支链淀粉主链和双螺旋之间的共价键，不仅可以通过解除支链淀粉主链所施加的熵驱动效应来实现双螺旋的重排，还可以通过消除支链淀粉链长对双螺旋之间侧向距离的影响来实现。双螺旋的重排涉及双螺旋的侧向或轴向平移，这会导致多晶型从A到B或B到A的转换，通过用更多的水分子或双螺旋填充小晶体腔隙中的水通道来实现。因此，在酸水解过程中，X射线衍射图谱从B到A（C）或A到B（C）的转变必然涉及解耦双螺旋的重排（图12-2）。然而，从C到A或C到B的转变可能主要归因于对一种多晶型的优先水解，随后可能是解耦双螺旋的重排。

小角度X射线散射也被有效地用于研究淀粉颗粒在酸水解后的晶体结构变化。在$q \approx 0.06 \sim 0.07 \text{ Å}^{-1}$处的散射峰强度最初增加，达到最大值后逐渐下降，最终消失在增加的背景中。使用模型拟合技术将这些变化主要归因于非晶态生长环的电子密度降低，以及非晶态片层的电子密度降低，这是这些区域优先水解的结果。据推测，非晶生长环的电子密度降低的速度比非晶板层快得多，由于受到结晶板层的保护，非晶板层较难受到酸攻击。在随后的研究中，板层峰的变化被解释为表明板层非晶部分的优先水解，随后非晶和结晶板层随之水解。在水解的前6d内，板层的d间距基本保持不变。在水解的前6~12d内，板层峰的位置发生微小变化，随后峰中心逐渐向更高的q移动，这被解释为由于非晶板层的水解，相邻的结晶层逐渐靠近，晶格层结构破坏。此外，低q散射在羟基化过程中增加到6~12d，之后有所下降，尽管其强度

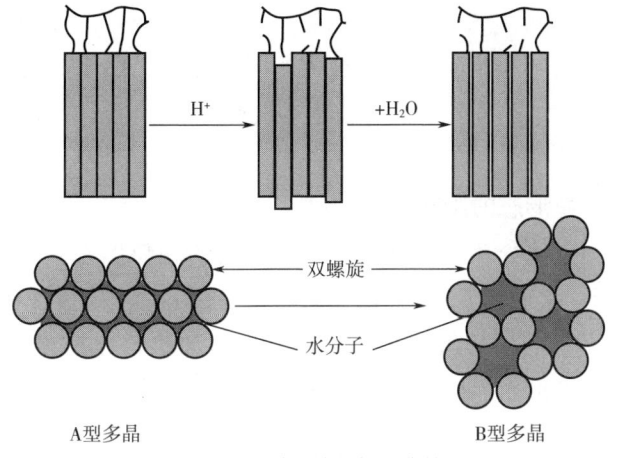

第十二章 酸水解对淀粉结构与性质的影响

(a) 从A型多晶转变为B型多晶

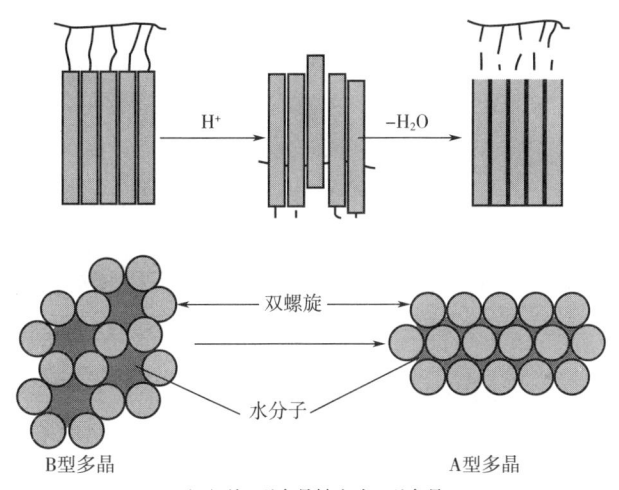

(b) 从B型多晶转变为A型多晶

图 12-2　A 型与 B 型多晶之间的转换

仍高于天然淀粉。这归因于其他非晶区域的优先羟基化（非晶生长环和中心非晶区域），随后是较大结构（块状或超螺旋）的破坏，而不是半结晶晶格层。有趣的是，在 3.9nm^{-1}（对应于 B 型淀粉六方晶胞中 100 个晶体学平面的距离）周围的螺旋间重复信号随着羟基化时间的增加而增加，然后逐渐减少。这一观察结果表明，螺旋间重复序列的数量最初增加，随后逐渐减少，这支持了豌豆淀粉中 A 型和 B 型多态性的分布。基于其综合的 X 射线衍射（XRD）和小角度 X 射线散射（SAXS）结果，得出结论：相对结晶度的初始增加是由于非晶区域（大分子非晶核心、非晶生长环）的更快降解，并且在中心大分子非晶区域和非晶生长环被大幅降解之后，由于晶态和非晶态层片的同步水解，相对结晶度几乎没有或根本没有变化。

六、酸水解对颗粒形态的影响

从不同植物来源分离出的淀粉显示出特有的颗粒形态，包括不同的形状（圆形、椭圆形、多面体）、直径从亚微米到 $100\mu m$ 的不同粒径以及粒径分布（单峰、双峰、三峰），以及颗粒表面的特征，如谷物淀粉表面明显的孔隙。酸水解对淀粉颗粒形态的影响因淀粉来源和酸水解程度而异。低度水解不会显著改变淀粉的颗粒形态。尽管外表面变得粗糙，但在高倍率下，淀粉颗粒仍然保持完整。此外，还观察到内表面被网状结构覆盖的广泛点蚀，这代表了孔隙或通道的形成。广泛的水解会导致淀粉颗粒内部受损，产生可见的外部交替生长环和中心丝状区域。更广泛的水解会导致淀粉颗粒被破坏成板状纳米晶体。随着酸水解淀粉颗粒形态的变化，通过激光散射测量的颗粒大小分布也会相应地发生变化。

第二节 酸水解对淀粉性质的影响

一、酸水解对溶胀性能的影响

酸水解已被证明会极大地改变淀粉颗粒的膨胀能力，尽管这种影响并不一致。蜡质玉米、蜡质水稻、箭根、高粱、西米和豌豆淀粉颗粒的膨胀能力在24h水解后几乎完全丧失。支链淀粉的完整结构被认为在淀粉颗粒的膨胀和水保持能力中起着重要作用。一旦支链淀粉结构被破坏，一个完整的网络就无法形成，受损的链往往会溶解，因为它们不再能够吸水。酸水解淀粉颗粒在加热时容易破碎而不是膨胀。一些研究表明，马铃薯淀粉的膨胀能力最初下降，随后略有增加，或者普通谷类淀粉的膨胀能力最初上升，随后下降。膨胀能力的初始增加是由于水分子与颗粒内剩余的解聚直链淀粉链相互作用；这些直链淀粉链被认为在天然颗粒中最初是相互关联的，无法与水相互作用。

二、酸水解对淀粉糊化的影响

淀粉的热性能和糊化特性受到酸水解的影响很大。酸水解淀粉的差示扫描量热（DSC）热迹图中的主要吸热转变峰通常比天然淀粉向高温方向移动。这种移动被认为是由酸水解淀粉中分子有序性或结晶度的增加导致糊化温度升高。其他解释包括无定形区域的优先水解减轻了无定形区域中溶胀对微晶熔化的不稳定影响，或者由于分支点的去除可能形成更长的支链淀粉双螺旋结构。相比之下，蜡质淀粉的吸热转变的起始温度和峰值温度降低已有报道。酸水解淀粉差示扫描量热（DSC）热谱的一个普遍特征是相变温度范围变宽，这被认为是由于酸水解后由不同实体（如结晶支链淀粉侧链、回生直链淀粉和直链淀粉—脂质复合物）形成的微晶的异质性所致。

关于酸水解对糊化热的影响的观察结果更加矛盾。在大多数研究中，观察到糊化热随着水解时间的增加而降低，这一现象的解释是基于焓变主要由非晶区域对酸的水解作用所贡献。另一种解释是酸水解淀粉中短链溶解的焓变无法通过差示扫描量热法测量，因此未包含在糊化焓中。酸水解后糊化焓的增加也已被注意到，并被归因于双螺旋含量或结晶度的增加。此外，一些研究人员报告称，即使经过长时间的酸水解，糊化焓也不会受到太大影响，这被解释是由于酸水解对晶体结构的影响很小。

通过应用一种新颖的"半制备"差示扫描量热法（DSC）概念研究了酸水解对豌豆淀粉颗粒糊化性能的影响。该方法包括将淀粉置于热DSC转变中，然后在加热后对样品进行扫描电子显微镜形貌表征。酸水解1d后，吸热转变变宽，吸热峰向高温移动。两天后，典型的窄吸热转变消失，DSC迹线显示一个非常宽的吸热峰。观察到相关的形态变化后，提出吸热焓变是由于相对完整的淀粉链膨胀和部分降解淀粉溶解的组合链。酸解淀粉的热差扫描（DSC）行为可以用几个阶段的转变来解释：从直链淀粉和支链淀粉链的膨胀，到相对完整的淀粉链的膨胀以及部分降解链的溶解，最后到降解链的主要溶解。总的来说，酸解淀粉热转变的性质（即吸热转变的位移和拓宽程度、吸热焓的变化）很可能取决于多个热事件的顺序和程度，这些事件由淀粉链的结构以及这些链的可用水分决定。

三、酸水解对淀粉糊化的影响

几位研究人员研究了酸水解对玉米、水稻、西米和水果淀粉回生反应的影响。一般来说，酸水解增加了逆行淀粉凝胶吸热转变的 DSC 起点和峰值温度。相反，随着酸水解的进行，淀粉凝胶的吸热转变的结论温度和焓的变化趋势并不一致。学者提出了影响酸水解淀粉的降解过程及其热转变行为的两个因素。去除支链淀粉团簇中的 α-(1→6) 支点和用酸水解直链淀粉可以加速淀粉凝胶的降解。另外，酸解淀粉残渣中残留的小分子可能会对酸解淀粉凝胶的重结晶产生无序化影响。

四、酸水解对淀粉糊化的影响

酸水解极大地改变了淀粉颗粒的糊化特性，导致峰值、谷值和最终黏度、崩解和回流降低。酸水解淀粉的糊化温度对于玉米淀粉有所增加，而对于高粱淀粉、玉米和木薯淀粉则有所降低。峰值黏度的降低是由于非结晶区域的解聚和低分子量糊精的产生。低分子量糊精在加热过程中倾向于溶解而不是膨胀，导致酸水解淀粉的低黏度特性。酸解淀粉的低回退量可能是由于相应凝胶的牛顿行为，以及由于在测量过程中淀粉分子与流动方向对齐的时间不足。酸水解对糊化温度的影响可能取决于水解的条件和程度。糊化温度的升高可归因于酸水解淀粉的溶胀能力降低，阻碍了黏度的发展，而高粱淀粉糊化温度的降低则可解释为水更容易渗透进被破坏的淀粉颗粒。

淀粉凝胶的机械性能取决于多种因素，包括直链淀粉基质的流变特性、糊化淀粉颗粒的体积分数和硬度，以及凝胶的分散相和连续相之间的相互作用。直链淀粉和支链淀粉分别决定了短期和长期的凝胶结构发展。酸水解淀粉的凝胶硬度最初大幅增加被认为表明消除了完整支链淀粉的支化结构对凝胶形成的负面影响，因为无定形区域优先水解的是主要由支链淀粉分支组成的。随后，在广泛水解后，凝胶硬度降低归因于高分子量直链淀粉分子的数量减少。酸水解也被证明会降低淀粉凝胶的弹性模量。酸水解淀粉凝胶的弹性模量较低归因于直链淀粉的水解，这降低了淀粉颗粒结构的硬度。

五、酸水解对淀粉体外消化率的影响

多项研究表明，酸水解会影响淀粉颗粒的体外消化率。温和酸水解不会显著改变普通玉米和高粱淀粉的体外消化率。然而，严重水解已被证明会极大地改变淀粉颗粒的体外消化率。与天然淀粉相比，酸水解大大增加快速消化淀粉（RDS）的含量，降低了抗性淀粉（RS）的含量，但对慢消化淀粉（SDS）的影响在很大程度上取决于淀粉来源和水解程度。酸水解淀粉中 RDS 含量的增加归因于颗粒结构的破坏，导致有效表面积（小颗粒尺寸）增加，以利于酶的吸收和结合；或者去除非晶层中的 α-(1-6) 支化点和簇间链，增加底物与酶的接触，使 α-淀粉酶更容易生成内部结构。酸水解过程中 SDS 含量的变化可能表明，淀粉水解速率的减缓仅受半结晶环中固有的颗粒结构以及结晶层和非结晶层之间的相互作用的影响。对于酸水解淀粉，随着水解程度的增加，RS 含量的增加是由非晶区域的优先水解导致紧密堆积的结晶结构增加。具有 A 型结晶性的酸水解淀粉比具有 B 型结晶性的酸水解淀粉更容易被淀粉酶水解。

第三节 酸水解淀粉的应用

酸水解改变了淀粉的颗粒结构，使它们在水热加热时表现出不同的行为，并产生具有较低固有黏度值、降低热糊黏度、增加凝胶强度、提高水溶性以及更好的成膜能力的糊剂。多年来，酸水解淀粉在许多工业中得到了广泛应用。酸水解淀粉在食品工业中的应用包括：作为胶凝剂用于制造凝胶糖果（如糖豆、软糖熊和橙子切片）和加工奶酪块；作为脂肪替代物/脂肪模拟物用于低脂黄油涂抹酱/人造黄油、低脂蛋黄酱、低脂牛奶制品和低脂冰激凌中；作为富含抗性淀粉的粉末用于缓慢消化的饼干中。酸水解淀粉在非食品工业中的应用包括：作为生产阳离子和两性淀粉的预处理步骤；作为纺织制造中织造操作的经纱张力，以增加纱线强度和耐磨性；作为胶黏剂，用于在制造用于干墙施工的石膏板时将石膏和纸张黏结在一起；作为纸张和纸板制造中的纸幅尺寸；作为生产耐热稳定颗粒抗性淀粉的预处理步骤；作为直接压缩片剂制备中的填充剂。作为制备可生物降解薄膜的原材料；作为发酵生物制氢的预处理步骤；作为聚合物基质中的增强剂，以改善其机械性能和阻隔性能。

参考文献

[1] Kaur Manmeet, Oberoi D P S, Sogi D S, et al. Physicochemical, morphological and pasting properties of acid treated starches from different botanical sources [J]. Journal of food science and technology, 2011, 48 (4): 460-465.

[2] Jianlei Yang, Yern Chee Ching, Cheng Hock Chuah, et al. Preparation and characterization of starch-based bioplastic composites with treated oil palm empty fruit bunch fibers and citric acid. Journal [J]. Cellulose, 2021, 28 (7): 1-20.

[3] 余子香, 迪珂君. 酸处理对芭蕉芋淀粉功能特性的影响 [J]. 食品与发酵工业, 2019, 45 (17): 194-200.

[4] Miao M, Jiang B, Zhang T, et al. Impact ofmild acid hydrolysis on structure and digestion properties of waxy maize starch [J]. Food Chem. 126: 506-513.

[5] Ozturk S, Koksel H, Ng P K W. Production of resistant starch from acid-modified amylotype starches with enhanced functional properties [J]. J. Food Eng, 2011, 103: 156-164.

[6] Polesi L F, Samento S B S. Structural and physicochemical characterization of RS prepared using hydrolysis and heat treatments of chickpea starch [J]. Starch/Stärke, 2011, 63: 226-235.

[7] Wang S J, Blazek J, Gilbert E P, et al. New insights on the mechanism acid degradation of pea starch [J]. Carbohydr. Polym, 2012, 87: 1941-1949.

第十三章 淀粉糊化度对淀粉结构与性质的影响

第一节 淀粉糊化度对淀粉结构的影响

一、淀粉 DG 的测量

淀粉糊化度（DG）影响淀粉的结构组织和性质，进而改变淀粉食品的物理化学、感官和胃肠特性。已经开发出了众多分析方法来测定食品中的可消化糖（DG）含量，包括酶解法、碘染色法、差示扫描量热法（DSC）、偏振显微镜法、X 射线衍射法、近红外光谱法（NIR）、傅里叶变换红外光谱法（FTIR）、快速黏度分析仪（RVA）、流变学以及核磁共振（NMR）光谱法。在这些方法中，酶解法、碘染色法和 DSC 法是最常用于提供关于 DG 定量信息的方法。

酶解法基于 DG 与酶解敏感性之间呈线性关系的假设。淀粉通常使用酶如淀粉葡萄糖苷酶、Taka 淀粉酶、β-淀粉酶—普鲁兰酶和 β-淀粉酶—异淀粉酶水解成还原糖。还原糖的浓度可以通过各种方法测定，包括滴定法和比色法。碘染色结合法基于淀粉的螺旋结构与碘结合形成蓝色复合物的事实。当淀粉糊化时，浸出的淀粉增加，导致更多的染料结合。差示扫描量热法（DSC）测量的是保持测试材料和参考材料在相同温度所需的能量输入的微小差异，因为两种材料都以相同的速率加热或冷却。如果测试材料发生相变，这通常是放热或吸热过程，那么必须向测试材料添加或移除能量，以保持两种材料的温度相同。因此，可以通过测量样品加热或冷却时热流与温度的变化来监测相变，如糊化。差示扫描量热法（DSC）可以通过测量与糊化相关的焓变来测量淀粉的 DG，这与淀粉颗粒中结晶区域熔化所需的能量有关。总结了三种常用的定量方法的优缺点。差示扫描量热法（DSC）因其测量准确、操作简便，已成为常用的定量方法。然而，DSC 法容易受到其他成分的干扰，并且需要昂贵的设备。酶法更适合分析成分复杂的样品。然而，酶解法测定 DG 的方法并不统一。在酶解之前，淀粉糊化可以通过不同的方式进行，并且酶解过程使用不同的淀粉酶和反应条件。这些实验条件的差异会导致结果的显著差异。因此，对于酶解法，测定的淀粉 DG 取决于样品处理方法。碘比色法是一种相对标准化的过程。然而，这种方法会受到直链淀粉的含量和链长、直链淀粉的浸出量以及淀粉—脂质复合物的形成的影响。测定 DG（糊化谷物的溶解性）的不同方法对淀粉分子或颗粒的不同方面敏感。因此，特定淀粉样品的 DG 可能部分取决于用于测量的分析方法。例如，通过差示扫描量热分析测定的酶挤出大麦粉的 DG 为 100%，但通过酶法测定的 DG 仅为 85%~96%。同样，通过碘染色法测定的挤出玉米和马铃薯淀粉的 DG 低于通过 RVA 法测定的 DG。因此，重要的是要意识到在比较不同研究的结果时，需要考虑用于测定 DG 的方法。并且需要根据不同的样本选择适当的检测方法。差示扫描量热法（DSC）是测定孤立淀粉或高淀粉含量样本的首选方法，因为其测定准确且操作简便。酶法更适合分析成分复杂的样本。然而，目前的酶解方法多种多样，需要建立一种标准化的方法。至于碘比色法，虽然相对容易操作，但可能不适合比较各种淀粉来源或低水分含量的糊化样本。

二、粒状结构

不同的研究人员指出，淀粉颗粒的形态受 DG 的深刻影响。通常情况下，随着 DG 的增加，淀粉颗粒的结构逐渐被破坏。天然淀粉颗粒通常具有光滑的表面，边界清晰，沟槽很少。随着 DG 的增加，淀粉颗粒逐渐失去其天然形状，经历膨胀、变形、破裂，最终合并在一起。通常情况下，DG 对颗粒结构的影响取决于淀粉来源、加工方法和加工条件。例如，在相同的 DG 下，热处理淀粉颗粒比压力处理淀粉颗粒的解离程度更大，这可能是由于压力诱导的糊化始于颗粒的中心，但在表面附近出现了一个较少的扰动层。通过高温高压水乙醇溶液制备的预糊化淀粉具有相对完整的颗粒结构，而通过挤出或滚筒干燥制备的预糊化淀粉几乎完全失去了颗粒结构。这种差异归因于乙醇限制了淀粉颗粒的膨胀和破裂。随着乙醇水溶液中乙醇比例的降低，颗粒冷水溶性淀粉的表面出现了更多的裂缝和轻微的凹陷，特别是在 50%乙醇水溶液中观察到的明显裂缝和孔隙，这是由于水分含量增加，淀粉过度膨胀甚至破裂。马铃薯淀粉在高静水压下的抗变形能力比大米淀粉更强，这可能与马铃薯淀粉更有组织性和紧凑性的外部结构有关。淀粉颗粒的粒径分布受其 DG 值的影响，DG 值又取决于淀粉的来源、加工方法和加工条件。通常情况下，当淀粉颗粒在高温或静压作用下发生膨胀或交联时，其粒径会随着 DG 值的增加而增大。相反，淀粉颗粒的粒径会随着 DG 值的减小而减小。

三、粒状结构

淀粉分子的特性，包括其分子量分布和链长分布，对其功能和营养价值起着至关重要的作用。淀粉的重量平均分子量（M_w）随 DG 的变化而变化，取决于淀粉的来源、加工方法和加工条件。通常，DG 的增加会导致淀粉分子量的降低，尤其是在高剪切速率下，如挤出、球磨和微流化过程中。研究表明，淀粉的 M_w 与其 DG 之间并不总是存在简单的关系。例如，在高静压诱导的淀粉糊化过程中，当 DG 从 1% 增加到 30% 时，分子量从 6.27×10^{-7} 降低到 5.41×10^{-7} g/mol，但当 DG 进一步增加时，分子量从 5.41×10^{-7} 增加到 7.52×10^{-7} g/mol。在较低压力下的分子量初始下降是由于支链淀粉降解成较小的分子。相比之下，在较高压力下的分子量增加可能是由于淀粉链之间的交联相互作用增加。当糊化时通过挤压工艺进行提升时，香蕉淀粉的 M_w 随着能量输入的增加而逐渐降低，直至达到一个相对恒定的值。在另一项研究中，据报道，在挤压过程中，淀粉 M_w 的降低对于支链淀粉含量更高的样本更为显著，这可能是因为它们是较大的支化分子，更容易受到剪切破坏。直链淀粉在糊化过程中易受破坏的程度还取决于淀粉的来源、加工方法和加工条件。通常情况下，在没有剪切力的情况下，直链淀粉含量在糊化过程中不会有显著变化。然而，在糊化过程中施加强大的剪切力时，直链淀粉含量可能会显著增加。在糊化和剪切过程中，α-1,4-糖苷键比 α-1,6-糖苷键更不易断裂，导致支链淀粉部分降解为短链直链淀粉，进而导致直链淀粉含量的增加。此外，淀粉颗粒中直链淀粉所在的非结晶结构域可能比支链淀粉所在的结晶结构域更容易受到破坏。因此，直链淀粉含量越高，在挤出过程中观察到的直链淀粉含量的增加就越显著。然而，DG 对直链淀粉分子量及链长分布的影响仍不清楚，在这一领域还需要开展更多的研究。支链淀粉的链长分布也受 DG 的影响。根据簇模型，去支链淀粉可以是根据其聚合度（DP）分为四个部分：A 链（DP 6~12）；B1 链（DP 13~24）；B2 链（DP 25~36）；B3 链（$DP>36$）。

一些研究报告称，*DG* 并不影响支链淀粉的链长分布，这归因于凝胶化只破坏一些 α-1,6-糖苷键，而不是 α-1,4-糖苷键。相比之下，一些研究报告称 *DG* 改变了支链淀粉的链长分布，显示较短链的比例增加，较长链的比例减少。这种效应归因于凝胶化过程中 α-1,4-和 α-1,6-糖苷键的破坏。因此，未来有必要进一步研究，使用更先进的技术（如 NMR 光谱法）检测糖苷键的变化，并更好地理解淀粉来源、加工方法和加工条件对 *DG* 和支链淀粉链长分布的影响。

四、淀粉—脂质复合物

淀粉颗粒在糊化过程中通常会发生膨胀和破裂，导致直链淀粉的浸出。在冷却过程中，游离的直链淀粉分子容易与脂质形成复合物，这得益于一系列分子相互作用，包括氢键、疏水相互作用和范德瓦耳斯力。在大多数情况下，*DG* 的增加会导致更多的淀粉—脂质复合物形成。淀粉—脂质复合物的增强是由于直链淀粉浸出的增加，这促进了淀粉和脂质的复合。淀粉—脂质复合物的形成受多种因素影响，包括淀粉来源、加工方法和加工条件。直链淀粉含量在淀粉—脂质复合物的形成中起着至关重要的作用，通常直链淀粉含量越高，形成的复合物越多。直链淀粉中聚合度（*DP*）越高，往往形成的有序复合物越多，而超高聚合度（*DP*=950）可能会阻碍复合物的形成。微波加热比传统水浴加热形成的淀粉—脂质复合物含量更高，这可能是由于微波的能量效率更高，增加了分子的流动性，从而促进了复合物的形成。淀粉—脂质复合物的形成也受加工条件的影响。例如，低于 60℃ 的复合温度更易形成不太稳定的 I 型复合物。相反，高于 90℃ 的温度往往会产生更有序和热稳定的 II 型复合物。

第二节　淀粉糊化度对淀粉性质的影响

一、糊化特性

淀粉糊化是在水的存在下通过加热将具有半结晶结构的天然淀粉颗粒转变为具有无定形结构的糊化淀粉的过程。使用这种方法测量的参数包括糊化温度，如起始温度（T_o）、峰值温度（T_p）和结束温度（T_c）温度以及糊化焓（ΔH）。糊化热反映了结晶的含量。淀粉颗粒中剩余的结构。因此，正如在小麦、玉米、水稻、马铃薯、木薯、绿豆、豌豆、莲子和波罗的海莓果的淀粉中所报道的那样，淀粉的解聚能（DG）增加，ΔH 降低。ΔH 降低是因为已经经历部分糊化的淀粉中，溶解晶体结构和解离双螺旋结构所需的能量减少。DG 对糊化温度的影响取决于淀粉来源、加工方法和加工条件。通常情况下，当淀粉颗粒接受常规的湿润加热时，糊化温度会随着 DG 的增加而升高。这种热转变温度的增加是由于淀粉颗粒中最不稳定的结晶区域首先被破坏，留下具有高熔点的更热稳定的结晶区域。相比之下，球磨和动态高压诱导的糊化已被报道会降低糊化温度，这归因于这些剧烈的机械过程降低了结晶结构的秩序。关于 DG 对高静压处理中糊化温度的影响，不同研究的结果有所不同，有的研究显示糊化温度升高，有的研究显示糊化温度不变，还有的研究显示糊化温度降低。糊化温度的升高可能是由于淀粉颗粒内部的非晶区域重新排列形成更多的结晶区域。通常，高静压处理引起的糊化温度升高通常小于热处理引起的升高。糊化温度的降低可能是由于分子秩序的削弱和双螺旋结构的解离。淀粉来源也可能影响这些影响。例如，据报道，由普通玉米淀粉制备的颗粒状冷水溶性淀粉由于存在晶体结构（V 型晶体），具有可检测到的糊化温度和焓变，而由蜡质淀粉制备的则没有。总的来说，淀粉的糊化特性由淀粉剩余的晶体所控制。

二、粘贴属性

糊化特性反映了淀粉悬浮液在加热冷却过程中的黏度变化，通常通过快速黏度分析仪（RVA）来测定。通过对黏度—温度曲线的分析，可以获得的糊化参数包括峰值黏度（PV）、谷值黏度（TV）、终值黏度（FV）、崩解值（BD）和回生（SB）黏度，以及糊化温度（PT）。PT 被定义为样品黏度超过预先设定值的温度。DG 对淀粉 PT 的影响是复杂的，研究表明，随着 DG 的增加，PT 可能会增加、保持不变或降低。许多研究报告称，DG 的增加会降低淀粉的 PT，这归因于淀粉颗粒的破坏导致黏度在较低温度下更快上升。然而，一些研究报告称，DG 的增加会增加淀粉的 PT。这种增加归因于形成更稳定且灵活分布的双螺旋结构，其中包含短支链。结晶区域和非结晶区域大多数研究表明，随着 DG 的增加，糊剂的黏度会降低。增加，这可归因于几个原因：淀粉颗粒和结晶区域结构的破坏；淀粉链之间相互作用的减少；淀粉分子量的降低；短链比例的增加；直链淀粉与支链淀粉比例的增加。然而，一些研究报告称，DG 的增加会增加糊化黏度。这可以归因于完整淀粉颗粒具有更无序结构表现出更易吸水膨胀。值得注意的是，这种现象仅在低 DG 时观察到。DG 对淀粉糊化性能的影响取决于淀粉来源、加工方法和加工条件。例如，在相似的 DG 条件下，压力糊化淀粉糊的 PV 略低于热糊化淀粉糊的 PV，这可能与非晶区域的短程分子有序有关。通过挤出制备的预糊化淀粉的黏度低于通过鼓式干燥制备的预糊化淀粉的黏度，这可能是由于前者受到更强的剪切作用，更多的淀粉颗粒破裂和更低的分子量。通过乙醇挤出制备的颗粒冷水溶性淀粉的糊化特性受挤出温度、淀粉与乙醇的比例以及淀粉与水的比例的影响。淀粉来源也影响通过糊化产生的淀粉糊的黏度。例如，玉米淀粉的 PV 随着高静压加工压力的增加而降低，而红薯淀粉的 PV 则增加。这种影响可能是由于红薯淀粉颗粒中的 B 型晶体比玉米淀粉颗粒中的 A 型晶体更能抵抗高静水压处理。总的来说，由于不同研究之间难以进行比较，关于 DG 对淀粉糊化性能的影响缺乏一致的研究结果。

三、溶胀能力和水溶性指数

溶胀能力（SP）是沉淀淀粉凝胶的湿重与其干重的比率，而水溶性指数（WSI）是衡量在特定条件下从淀粉颗粒中浸出的直链淀粉和支链淀粉的量。DG 对淀粉颗粒溶胀的影响取决于测量时使用的温度。通常，在低温下测量的溶胀能力随 DG 的增加而增加，而在高温下测量的溶胀能力则随 DG 的增加而减少。在较低温度下观察到的溶胀能力的增加是由于加热过程中分子内和分子间氢键的断裂，这破坏了晶体结构并增加了颗粒的孔隙率。水分子更倾向于扩散到颗粒内部的无定形区域。在较高温度下观察到的溶胀能力的降低通常归因于支链淀粉结构的变化，而完整的支链淀粉结构对于良好的吸水性和颗粒溶胀是必要的。通常情况下，DG 含量的增加会提高水溶性。WSI 的增加归因于淀粉分子的降解，导致更多的小分子。然而，一些研究报告称，DG 含量的增加会降低 WSI，这通常与淀粉—脂质复合物的形成有关。DG 对淀粉溶胀性能（SP）和吸水率（WSI）的影响还取决于淀粉的来源、加工方法和加工条件。与天然淀粉相比，通过湿润加热制备的全糊化淀粉的溶胀性能有所增加，而通过挤压制备的全糊化淀粉的溶胀性能则有所降低。同样，在热和高静水压诱导下具有相同 DG 的淀粉的溶胀性能值是不同的。研究发现，在更苛刻的挤压条件下加工青香蕉粉会降低其溶胀性能,这归因于淀粉分子的部分降解。此外,据报道,淀粉颗粒的溶胀能力受到直链淀粉与支链淀粉比例、支链淀粉结构和淀粉结晶度的强烈影响。

四、吸油时间

油炸是工业食品生产和家庭烹饪中常见的食品加工方法。在油炸过程中,原材料在油相中经历高温,导致水分蒸发,并通过热质传递机制促进油脂吸收。油炸食品的高脂肪和高热量含量对人类健康有负面影响。因此,减少油炸食品中油脂的吸收至关重要。淀粉是各种油炸食品(如薯片、小麦面团、方便面、裹粉)的主要成分。了解淀粉的吸油特性有助于调节油炸食品的油含量。随着 DG 的增加,吸油量先减少后增加。吸油量的增加可以归因于几个因素,包括淀粉颗粒的膨胀、晶体结构的破坏、双螺旋结构的改变以及淀粉分子的降解。这些变化将淀粉从相对致密的结构转变为更致密的结构,允许更多的油渗透到淀粉颗粒中。随着 DG 的进一步增加,吸油量可能会减少。吸油能力的下降可能归因于以下因素:第一,淀粉颗粒的破坏和合并导致淀粉表面的孔隙率和颗粒的比表面积减少,从而降低了毛细作用力和可用的吸油接触面积;第二,淀粉—脂质复合物的形成抑制了吸油。DG 对淀粉吸油性的影响还取决于淀粉的来源、加工方法和加工条件。例如,在相同的 DG 条件下,真空油炸的面包比常规油炸的面包吸油量更高。这些差异可能是由于真空油炸能够产生更脆弱和开裂的结构,从而增强吸油性。在连续油炸过程中观察到的吸油量增加是由于 II 型淀粉—脂质复合物的解离。此外,研究还报告称,吸油量可能会受到淀粉来源的影响。例如,高含量的短链直链淀粉会降低油炸薯片的吸油量,这可能是由于限制了薯片的膨胀。

五、流变性能

淀粉样品的流变特性通常使用动态剪切流变仪进行测量。通常,储能模量(G')和损耗模量(G'')会作为温度、频率和/或应变的函数进行测量。G'反映了材料的弹性特性,而 G'' 反映了黏性特性。损耗因子($\tan\delta = G''/G'$)是衡量黏性和弹性特性对材料流变特性相对贡献的指标。对于淀粉基材料,许多研究人员报告称,在不重新糊化的情况下测量,G' 和 G'' 值随 DG 的增加而增加,$\tan\delta$ 值随 DG 的增加而减少。这可能是因为预糊化淀粉已经膨胀,从而增加了它们的增稠能力。此外，一些部分降解的淀粉可能与其他面粉成分（如未糊化的淀粉、蛋白质和纤维）相互作用更多，导致更具有增强流变性能的结构稳定面团。相反，一些研究表明，在较高的 DG 下，储能模量会降低。这可能是由于以下原因：淀粉颗粒结构已被完全破坏；淀粉分子的分子量已降低。一些研究报告称，在重新糊化条件下测量时，较高 DG 下的 G' 有所下降。这可能是由于部分糊化的淀粉需要较少的能量来断裂分子链；淀粉与非淀粉成分之间的相互作用会干扰网络形成或限制直链淀粉的浸出。不同 DG 的淀粉凝胶的流变性能主要集中在线性流变行为上，而非线性流变行为需要进一步研究。

六、淀粉的老化

淀粉老化是指在糊化过程中，从淀粉颗粒中浸出的直链淀粉和支链淀粉由于氢键交联而重新排列成更有序的微晶结构的过程。淀粉老化分为两个阶段：短期老化和长期老化。短期老化主要涉及直链淀粉双螺旋结构的形成及其相互作用，而长期老化主要涉及支链淀粉短链之间的双螺旋结构的形成及其相互作用。糊的退变黏度通常被用作衡量糊在冷却和储存期间稳定性的指标，以及短期老化的标志。在大多数情况下，淀粉的短期老化随着 DG 的增加而减少。这种短期老化的减少通常归因于以下原因：直链淀粉的降解降低了退变能力或支链淀粉的降解为糊精防止了直链淀粉的退变；浸出直链淀粉含量的减少；淀粉—脂质复合物的形成。相比之下，一些研究报告称，随着 DG 的增加，短期老化增加。然而，这种变化的具体机制需要进一步研究。进一步探索不同 DG 值下淀粉的精细结构，有助于更全面地了解 DG 对淀粉短期老化的影响。DG 对淀粉长期回生的影响是复杂的。最近的一项研究提供了对这些复杂变化的深入见解。在这项研究中，制备了具有不同短程分子有序性的非晶淀粉（通过 X 射线衍射确定），以研究糊化淀粉的短程分子有序性对淀粉回生的影响。观察到，随着糊化淀粉的短程分子有序性的降低，回生程度先上升后下降。回生程度的初始增加归因于短程分子有序性的降低，这增强了淀粉分子的流动性，从而促进了它们的重排。回生程度的后期下降归因于影响晶体结构形成的多种因素的综合作用，包括淀粉链的更大解离/缠结以及聚合物结构成核潜力的降低。未来，应通过系统地操纵晶体种子添加物（包括大小、含量和类型的变化）来更

全面地研究 DG 对淀粉老化的影响。

七、纹理特性

淀粉凝胶的质地特性主要取决于淀粉的组成，以及淀粉颗粒的大小、变形和相互作用。在没有重新糊化的情况下，淀粉凝胶的硬度通常会随着 DG 的增加而增加，这归因于预糊化淀粉具有强大的吸水性和冷水糊化特性。然而，不同研究中报道的 DG 对淀粉凝胶硬度的影响有所不同，有的研究显示增加，有的研究显示不变，有的研究显示在重新糊化的情况下减少。我们基于不同结构颗粒状和非颗粒状淀粉的糊化机制提出了以下机制来解释这些影响。当淀粉 DG 较低时，重新糊化会形成更多的膨胀淀粉颗粒，它们可以相互变形以填充整个样品体积，从而增加凝胶强度。当 DG 相对较高时，糊化会促进颗粒的膨胀。颗粒结构的损失会导致凝胶强度的降低。此外，淀粉的长期老化也可能部分解释了凝胶强度的变化。咀嚼性是指彻底咀嚼样品直至可吞咽所需的能量。咀嚼性是由硬度、黏性和弹性共同决定的，主要受硬度控制。因此，DG 对淀粉凝胶咀嚼性的影响与硬度的影响一致。黏性是指物质在断裂前能够变形的程度，反映了其内部凝聚力。较高的黏性导致物质在咀嚼时更倾向于形成团块或颗粒，而不是单独的碎片。大多数研究支持 DG 的增加提高了淀粉凝胶的黏性。观察到的黏性增加可以归因于预糊化淀粉的强吸水能力和其形成凝胶的能力，从而增强了各组分之间的黏附力。

八、淀粉消化率

人类胃肠道中淀粉消化的速率和程度会影响其营养和健康效果。根据使用体外胃肠道模型测量的消化特征，淀粉可以分为 3 个部分：快速消化淀粉（RDS）——在 20min 内消化的部分；缓慢消化淀粉（SDS）——在 20~120min 内消化的部分；抗性淀粉（RS）——在 120min 后仍未消化的部分。

通常情况下，随着 DG 的增加，淀粉的淀粉消化率增加，抗性淀粉含量降低，谷物也是如此。淀粉酶解消化的速率和程度取决于几个因素。最初，α-淀粉酶和淀粉分子必须接触，然后酶的活性位点必须围绕糖苷键定位，然后这些键被水解。据报道，α-淀粉酶与淀粉的接触是淀粉体外水解的速率限制步骤。与天然淀粉相比，糊化淀粉具有更松散的颗粒结构和更无序的结构，

这有助于 α-淀粉酶接触淀粉分子，从而增加消化速率。最近的一项研究报告称，淀粉的 DG 通过改变 α-淀粉酶对淀粉分子的结合亲和力来影响淀粉消化的速率和程度。

DG 对淀粉消化率的影响还取决于淀粉来源、加工方法和加工条件。例如，真空油炸小麦淀粉的淀粉消化率低于常规油炸小麦淀粉，即使它们具有相似的 DG。这种影响可能与未糊化淀粉颗粒的分布和/或淀粉—脂质复合物的形成有关。挤出诱导的完全糊化香蕉淀粉的生物利用率受能量输入的控制。淀粉来源也影响这一效果。例如，在相同的 DG 下，水稻淀粉的 SDS 和 RS 含量高于小麦淀粉，这归因于水稻淀粉具有更高的结晶度和更多的单螺旋和双螺旋区域。此外，据报道，在完全糊化状态下，具有较少长链的支链淀粉消化速度更快。

第三节　淀粉糊化度改性淀粉的应用

一、主食

蒸谷米因其方便烹饪和营养属性强而受到消费者的欢迎。蒸谷米是通过在磨粉前进行三步热处理（浸泡、蒸煮和干燥）来制备的。淀粉糊化是蒸谷米过程中谷粒的主要物理变化。通常，通过优化 DG 可以减少谷粒的破损率并提高产量。然而，过度糊化会导致能量浪费，降低食品系统的可持续性。随着 DG 的增加，蒸谷米的白度降低，黄度增加，这可能会降低产品的可接受性。通常，蒸谷米的硬度随着 DG 的增加而增加，这是由于淀粉糊化后发生回生。据报道，随着 DG 含量的增加，蒸谷米的黏附性会降低，这归因于谷物表面的淀粉糊化阻碍了支链淀粉的浸出。烹饪损失和口感特征的不良变化是影响面条质量和消费者接受度的两个最常见因素。无麸质面条的口感属性取决于淀粉凝胶的形成，这种凝胶具有所需的网络特性。对于无麸质面条，当 DG 优化时，烹饪损失减少，硬度增加，这归因于形成了更强的凝胶网络结构，能够紧密地保持液体。然而，过高的 DG 会导致烹饪损失增加，这被归因于淀粉分子的降解，导致在烹饪过程中更容易溶于水。此外，在相同的降解程度下，通过添加分子量较小的预糊化淀粉，面条变得更加光滑，烹饪损失增加。预糊化淀粉也被用于无麸质面包中替代面筋。添加适当类型和数量的预糊化淀粉可以增加面包的比容并降低硬度。然而，如果 DG 值过高，或者使用过多的预糊化淀粉，那么面包的质量就会下降，这归因于面糊的高黏度限制了发酵过程中气室的膨胀。对于小麦面包、蛋糕、蒸蛋糕和蒸面包的报告也有类似的结果。

二、油炸食品

油炸是日常生活中广泛使用的烹饪技术。DG 对油炸食品的油含量和口感特性有深远的影响。随着 DG 的增加，油含量先上升后下降。例如，当 DG 从 11.27% 增加到 15.16% 时，样品的油含量从 0.11g/g 增加到 0.14g/g。当 DG 进一步增加到 27.08% 时，样品的油含量降低到 0.11g/g。DG 也影响油炸食品的口感特性。例如，最优的 DG 降低了全麦面团制品（油条）的硬度并增加了其比容。这种效果是由于适当水平的预糊化淀粉有助于将面筋网络中的其他成分结合在一起，从而形成更均匀和有凝聚力的结构。然而，过量的 DG 会降低油条的质量。这是由于预糊化淀粉与面筋争夺水分，面筋网络结构形成不完全。

三、3D 打印产品

淀粉由于其能够形成糊和凝胶的特性，可以作为 3D 食品打印应用中可食用油墨的成分。DG 对淀粉基 3D 打印产品的质量有显著影响。当 DG 较低时，大部分淀粉分子保留在淀粉颗粒内。因此，周围颗粒的水相中没有足够的游离淀粉链形成凝胶，导致凝胶网络不均匀，从而影响打印的精度和稳定性。随着 DG 的增加，直链淀粉从颗粒中浸出，并在水相中形成凝胶，从而增加淀粉凝胶的均匀性和机械强度，提高打印的精度和稳定性。然而，过度糊化会导致淀粉分子的降解而形成弱凝胶网络，从而降低打印的精度和稳定性。

四、其他食物

中国黄酒是一种传统的酒精饮料，在中国有着悠久的历史，通常是用米通过发酵（使用曲和酵母）来酿造的。中国黄酒的生产通常包括三个主要阶段：对生米的初步处理；糖化；和酒精发酵。对生米的预处理主要是为了破坏天然淀粉的有序结构，并提高淀粉酶对淀粉分子的可及性。通常，随着 DG

的增加，淀粉糖化的效率和酒精产量的增加。淀粉因其表面活性、增稠和凝胶化特性，可用于形成和稳定食品乳液。淀粉的 DG 值与其作为乳化剂的能力有关。例如，熔融状态下的淀粉颗粒比结晶状态下的淀粉颗粒作为乳化剂效果更好。同样，使用非晶态辛烯基琥珀酸酐改性的淀粉颗粒作为乳化剂制备的乳液比使用结晶态淀粉颗粒制备的乳液具有更高的稳定性。此外，非晶态淀粉的制备方法也会影响其乳化性能。颗粒状冷水溶性淀粉比预糊化淀粉在提高乳液稳定性方面更有效，通过增加黏度并降低表面和界面张力。

参考文献

［1］Zhao Yi, Wang Juan; He Rui, et al. Integrative experimental and computational analysis of the impact of KGM's polymerization degree on wheat starch's pasting and retrogradation characteristics. Journal［J］. Carbohydrate Polymers, 2024（346）: 122570-122570.

［2］Yan Xudong, McClements David Julian, Luo Shunjing, et al. Recent advances in the impact of gelatinization degree on starch: Structure, properties and applications. Journal［J］. Carbohydrate Polymers, 2024（340）: 122273.

［3］Jiang Jiani, Li Jiangtao, Han Wenfang, et al. Effects of Reheating Methods on Rheological and Textural Characteristics of Rice Starch with Different Gelatinization Degrees. Journal［J］. Foods, 2022, 11（21）: 3314-3314.

［4］Cheng Y, Liang K X, Chen Y F, et al. Effect of molecular structure changes during starch gelatinization on its rheological and 3D printing properties［J］. Food Hydrocolloids, 2023（137）, 108364.

［5］Li S, Dong S T, Fang G H, et al. Study on internal structure and digestibility of jackfruit seed starch revealed by chemical surface gelatinization［J］. Food Hydrocolloids, 2022（131）: 107779.

［6］Zhou X, Xing Y, Meng T, et al. Preparation of V-type cold water-swelling starch by ethanolic extrusion［J］. Carbohydrate Polymers, 2021（271）: 118400.

［7］杨万进, 牛国一. 熟化温度和时间对玉米淀粉糊化度及淀粉组分的影响［J］. 饲料工业, 2021, 42（20）: 26-30.

模块四　生物改性

第十四章 酶改性对淀粉结构与性质的影响

第一节 酶法改性的优势

通过化学方法对淀粉进行改性是一种较好的方法，因为其成本低廉且易于改性。然而，出于安全考虑，目前消费者无法接受这种方法，因为用于改性的酸、无机盐等会导致大量废水，可能对环境有害，并需要回收利用。此外，最终产品中的微量成分可能会限制某些改性淀粉的应用，特别是在食品加工行业中。由于这些挑战，科学家们正在寻找新颖、清洁和绿色的淀粉改性技术。科学家们已经尝试了多种酶促改性技术来改变淀粉的特性，以便其在食品工业中有新的应用。酶促反应是特定且温和的，因此与物理和化学改性相比，产生的副产物更少。除了是一种清洁标签外，淀粉的酶法改性还提供了许多其他好处，如提高纯度、保持高品质的产品一致性、降低成本、去除不需要的产品以及获得理想的功能特性。

经酶处理的淀粉由于脱支作用、磷酸盐取代和异构化作用而发生改性，从而改变淀粉链长和支链点形成。这种绿色技术赋予淀粉独特的特性。

淀粉的酶促改性会导致低分子量、线性短链支链淀粉的出现，增加抗性淀粉的含量，促进冻融稳定性，因为支链淀粉分支可防止凝胶网络中的脱水收缩。酶改性淀粉降低了糊的黏度，表现出独特的流变特性，增加了淀粉的弹性和消化率。通过去分支酶改性的淀粉会产生短链葡聚糖，这些链可以通过疏水相互作用和氢键轻松地重新结晶和重新排列，因此比天然淀粉具有更强的持水能力，通过形成水凝胶网络和链聚集。淀粉在酶的作用下会导致淀粉颗粒中形成孔隙和凹陷，从而形成多孔结构，允许水分子进入，促进糊化、吸水或减缓包裹液体的释放。这些多孔淀粉由于其比表面积较大和吸附能力增强，也可用作吸附材料。此外，这些水解淀粉在冷却时从直链淀粉中浸出结晶并形成凝胶结构，表现出更好的透光性、糊液透明度和改善的冻融稳定性。经普鲁兰酶酶解处理后，淀粉的结晶度降低，其结构从 A 型双螺旋结构转变为 V 型单螺旋结晶结构，无定形结构增多。

第二节 酶法改性的酶的类型

一、麦芽糖淀粉酶

麦芽糖淀粉酶（MA，葡聚糖 α-1,4-麦芽糖苷酶）是一种热稳定的 α-淀粉酶，属于 GH13 家族，能催化淀粉中 α-1,4-糖苷键的水解，从链的非还原端释放麦芽糖作为主要产物。这种酶在低温（35℃）下表现出外切活性，具有高度的多攻击作用。这种酶的二聚活性位点形成了一个倾斜的、空洞的环，这种不寻常的环被认为是其对碳水化合物亲和力的原因。当温度升高（70℃）时，MGA 主要完成内切水解。MA 已经证明它对直链淀粉的水解亲和力比支链淀粉更强。MA 对底物大小和形状的尺寸歧视可以通过其活性位点的几何形状来解释，这限制了底物的分子大小和形状。然而，由于 MA 的最佳温度较低，不能用于米饭烹饪。因此，为了克服这一障碍，从嗜热菌依赖热丝菌中获得了热稳定的 MA，其最佳温度超过 90℃。

淀粉酶和麦芽糖酶的组合产生了多孔、富含直链淀粉的淀粉，从而赋予了不同的功能。麦芽糖酶尤其改善了短支链淀粉链的可溶性。峰值黏度、最终黏度、崩溃和回流等糊化参数降低。然而，它提高了糊化温度。用这些酶处理大米淀粉有助于产生比糊化淀粉具有更好物理化学性能的淀粉。最近，报告称，经麦芽糖酶改性的蚕豆、小扁豆和豌豆淀粉中直链淀粉和支链淀粉链的长度缩短，这从低糊化黏度中可以看出。支链淀粉链长度的减少阻碍了回生。此外，经过 24h 的麦芽糖酶处理，煮熟的蚕豆、小扁豆和豌豆（PS）淀粉的抗性淀粉含量分别提高了 6.5%、5.9%和 4.2%。

一般来说，直链淀粉含量高、支链淀粉链长的淀粉比直链淀粉含量低、支链淀粉链短的淀粉具有更高的回生速率。由于淀粉支链的缩短，经 MA 处理过的淀粉具有更好的冷藏耐久性、延迟回生和更低的黏度。因此，MA 在烘焙行业中广泛用作面包和其他烘焙食品的抗老化剂，以延长其保质期。为了解释 MA 对蜡质玉米淀粉回生程度和结构的影响，设计了一个实验。对改性淀粉的热谱分析表明，当水解度大于20%时，淀粉的回生完全被抑制。在研究分子量链长时，结果表明，支链淀粉中聚合度（DP）小于或等于9的链的比例增加，而DP大于或等于17的链的比例减少。较高比例的短链最终有助于抑制回生，从而抑制烘焙产品的老化。

为了延缓无麸质面包的老化，将MA封装在蜂蜡中并添加到产品中。结果表明，用MA浸渍无麸质面包可使其质地柔软、外皮深色、内部白色，并具有良好的感官特性。一项研究报告称，使用MA改变发芽糙米粉中的淀粉，导致慢消化淀粉的增加以及生物活性化合物的释放，从而改善Ⅱ型糖尿病小鼠血糖指数的稳定性。将MA集成到马铃薯淀粉中改变了马铃薯淀粉颗粒的结构，导致可见的孔隙和短的外链，并伴有麦芽糖的积累。因此，在最小剂量为0.5mg/kg的情况下表现出有效的抗老化特性，并增强了回生性能。

二、环糊精糖基转移酶

环糊精糖基转移酶（CGTase）具有将淀粉转化为环糊精的独特能力。环糊精或环淀粉酶糊精（CD）是由α-D-葡萄糖经裂解和环化作用得到的环状、非还原低聚物，其中葡萄糖基通过α-1,4-糖苷键连接。根据葡萄糖基的数量（分别为6、7和8），环糊精可分为α、β和γ型。CGTases与α-淀粉酶有进化上的联系，并用于淀粉的液化。

在亚糊化温度（50℃）和不同pH水平（pH 4.0和6.0）下，用环糊精葡萄糖苷酶处理玉米淀粉。颗粒的显微镜检查揭示了表面不平整和小针孔的结构在pH 6.0时观察到最高水平的改性。加热和冷却循环后，所得糊剂的黏度降低进一步证实了这一点。然而，对热性能没有显著影响，但更耐α-淀粉酶水解，这可能是由于CGT酶对淀粉无定形部分的水解作用。在一项研究中，β-环糊精糖基转移酶（β-CGT酶）和环糊精酶（CD酶）的聚集增强了回生抑制，导致焓从5.65J/g降至1.42J/g。

通过β-CD对大米淀粉性质的改变，与对照淀粉相比，其显示出更高的结论温度、峰值熔点和焓值。因此，所生产的改性淀粉具有更好的热稳定性，适合在高温加工过程中使用。天然巴姆巴拉花生淀粉显示出高分解黏度，表明其在加热过程中承受剪切应力和热的能力较低。天然淀粉经过α和β-CDase的改性后，其功能特性得到了显著改善。改性淀粉能够抵抗剪切应力和热，并抵抗回生。有人研究了向小麦粉中按重量加入0~3.0%的α-CD和γ-

CD 的影响，以及其对预烤面包的质地和老化过程的影响。观察到预烤面包的老化延迟，硬度降低，保质期延长，这可能是由于焓值降低和淀粉回生延迟所致。

酶法改性还有助于提高维生素、风味、染料和不饱和脂肪的稳定性。因此，产品的保质期将会延长。

三、分支酶

分支酶（BE）是糖链转移酶，负责在直链糖链上添加分支。它是唯一能够在支链淀粉中创建分支键的酶，支链淀粉是淀粉的关键组成部分，占淀粉的 65%～85%。因此，它对最终淀粉的结构有相当大的影响。分支酶通过从供体糖链上剪下 α-1,4-糖苷键，然后将剪下的还原端通过形成（1,6）键转移到受体（羟基）链上，从而启动一个新的链。淀粉分支酶（SBE）的作用可能由链内转移、链间转移和/或链内环化触发。淀粉分支酶分为两大类：SBE Ⅰ和 SBE Ⅱ。根据这些酶的细菌表达，SBE Ⅰ添加的分支比 SBE Ⅱ长。此外，SBE Ⅱ在谷物中分为两种同工酶：Ⅱa 和Ⅱb。SBE Ⅱ失活会增加直链淀粉/支链淀粉的比例。高直链淀粉水平可能会增加抗性淀粉的含量，从而带来多种健康益处。

由红薯淀粉制备的产品具有不良的硬度和透明度，降低了消费者的接受度。为了克服这些缺点，通过依次添加 BE、β-淀粉酶和转糖酶制备了改性红薯淀粉。结果表明，这三种酶能够产生链长显著缩短、直链淀粉含量降低、分子量降低、α-1,6-糖苷键增加的淀粉。所得淀粉的黏度、结晶度、损耗模量和储能模量降低，因此可用于制造具有所需黏度、凝胶强度、糊化热和温度的各种淀粉基产品。利用奥巴马氏红栖热菌的 BE 和嗜热脂肪芽孢杆菌的 MA 对葛根淀粉的加工属性和适用性进行了修改。处理后的葛根淀粉报告称直链淀粉浓度和分子量降低，短链数量增加，分支密度增加。改性淀粉具有高溶解性和糊透明度。然而，它表现出较低的糊化温度、焓值和黏度。

将来自奥巴马氏红栖热菌的热稳定分支酶（BE）与来自嗜热栖热菌的淀粉酶（AM）结合使用，以在明确的比例下对仅含直链淀粉的大麦淀粉和蜡质玉米淀粉结构进行改性，从而广泛增加分支点数量。分支酶的链转移反应在仅含直链淀粉的大麦淀粉中比在蜡质玉米淀粉中更适应。分支酶和 BE-AM-BE 依次处理的大麦淀粉与蜡质玉米淀粉的比例越高，其链转移反应越容易形成，链长越短，聚合度（DP）为 3~16。此外，与单独使用分支酶相比，BE-AM-BE 的连续催化导致了更广泛的分支化。广泛的分支化抑制了对淀粉酶的敏感性，因为增加了 α-限制糊精的水平。通过使用从枯草芽孢杆菌 168 和嗜热脂肪芽孢杆菌中分离出的分支酶（BE）和嗜热脂肪芽孢杆菌的麦芽糖生成淀粉酶，研究了木薯淀粉的精细分子结构和对淀粉酶的敏感性。结果表明，经过这种处理，木薯淀粉的分子量从 $3.1×10^8$ 降低到 $1.7×10^7$，同时，DP 为 6~12 的较短支链数量增加，导致较长支链（DP>25）数量减少。此外，直链淀粉含量从 18.9% 降低到 0.75%，这表明直链淀粉和支链淀粉的 α-1,4-糖苷键被打破，糖基转移到其他直链淀粉和支链淀粉上，通过形成 α-1,6-糖苷键生成支化葡聚糖和经支链酶处理的木薯淀粉。

四、β-淀粉酶

β-淀粉酶（BA）是一种外切酶，是另一类主要的淀粉酶，它催化从非还原端连续去除葡萄糖链上的麦芽糖单位。与微生物酶相比，植物源的 β-淀粉酶在烘焙、酿造和淀粉领域具有重要的技术价值，因为它具有安全性和高特异性。通过结合 β-淀粉酶水解和 OSA 改性，制备了 OSA 改性的蜡质玉米淀粉。OSA 改性的淀粉表现出优异的乳化特性。通过 β-淀粉酶修剪，OSA 淀粉分子周围疏水基团的存在增加，导致支链度和取代度增加。应用 β-淀粉酶将蜡质玉米和马铃薯支链淀粉的外链长度缩短至 2~6 个葡萄糖单位。结果表明，退化的支链淀粉的焓与平均外链长度之间存在直接关系。此外，当外链长度小于 11 个葡萄糖单位时，未观察到退变现象。在另一项旨在通过部分 β-淀粉酶来改性大米淀粉以延长大米制品保质期的研究中，也表明了类似的结果。当聚合度为 11.6 时，改性的大米淀粉中支链淀粉外链缩短，抑制回生作用几乎为零。研究证明，通过 β-淀粉酶降解对淀粉进行改性，可用于调节含糖玉米可溶性淀粉颗粒的结构和肠道生物降解性，这将进一步有助于为肠道中具有生物活性的物质制备高度支化的纳米颗粒载体。β-淀粉酶解有助于使可溶性淀粉颗粒变稀，并增加聚合度。血糖水平受消化系统淀粉水解速率和数量的影响，并决定一个人患糖尿病和肥胖症的易感性。为了降低改性糊化淀粉的这种消化率，在模拟的胃肠道模型中对其进行了 β-淀粉酶解处理。通过这种处理，正如 X 射线衍射和傅里叶变换红外分析所表明的那样，结晶区与无定形区的比率降低，增加了抗性淀粉的数量并减慢了消化速度。

同样，使用 β-淀粉酶和转葡萄糖苷酶的组合来改变豌豆淀粉的消化特性。改性淀粉表现出更多的短支链淀粉链和增强的分支度。此外，酶处理后，C型晶体结构完全消失。这支持了短支链淀粉链和分支密度的增加有助于淀粉缓慢消化这一事实。

五、淀粉酶

淀粉酶（AS）是一种己糖基转移酶和多功能的蔗糖水解酶。它们将蔗糖上的 D-葡萄糖基部分转移到受体分子（如麦芽糖、麦芽糖糊精、糖原或淀粉多糖分子）的非还原端，生成仅含 α-$(1\rightarrow4)$-糖苷键的类似直链淀粉的多糖，因此成为合成新型直链淀粉多糖的有力糖基化技术。通过依次使用淀粉酶和普鲁兰酶对支链淀粉进行改性，得到了具有 200~400nm 纳米颗粒的可悬浮微粒，并失去了凝胶化特性。对淀粉的酶处理，使其分子和晶体结构发生了显著的重组，导致淀粉微粒的消化率降低。用淀粉酶处理糊化蜡质玉米淀粉，并制备了高浓度缓慢消化淀粉（增加多达 38.7%）的改性淀粉。此外，还宣布了链长为 25~36 个葡萄糖单位的链的比例增加，以及链长小于或等于 12 个葡萄糖单位的链的比例下降。此外，经 AS 改性的淀粉的 DSC 图谱显示，热焓和熔点升高。通过淀粉酶和热处理对普通和蜡质淀粉进行双重改性，可以显著改变淀粉的结构和物理化学性质，使缓慢消化淀粉、抗性淀粉最大化，并提高对酶解的耐受性。

天然淀粉和酸稀释淀粉使用来自奈瑟菌多糖菌的重组淀粉合成酶进行了改性。改性酸稀释淀粉的黏度比天然淀粉低得多。改性淀粉中长链的比例很高，其聚合度（DP）大于 33，中等链的比例在 13~33。X 射线衍射显示，所有改性淀粉都具有 B 型晶体结构。随着反应时间的增加，改性淀粉的相对结晶度和吸热焓稳步下降。向蜡质玉米淀粉中添加 AS 增加了中长支链的比例，同时减少了短链的比例。这些改性有助于并加速了支链淀粉分支链的连接，最终形成了一个非常稳定和完美的晶体结构，增加了缓慢消化淀粉（SDS）和抗性淀粉（RS）的含量。此外，分离出的 SDS 和/或 RS 部分中，中等支链的比例很高（DP 13~24），这可能是其对水解酶抗性的一个原因。

同样，经 AS 改性的蜡质玉米淀粉显示出更高的 SDS 和 RS 浓度。来自耐热奇球菌的 AS 的温度依赖性和延展性能合成了具有可变支链长度的改性马铃薯淀粉。降低反应温度导致支链长度以及直链淀粉浓度的显著增加。B 型晶体结构随着支链长度的增加而同步生长,热转变得到改善,表明晶体结构得到了稳定。此外,这种改性导致峰值黏度和糊化温度的增加,而所得淀粉的溶胀能力和溶解性则降低了。

六、淀粉酶

α-葡聚糖转移酶(α-GTase),被称为微生物的淀粉麦芽糖酶和植物的歧化酶[D-酶]。它们在糖原分解和麦芽糖代谢中发挥作用。这些酶裂解糖原供体的 α-1,4 键,并将糖基转移到受体上。在过去十年中,对具有健康益处的新型产品的需求激增,特别是那些与淀粉聚合物向血液中调节释放葡萄糖有关的产品。在此过程中,α-GTase 越来越受欢迎,产生了新的商业食品产品,如环糊精、热可逆淀粉、环支链淀粉、抗性淀粉、环簇糊精和高支化结构。

由于其黏度较高且易消化,马铃薯淀粉在某些食品中并不适用。为了克服这一问题,利用嗜热链球菌的 γ-4,6-内切糖苷酶对马铃薯淀粉进行了改性。由于这种处理,分子量下降,碘亲和力降低,而支链度增加。此外,短链相对于长链的比例增加,表明在与哺乳动物黏膜 α-葡萄糖苷酶一起培养时,其黏弹性较低,葡萄糖释放缓慢。随着处理时间的增加,经 α-葡萄糖苷酶改性的大米淀粉的平均分子量下降。酶处理通过从一条链转移到另一条链,进一步扩大了链长分布。此外,酶处理还改变了淀粉的凝胶特性,并根据处理时间降低了淀粉的黏度。在一项实验中,利用细菌褐球固氮菌 NCIMB 8003 的 GTase 对淀粉进行了转化,以生产一种潜在的益生膳食纤维。在研究微观结构时,学者发现了一种类似酵母聚糖的高度支化葡聚糖,其由单一的线性 α-1,6-糖苷键和 α-1,4/6 分支位点连接而成。

经嗜热链球菌 α-4,6-葡聚糖转移酶(缺少 761 个 N 末端氨基酸)改性后,在 4℃ 下储存的小麦淀粉显示出显著更低的吸热焓,因此,这意味着回生速率降低。

第三节 酶法改性对淀粉结构及性质的影响

所有酶都是同质的有机催化剂。它们的作用机制是中间化合物形成理论。

酶在反应中的存在利用了一种更简便、更快捷的方式，通过替代途径实现反应，该途径具有更低的活化能，涉及更低的温度、压力和有效碰撞。在中间化合物形成机制中，酶附着在底物（淀粉）上。两者都经历化学吸附，涉及打破旧键并形成新键以产生淀粉—酶复合物。后者不稳定，容易转化为产物—酶复合物；酶解吸并从改性淀粉中扩散离开（净产物）。

目前的发展表明，酶解相对于酸水解具有优势，是一种可持续的绿色工艺，能够确保更高的底物选择性和产物特异性，以及温和的反应条件，更高的产率和低共产物和副产物的产生。相比之下，酸水解涉及对 α-1,4-糖苷键和 α-1,6-糖苷键的随机攻击，从而除了最终产物外，还增加了难以预测的共产物和副产物的产生。酶处理能够实现三件事：多孔淀粉、可溶性淀粉和抗性淀粉的产生。除此之外，酶处理还能够改变天然淀粉的形态、物理化学和功能特性，以便在食品和非食品工业中实现理想的实际应用，特别是在化妆品、化学、制药、石油化工、纸浆和造纸工业中。最常用的酶是淀粉酶超家族的一部分，如 α-淀粉酶（AA）、β-淀粉酶（BA）、环糊精葡萄糖基转移酶（CGTase）、糖化酶（GA），转糖苷酶（TG）和去分支酶（DE）。这些酶分为三类：内切淀粉酶、外切淀粉酶、异淀粉酶。

在一些淀粉中，尤其是谷物淀粉的颗粒中，发现其具有有限的孔隙，这些孔隙是酶初始攻击的场所。但在没有孔隙的淀粉颗粒中，易受酶攻击的区域是无定形的直链淀粉以及同样无定形的支链淀粉的分支点。简而言之，对各种淀粉酶处理的研究得出了以下事实：由于谷物淀粉颗粒表面存在一些天然孔隙和裂缝，它们比块茎淀粉更易受酶攻击；酶对淀粉颗粒的攻击有两种机制，即内腐蚀和外腐蚀；在淀粉颗粒的酶攻击中观察到三种孔隙分布模式，即大孔、中孔和小孔；酶能够以五种不同的模式改变颗粒表面并生成内部通道；针孔、海绵状侵蚀、众多中等大小的孔洞、导致单个颗粒单个孔洞的明显位点，以及表面侵蚀；类似受损淀粉的糊化作用增强了淀粉酶对非结晶淀粉的接触，从而加快了淀粉酶驱动的水解；通常，大的淀粉颗粒比小的淀粉颗粒更耐消化；天然淀粉（NS）颗粒的水解受到 NS 颗粒的组成和结构的影响；直链淀粉—脂质复合物和磷酸化支链淀粉也对淀粉酶水解有影响。

酶解或酶处理几乎参与了淀粉改性的所有层面；在单一改性中，包括 β-淀粉化、GA；在双重改性中，包括均相（BA）/TG、AA/AG 以及非均相，酶解/乙酰化、去支链/羟丙基化。此外，酶水解还参与了某些均相的三重酶改性［麦芽糖化 MA/BA/TG］、支链酶 BE/BA/TG，非均相三重酶改性，以及非均相四重酶改性（高压灭菌和三重酶处理）和大米淀粉。

大多数天然淀粉在营养和消化率方面存在的问题与高血糖生成指数（GI）有关。具体来说，大米淀粉的消化速度很快，这会导致健康问题，如糖尿病、肥胖症和其他相关的心血管疾病。这些疾病在全球范围内令人担忧地增加，导致人们呼吁降低人体内糖分的高波动水平。这种令人不适的状况可以通过对淀粉类食物进行改性以降低血糖生成指数来改善。常用的淀粉改性方法包括化学改性、物理改性和酶促改性或复合改性。物理和酶促处理因其天然无毒，相较于化学改性更受青睐。值得一提的是，酶解相对于其他改性方法更具优势。

在淀粉的单酶改性中，AA 酶裂解代表淀粉的分支八糖，并生成分支戊糖和分支三糖作为净产物。必须注意的是，AA 是一种内切淀粉酶，它不攻击 α-1,6-糖苷键，而只裂解 α-1,4-糖苷键。另外，麦芽糖生成 α-淀粉酶（MA）也水解代表淀粉的八糖，但在不同的分支点裂解成分子量更小的碳水化合物，如三双糖和分支四糖。与 AA 不同，MA 还裂解了部分分支糖。MA 是一种内切酶，裂解 α-1,4-糖苷键，产生麦芽糖作为唯一产物，以及其他分子量更小的低聚糖，随着反应时间的增加，它们（指多糖）会逐渐分解成葡萄糖和麦芽糖。与 MA 相关的另外两个过程是水解和转糖基作用，这会导致从 α-1,4-糖苷键的转化中形成 α-1,6-糖苷键和 α-1,3-糖苷键。

在异淀粉酶（ISO）的情况下，这是一种仅作用于 α-1,6-糖苷键的去分支酶（DB），它通过去除分支点来作用于代表淀粉多糖的八糖，形成线性低分子量低聚糖。ISO 可以从不同的来源获得，负责不同的条件（pH、温度、浓度、压力）以实现最佳作用。ISO 对所选淀粉特性影响已有文献记载；随着酶浓度的增加，由于去除分支点，支链淀粉减少，同时还原糖和直链淀粉的含量增加。未讨论的其余酶是转移酶［分支酶（BE）、CGTase 和 4-α-葡聚糖转移酶（4αGT）］，它们具有多种功能。BE 用于裂解淀粉的 α-1,4-糖苷键，并通过转糖反应将线性链立即转移到直链淀粉和支链淀粉的 C6 羟基位置，形成具有更高分支度或更多非还原端的新葡聚糖。CGTase 被归类为转移酶，因为这种酶裂解环状低聚糖的 α-糖苷键内侧（分子内环化），使其环化成环糊精。最后，4αGT，也称为淀粉麦芽糖酶或 D 酶，能够执行多种过程（解离、环化、水解以及简单的组合或偶联）。由于通过广泛的分支使淀粉链不对齐,它可以减少淀粉的老化,并延长年糕和面包的保质期。

其他酶在改性各种淀粉方面同样重要,例如,普鲁兰酶(PUL)和淀粉合成酶(AS)。与 ISO 一样,普鲁兰酶也是一种脱支酶,有两种类型,即普鲁兰酶 I 型和普鲁兰酶 II 型。普鲁兰酶 I 型可以裂解 α-1,6-糖苷键,从而减少支链淀粉中的支化,或者将其完全转化为线性结构。另外,普鲁兰酶 II 型可以裂解 α-1,4-糖苷键和 α-1,6-糖苷键,并将直链淀粉降解为一定程度的较小分子。淀粉合成酶增强了支链淀粉侧链的延长,如果反应持续很长时间,可能不容易通过其他酶处理逆转。如果对天然支链淀粉或蜡质淀粉进行改性,淀粉合成酶还会增加结晶度,并将 A 型结晶结构转变为 B 型结晶结构。淀粉合成酶引起支链延长,其结果是形成热稳定的双螺旋结构,减少缓慢消化淀粉和快速消化淀粉,但增加系统中的抗性淀粉(RS)。

在文献中,各种淀粉的双重或复合酶改性似乎比单一酶改性更为常见。最常用的双重改性酶是 AA 和 GA,因为它们都具有内切和外切作用。还有异质性双重酶改性,其中只有该过程的两个阶段中的一个阶段是酶改性。例如,脱支/羟丙基化(HPT),其中淀粉首先用任何一种 DB 酶处理,无论是 ISO 还是 PUL,然后在碱性介质中使用环氧丙烷进行 HPT。涉及酶的双重改性、三重改性和四重改性淀粉的各种特性,无论是同质性还是异质性。

涉及酶的三重淀粉改性在文献中也相当常见,不过各种淀粉的四重改性则相对有限。一些异质性的三重改性包括 HMT/AH/ET、HMT/ET/UT、AH/ET/UT、木薯(AA/AG/酸水解)、玉米(挤压/BE/MA)、玉米(冻融/AA/AG)、玉米(AA/AG/PEF)、豌豆(高压灭菌/AA/PUL)。另外,相同的三重改性为 MA/BA/TG、BA/TG/PUL。最后,文献中发现的涉及酶的四重改性很少。

一、粒度分布

颗粒大小和分布在评估改性功能方面起着重要作用。对天然可溶性玉米淀粉和经 β-处理玉米淀粉的颗粒大小分布进行了比较。天然可溶性淀粉颗粒的颗粒大小分布显示存在直径为近 30~105nm 的纳米颗粒,这与之前的透射电镜声明一致。酶解淀粉(S7)的颗粒大小也为 30~150nm,但与天然可溶性淀粉颗粒相比仅略有差异。上述表明,颗粒大小分布不能作为区分天然可溶性玉米淀粉和酶改性淀粉的标准之一。在这种情况下,β-淀粉酶的特定情况中，颗粒大小分布的影响很小，甚至可以说没有影响。可能是由于在这种情况下使用的温度过低，酶对底物的反应温和，对淀粉颗粒大小及其分布的影响不大。这就是为什么，处理过的淀粉和未处理过的淀粉的颗粒大小差异很小。另外，如果温度更高，酶的作用更剧烈，解聚、分子量降低以及糖苷键的明显破裂，可能会导致淀粉颗粒尺寸变小。随后，在很长一段时间内大量生产可塑性淀粉时，无定形可能会导致小颗粒的凝聚和聚集，从而形成更大的颗粒尺寸。反应如何进行，本质上取决于预期结果或所需产品的特性。

二、直链淀粉、溶胀与溶解度

直链淀粉是淀粉颗粒的线性成分，具有有限的随机分支。各种淀粉的分类可以基于其颗粒中的直链淀粉含量；正常或常规淀粉的直链淀粉含量≤30%，高直链淀粉以及直链淀粉含量非常低或不含直链淀粉的蜡质淀粉。一般来说，直链淀粉含量与淀粉的可溶性有关，而支链淀粉通常负责膨胀能力。当淀粉颗粒在水中加热时，它们会膨胀，颗粒迅速扩大并延伸，直到变得坚硬和饱满。当颗粒完全膨胀但尚未塌陷或破裂时，达到最大黏度或峰值黏度。在达到峰值黏度之后，额外的机械应力或温度升高可能导致淀粉颗粒破裂。颗粒破裂后首先释放出的成分是直链淀粉，从而增强了溶解性。颗粒破裂的后果是黏度降低，流动性增加。

当天然玉米淀粉用 4-α-葡聚糖转录酶（4αGT）处理时，酶改性淀粉的直链淀粉含量与对照淀粉相比大幅降低。4αGT 处理过的淀粉中直链淀粉含量的降低是由于直链淀粉分子相对于支链淀粉分子的优先水解。4αGT 改性淀粉中的直链淀粉可能通过分子间转糖基作用将分离的直链淀粉的碎片转移到支链淀粉支链上，或通过分子内转糖基作用进行环化，从而产生残留的较小的线性链。

此外，淀粉的植物来源以及用于淀粉改性的酶的类型对直链淀粉含量有不同程度的影响。有报告称，在通过 AA、AG 和 CGT 酶对谷物淀粉（水稻和小麦）和块茎淀粉（马铃薯和木薯）进行酶促改性期间，直链淀粉含量降低，另外，对于经 AG 处理的谷物淀粉，直链淀粉含量增加。谷物和块茎酶解后直链淀粉含量的降低可归因于淀粉分子的解聚，这是由于糖苷键的破裂，其结果不仅对直链淀粉有影响，分子量、黏度、链长以及 α-1,6-糖苷键的比例也会降低。其直接后果是流动性的增加。各种淀粉直链淀粉含量的降低也会导致溶解性的降低，但溶胀能力的增加。AG 处理导致谷物淀粉直链淀粉含量增加的特殊情况可归因于解聚过程后的交联或分子内糖基转移。

三、分子结构

淀粉颗粒主要由直链淀粉和支链淀粉组成，并含有少量的中间物质、脂质和蛋白质。淀粉颗粒是半结晶的，不溶于水。淀粉的亲水性是由于构成淀粉分子淀粉链的每个葡萄糖基重复单元普遍存在的羟基。淀粉颗粒无定形区域的扭曲和无序性归因于直链淀粉和不稳定的支链淀粉。另外，淀粉颗粒的结晶性是由于有序的支链淀粉，这可能是由于其分支的非随机性和由此产生的对称性。

分子结构的基本要素是分子量、链长和官能团，淀粉改性对这些要素的影响将在下文充分阐明。经 4αGF 处理的普通玉米淀粉中，直链淀粉含量从 32.6%降低到 26.8%。据这些作者称，经 4αGT 改性的淀粉的分子量分布和链长分布显示分子量呈下降趋势。这归因于淀粉分子中淀粉链的裂解、重排和重组。必须指出的是，4αGT 属于 α-淀粉酶的大家族，也称为淀粉麦芽糖酶或 D 族，它能够进行各种反应，如水解、非均相、偶联和环化。偶联和非均相都是终止反应。在偶联中，自由基的生长链被系统内另一个优选较小的自由基阻止。另外，在不对称反应中，两条不断增长的链之间会发生重排，导致其中一个链中的质子被挤出，从而形成两种有机化合物；一种是饱和的，另一种是不饱和的，这由烯键的存在表明。环化是将线性化合物转化为环状化合物；它可以是内环化和外环化。

酶改性对链长分布、分子量分布以及 α-1,6-糖苷键比例的影响取决于淀粉的植物来源（谷物、块茎、豆类或青果）、淀粉的类型（常规淀粉、高直链淀粉和蜡质淀粉）以及酶的类型，主要是分支酶或去分支酶。

在涉及蜡质淀粉利用的特定实验中，对 BE、BE/GA 酶解作用对链长分布、分子量分布和 α-1,6-糖苷键比例的影响进行了详细阐明。首先，蜡质淀粉不含直链淀粉含量，空间位阻阻碍了分子内和分子间 α-1,6-糖苷键的有效转移。通过添加其他来源的直链淀粉和使用双酶（BE/GA）代替单酶（BE）解决了这一问题。结果表明，单独用 BE 处理时，蜡质淀粉的分子量没有变化，但双酶处理显著降低了分子量。平均分子量的降低可归因于 GA，它是一种外切酶，尽管 BE 为其实现奠定了基础。在添加 GA 之前，蜡质淀粉的结构可能已被 BE 过度削弱，最终导致解聚。α-1,4-糖苷键的解聚和产生的线性链转移到支点 α-淀粉酶（AA）、β-淀粉酶（BA）、环糊精葡萄糖转移酶（CGTase）、葡萄糖醛淀粉酶（GA）、转葡糖淀粉酶（TG）和去支化酶（DE）、去支化/羟丙基化（HPT）、支链酶（BE）、淀粉蔗糖酶（AS）、麦芽α-直链淀粉（MA）、热湿处理（HMT）、酸水解（AH）、酶处理（ET）、超声处理（UT）相当于增加支化和 α-1,6-糖苷键。此外，这也导致了线性链长和分子量分布的减少。必须指出的是，蜡质水稻淀粉的支链空间位阻阻碍了 BE 进入支化结构，导致对线性链的非酶作用。通过添加其他来源的直链淀粉以及应用双酶（BE/GA）处理，支链空间位阻得以减少或消除。

据观察，用 α-1,4-葡聚糖分支酶（GBE）处理玉米淀粉导致 α-1,6-糖苷点的增加和支链淀粉和直链淀粉的平均链长减少。具体而言，酶解 10h 后，α-1,6-糖苷分支点的数量增加了 64.6%，相比之下，支链淀粉和直链淀粉的平均链长度分别减少了 11.8% 和 29.5%。与上述段落一样，机制涉及 α-1,4-糖苷键的裂解以及裂解的线性部分转移到相邻糖链的 C6 羟基位置。结果导致支化增加，α-1,6-糖苷键的数量增加。这意味着酶处理后的淀粉结构排列中，(1→4) 键减少，(1→6) 键支化点增加。显然，链长和分子量也有所减少。这种支化程度高、支链淀粉含量低的酶改性淀粉将抵抗回生，可能不会在小肠中消化，而是在大肠中由微生物代谢，从而对健康产生积极影响。

还有其他研究，尤其是近期文献中的研究，得出了与上述研究相似的结果。这些研究利用两种 GBE，一种来自奥巴马氏红栖热菌 STBO5（Ro-GBE），另一种来自嗜热葡糖苷地芽孢杆菌 STBO2（Gt-GBE），底物为玉米淀粉。在这些工作中，都表明在实现设定目标时，双修饰比单修饰更受青睐。在这些工作中，各种淀粉的 α-1,4 和 α-1,6-糖苷键发生了酶促重排，导致前者减少，后者增加。此外，链长和分子量分布减少，直链淀粉含量也随之降低。简而言之，除了这些酶促重排淀粉结构导致支链增加和直链淀粉含量减少之外；大多数酶解的目的在于生产抗回生且能通过消化系统而不被消化的淀粉类食物，从而产生低血糖生成指数的淀粉类食物。

四、X 射线衍射分析

不同的研究人员不断指出，淀粉颗粒的非晶域主要由直链淀粉和扭曲或不稳定的支链淀粉组成，尤其是在 α-1,6 分支点，比高度稳定的结晶区域更容易受到酶处理的影响。当天然木薯淀粉通过复合酶（AA/GA）进行水解，并通过 X 射线衍射仪（XRD）研究其结晶度并与天然木薯淀粉进行比较时，发现 A 型图案得以保留，但衍射强度存在差异。两种淀粉（天然和酶解）都显示出 A 型图案，主要反射在 2θ 15.3°和 23.4°处，并且在 17°和 18°处存在一个可疑的双峰。酶解淀粉的结晶度增加与天然木薯淀粉相比，是由于双酶（AA/GA）优先攻击淀粉颗粒的直链淀粉非晶域；这有助于增强结晶度，因为天然木薯淀粉未经过处理。这就是为什么酶解淀粉具有更高的衍射强度，其结晶峰比天然木薯淀粉更大，如图 14-1 所示。

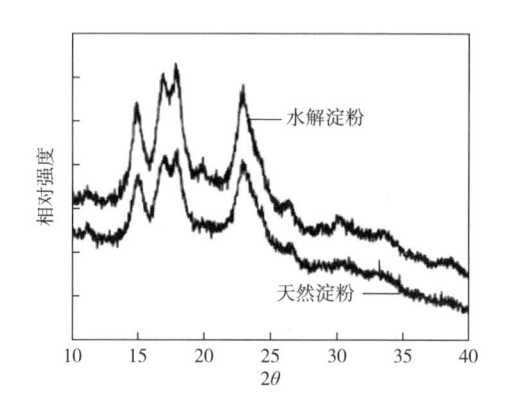

图 14-1 天然淀粉和水解淀粉的 X 射线衍射图谱

利用 X 射线衍射法研究了天然皱缩豌豆淀粉和经单独处理和与转糖酶（TG）联合处理的光滑豌豆淀粉的结晶度，并进行了比较。发现经 BA 处理后的糊化光滑豌豆淀粉中存在一些残留结晶度。这种新结构被归因于由于暴露的长内部链而发生的回生现象。天然淀粉的衍射图谱显示 C 型结晶度，仅由 2θ 5.60°、11.50°、15.40°、17.60°和 23.60°的 5 个特征峰组成。未经处理的皱缩豌豆淀粉和光滑豌豆淀粉的相对结晶度分别为 30.7%和 29.2%。结晶淀粉结构的差异可归因于其颗粒中淀粉成分的变化。

BA 和 TG 修饰对未处理淀粉的晶体结构具有显著而巨大的影响，酶解后 C 型晶体结构完全消失。此外，在两种天然豌豆淀粉中，复合酶（BA/TG）对结晶度的影响小于单独使用 BA 酶。由复合酶（BA/TG）改性的天然淀粉（皱皮豌豆淀粉和平整豌豆淀粉）的相对结晶度低于单独使用 BA 酶改性的。

存在协同作用；TG 的作用可能会影响 BA 处理过的淀粉对结晶度的影响。显然，结晶度在很大程度上受到支链淀粉分子链长度的影响。然而，如果短链太短且无法形成双螺旋结构，那么高结晶度对短链中较高直链淀粉含量的依赖可能就不成立了；因此，无法提高结晶度。

利用 X 射线衍射法研究了不同直链淀粉含量的水稻淀粉在不同酶作用下的多态性和结晶度变化。所使用的酶为 AA 和 AG，以及它们的组合（AA+AG），在 50℃ 下作用 3h 和 6h。未经处理和酶解的蜡质和普通水稻淀粉的 X 射线衍射图谱分别如图 4 所示。一般来说，大多数谷物淀粉都呈现出 A 型图谱，其特征是在 2θ 大约 15°和 23°处有强烈的衍射峰，并且在 2θ 17°和 18°处有争议的双峰。B 型衍射图谱与块茎、根茎、回生和直链淀粉含量高的谷物淀粉有关，其特征是在大约 17°处有最强的衍射峰，在 15°、20°、22°和 24°处有较小的峰，并且在 5.60°处有独特的峰。在淀粉化学研究中，通常会将淀粉颗粒中的缺陷，无论是结构上的还是形态上的，与非晶态区域、有缺陷的直链淀粉、无序或不稳定的支链淀粉以及支链淀粉的分支点联系起来。相比之下，淀粉颗粒的对称、有序和结晶性与稳定的支链淀粉有关。从根本上说，支链淀粉因其非随机分支的特性而具有结晶性，而直链淀粉则因其有限的随机分支的随机性而与无定形性有关，尽管其具有线性。直链淀粉有限的随机分支抵消了可能与其相关的任何结晶性。需要注意的是，蜡质淀粉有两种类型；一种是完全蜡质淀粉，不含直链淀粉含量（100% 支链淀粉含量），另一种是部分蜡质淀粉，含有有限的直链淀粉量。在本研究中，酶解作用导致蜡质大米淀粉的结晶性增加，这意味着它是部分蜡质大米淀粉。处理后的蜡质大米淀粉相对结晶性的增加是合理的，因为其有限的非结晶域的酶解作用。相比之下，普通或正常的稻淀粉具有丰富的无定形区，大量扭曲和稳定的支链淀粉，因此，经过酶处理后，与直链淀粉和扭曲的支链淀粉相关的无定形区被侵蚀和降解，因此相对结晶度降低，而不是真正的结晶度。对两种淀粉（普通淀粉和蜡质淀粉）的酶解作用对结晶区域没有影响，而对非晶区域影响较大。必须指出的是，酶处理对普通大米淀粉的影响比对蜡质大米淀粉的影响更大。此外，蜡质淀粉比普通淀粉更有可能具有更稳定和有序的支链淀粉。在谷物淀粉和块茎淀粉中，多态性在酶处理后保持不变，谷物淀粉为 A 型，块茎淀粉为 B 型，但衍射图样的强度存在明显差异，对结晶度的影响可能是负面的，也可能是正面的。

此外，C 型（A 型和 B 型的混合）常见于豆类淀粉中。一些研究人员报告称，所讨论的常规和蜡质水稻淀粉属于典型的 A 型衍射图谱。经过真正处理和未经处理的水稻淀粉（常规和蜡质）具有相似的结晶度；差异在于衍射峰的强度。在蜡质水稻淀粉用复合酶（AA 和 AG）处理 6h（WAM 和 AMG6）后，相对结晶度从天然蜡质水稻淀粉的 27.93% 增加到改性蜡质水稻淀粉的 30.75%。在常规水稻淀粉中，相对结晶度从 RAMG6 的 17.86% 降低到 17.86%。所有这些讨论都表明，酶处理仅发生在初始反应时间内的非晶态区域。

五、差示扫描量热法

在一项使用天然木薯淀粉并在复合酶（AA 和 GA）存在的情况下进行的实验工作中，水解淀粉的糊化转变温度（GTTs）（T_o、T_p 和 T_c）低于天然淀粉的糊化转变温度。对于相同的分析，仍然使用差示扫描量热法（DSC），天然淀粉的焓值（J/g）含量低于改性淀粉的焓值（表 14-1）。GTTs 与热量的反比关系使得阐明改性淀粉的糊化参数结果变得困难。对复合酶（AA/GA）生产多孔淀粉以及改性淀粉与天然木薯淀粉相比结晶度的增强与糊化参数有关。改性淀粉的 GTTs 低于天然淀粉，这表明改性淀粉中存在许多短支链淀粉链，而天然淀粉中不存在。据称，在阐明淀粉的糊化特性时，淀粉颗粒中淀粉短链的含量比直链淀粉含量更重要。改性淀粉中可能存在大量短支链淀粉分子，这降低了其在淀粉晶格中的填充效率，导致其 GTTs 低于天然木薯淀粉。

天然木薯淀粉中支链淀粉的短支链较少，能够更好地填充在淀粉小颗粒内部，导致其糊化温度（GT）高于水解淀粉。相比之下，改性淀粉的糊化热焓高于天然木薯淀粉，表明前者的分子有序性更高或晶体更稳定。根据糊化温度（GT）的结果，天然木薯淀粉比水解淀粉更稳定。然而，糊化热焓显示改性淀粉的分子有序性高于天然木薯淀粉。这种矛盾仍然存在。让我们研究一下糊化温度范围（R）（T_c-T_o），天然木薯淀粉的 R 为（87.40±18.60）℃，而复合酶水解淀粉的 R 为（73.40±10.90）℃。改性淀粉的 R 较低表明其小颗粒的晶体比天然木薯淀粉的晶体具有更高的结晶度，这一观点得到了实验支持。简而言之，实验结果得到了糊化热焓和范围的支持；然而，与糊化温度（GT）存在差异。必须指出的是，在测定各种淀粉的糊化特性时，还有其他因素需要考虑，例如在此过程中使用的水量以及淀粉颗粒是否受损。

表 14-1 酶改性淀粉的糊化性能

淀粉来源	酶的种类	仪器	淀粉：水	扫描范围/℃	升温速率/℃	T_o/℃	T_p/℃	T_c/℃	ΔH/(J/g)
蜡质玉米	AS	DSC	1∶2.5	20~150	10	70.30	83.50	98.70	8.70
木薯	AG	DSC	1∶3	30~120	10	58.38	62.53	72.32	17.18
	AA	DSC	1∶3	30~120	10	57.49	62.70	72.53	18.98
	CGTase	DSC	1∶3	30~120	10	57.82	63.03	72.86	18.85
马铃薯	AG	DSC	1∶3	30~120	10	52.60	56.20	61.91	22.55
	AA	DSC	1∶3	30~120	10	50.88	55.37	61.15	15.64
	CGTase	DSC	1∶3	30~120	10	51.03	57.78	64.29	22.22
大米	AG	DSC	1∶3	30~120	10	60.83	66.78	75.53	20.62
	AA	DSC	1∶3	30~120	10	59.37	67.20	74.68	19.50
	CGTase	DSC	1∶3	30~120	10	61.74	64.45	73.78	19.34
小麦	AG	DSC	1∶3	30~120	10	58.58	60.78	64.93	19.33
	AA	DSC	1∶3	30~120	10	57.51	60.37	64.48	18.99
	CGTase	DSC	1∶3	30~120	10	56.68	59.62	63.49	18.18
玉米	AA/GA	DSC	1∶10	45~95	10	61.71	67.82	74.58	NA

对不同酶（AA、AG 和 CGTase）对天然和酶解谷物（小麦和水稻）以及块茎（马铃薯和木薯）淀粉糊化参数的影响进行了广泛研究。他们观察到天然和酶解淀粉的 GTT（起始温度、峰值温度和结束温度）和焓值存在显著（$P<0.05$）差异。天然水稻淀粉的 GTT 最高，其次是木薯、马铃薯和小麦淀粉。似乎酶处理仅显著改变了 T_c。如果考虑酶对各种淀粉的相互作用，则在糊化温度范围（T_o 和 T_c）的组成中检测到主要差异。各种淀粉的多孔淀粉研究表明，谷物多孔淀粉（小麦和水稻）具有更高的 T_o，但经 AA 处理的水稻淀粉除外。

相比之下，块茎多孔淀粉的 T_p 和 T_c 较低。酶处理往往会影响谷物淀粉的糊化起始，而对于块茎淀粉则会影响糊化的结束。这些可归因于支链淀粉支链的长度、颗粒表面的孔隙以及内部通道等因素。

很难对各种淀粉的糊化热以及酶对其的影响进行合理化解释，因为似乎不存在这样的相互关系。在天然淀粉中，马铃薯淀粉的焓值最高，其次是木薯淀粉、小麦淀粉和水稻淀粉。这并不一定意味着天然马铃薯淀粉比其他淀粉更稳定或具有更高的结晶度，因为这种考虑涉及其他因素和参数。在天然淀粉中，已知马铃薯淀粉具有最高的溶胀能力，这是由于存在磷酸酯单酯及其对淀粉链的排斥作用，使得水分子容易渗入淀粉颗粒。这样的淀粉怎么能是最稳定或最耐热和机械搅拌的呢？除了多孔水稻淀粉显示出更高的 ΔH 外，所有经过酶处理的淀粉的焓变都低于其天然淀粉。多孔水稻淀粉的这种异常行为表明，多孔水稻淀粉的结晶和非结晶区域的性质与其他淀粉不同。

使用差示扫描量热法（DSC）对天然玉米淀粉和多孔玉米淀粉（改性玉米淀粉）的热性能进行了研究和比较。天然玉米淀粉通过复合酶（AA/GA）水解，结果表明天然玉米淀粉的糊化温度（GT）分别为 55.43℃、63.70℃ 和 73.28℃，分别对应于 T_o、T_p 和 T_c。表 14-1 中多孔玉米淀粉的 GTs 高于天然玉米淀粉。此外，天然玉米淀粉的计算糊化温度范围（R）为 17.85℃，多孔玉米淀粉的计算糊化温度范围也为 12.87℃，并且没有关于糊化焓的信息。综上所述，改性淀粉的 GT 高于天然玉米淀粉，但 R 值较低。多孔玉米淀粉的 GT 高于天然玉米淀粉意味着启动多孔玉米淀粉糊化需要更多的能量。这也表明改性玉米淀粉的微晶比天然玉米淀粉具有更高的稳定性。这是支链淀粉微晶在微晶层内更好、更紧密堆积的结果。相比之下，多孔玉米淀粉的 R 值高于天然玉米淀粉，表明天然玉米淀粉链之间性质更松散，吸引力更弱。多孔玉米淀粉的 R 值较低，表明其微晶的结晶度比天然玉米淀粉更高。

六、扫描电子显微镜

酶法淀粉改性主要有三个实际原因，即形成多孔淀粉、十二烷基硫酸钠（SDS）和抗性淀粉（RS）。抗性淀粉在小肠中不被消化，进入结肠，在那里微生物将其代谢为短链脂肪酸，对健康有积极影响。一般来说，天然淀粉不含孔隙，但对于某些含有一些有限孔隙的淀粉，这些孔隙不足以使淀粉被定义为多孔淀粉。因此，多孔淀粉通常是通过化学、物理、酶法或复合改性从淀粉中产生的。颗粒表面或内部产生的形态缺陷取决于淀粉的类型、酶的类型和性质以及反应条件（浓度、pH、温度和介质）。

在一项广泛的研究中，对天然玉米淀粉进行了挤出、生物挤出处理，并

第十四章 酶改性对淀粉结构与性质的影响

使用复合酶（AA 和 GA）对其进行了酶解处理。这些挤出技术和酶解处理的组合最终产生了具有不同孔隙率和比表面积的多孔淀粉，如图 14-2 所示。通过扫描电子显微镜（SEM）研究，天然淀粉颗粒是光滑、球形和椭圆形的，直径为 5~26μm。不能排除挤出和生物挤出（挤出+AA）淀粉上存在有限的孔隙、凹陷和裂缝的可能性，这些在显微镜图像上不可见。但是，在使用挤出作为预处理的酶解处理后，多孔淀粉的多孔性清晰可见。天然多孔淀粉—天然淀粉+AA+GA；挤出多孔淀粉—挤出淀粉+AA+GA；以及生物挤出多孔淀粉—挤出淀粉+AA+AA+GA 及其孔隙清晰可见。SEM 图像分析显示，天然多孔淀粉、挤出多孔淀粉和生物挤出多孔淀粉的平均孔径分别为 1759nm、1280nm 和 850nm。结果表明，在相同的酶解条件下，挤压多孔淀粉和生物挤压多孔淀粉的孔径比天然多孔淀粉小。毫无疑问，挤压过程作为酶解的预处理，通过形成最小的孔隙、凹陷、裂缝和其他形态缺陷来制备颗粒表面，以便酶有效地渗透到颗粒内部。

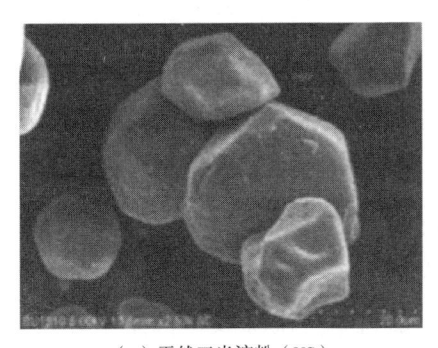

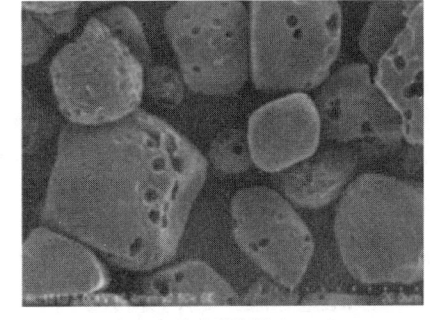

（a）天然玉米淀粉（NS）　　（b）天然多孔淀粉（NPS）

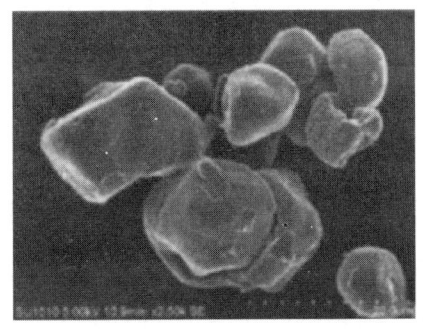

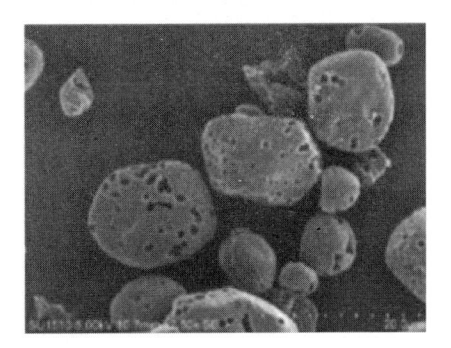

（c）挤压淀粉（ES）　　（d）挤压多孔淀粉（EPS）

图 14-2

（e）生物挤压淀粉（EES）　　　　　　（f）生物挤压多孔淀粉（EEPS）

图 14-2　不同处理下淀粉的扫描电子显微镜图像

此外，挤压处理还能够削弱颗粒的结构，并为酶的吸附和化学吸附创造更多的活性位点。AA（内切淀粉酶）能够水解 α-1,4-糖苷键的内部和线性部分。另外，GA（外切淀粉酶）能够水解 α-1,4-糖苷键和 α-1,6-糖苷键。挤压过程与复合酶之间存在协同作用的可能性很大。

对不同直链淀粉含量（常规淀粉和蜡质淀粉）的水稻淀粉的结构和形态进行了研究，并在 50℃下用 AA 和 GA 处理 3h 和 6h；使用扫描电子显微镜（SEM）进行比较和研究。在酶解之前，天然常规水稻淀粉颗粒和天然蜡质水稻淀粉颗粒的形状是多面体和不规则的。此外，两种淀粉颗粒都具有锐角和边缘，并具有一些不寻常的孔隙（图 14-3）。水稻淀粉颗粒大多光滑、扁平，并具有轻微的凹面。水稻淀粉颗粒和蜡质水稻淀粉颗粒之间没有形态学差异。酶解处理后，根据使用的酶（AA 和 AG）、单独或组合使用以及淀粉类型（常规或蜡质），产生了不同的形态缺陷。颗粒形态、孔隙率和孔径分布高度依赖于外部和内部因素。之前的研究者也证实了酶对水稻淀粉颗粒的影响。AA 处理蜡质淀粉 3h（WAM3）和 6h（WAM6）会产生表面侵蚀和大空洞。AG 对蜡质淀粉的影响产生了内腐蚀和迅速的空洞（WAMG3 和 WAMG6），而复合酶的作用表现为由浅至深的颗粒状孔隙（WAM+AMG3 和 WAM+AMG6）。

通常，对常规天然淀粉颗粒进行 AA（RAM3 和 RAM6）和 AG（RAMG3 和 RAMG6）的酶解会导致一些颗粒中有深的孔洞。同时，使用复合酶表明存在更多的表面侵蚀（外腐蚀）。显然，天然淀粉颗粒的酶处理并不均匀，这种不均匀性也是由许多因素造成的：各种天然淀粉颗粒（谷物、豆类、绿色水果、根茎和块茎）的个性和独特性；各种天然淀粉颗粒的不同形态（大小和形状）；谷物淀粉颗粒通常较小，而根茎和块茎的淀粉颗粒通常较大，必须考虑某些谷物淀粉颗粒中天然针孔或孔隙的存在以及根茎和块茎颗粒明显的平滑性（这就是谷物淀粉颗粒比根茎和块茎淀粉颗粒更易受酶处理影响的原因）；各种天然淀粉颗粒的不同形状（有些是规则的，其他的是规则的、球形的、透镜形的、多面体的和截顶的）。在上述关于常规和蜡质水稻淀粉的研究中，水稻淀粉颗粒的不均匀性或异质性比蜡质水稻淀粉颗粒更显著。

(a) 蜡质天然水稻淀粉　　(b) WAM3　　(c) WAM6
(d) WAMG3　　(e) WAMG6　　(f) WAM+AMG3
(g) WAM+AMG6　　(h) 普通天然水稻淀粉　　(i) RAM3
(j) RAM6　　(k) RAMG3　　(l) RAMG6

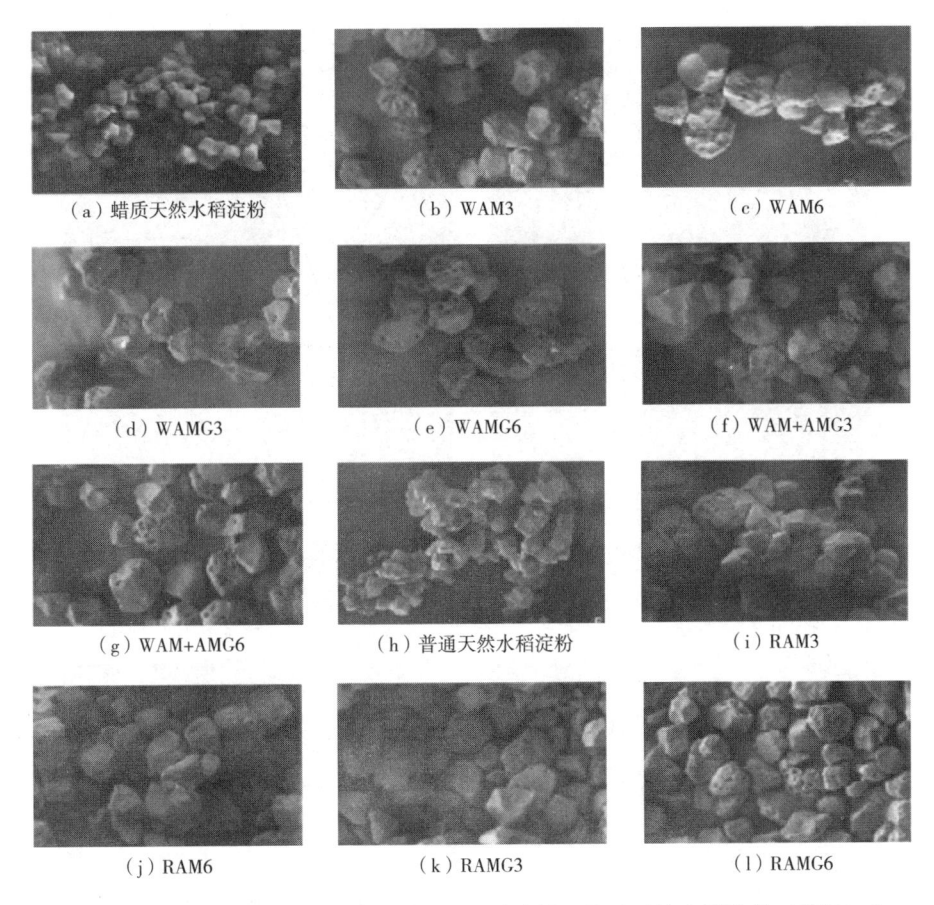

图 14-3　天然蜡质水稻淀粉（蜡质）和孔隙淀粉、普通天然水稻淀粉（普通）和孔隙淀粉的扫描电子显微镜（SEM）显微图

对小麦淀粉和玉米淀粉进行了双酶（AA/GA 和 BE/GA）和三酶（AA/BE/GA）处理，并使用扫描电子显微镜（SEM）对两种淀粉的形态和结构降

解进行了研究和比较。天然小麦淀粉颗粒的形状光滑（无孔），呈晶状、盘状或球形（图 14-4）。相比之下，天然玉米淀粉颗粒的形状为球形或多边形，颗粒表面有小孔隙。这一起点表明玉米淀粉颗粒更容易受到酶解作用的影响。由于存在表面针孔，与表面光滑、抗酶解的小麦淀粉颗粒相比，酶更容易穿透颗粒表面进入内部。经 AA/GA 处理的小麦淀粉颗粒沿赤道槽呈现出大孔隙的表现。这表明赤道槽比其他部分更易受到酶解作用的影响，并可能影响颗粒破裂。小麦淀粉颗粒上也形成了小孔隙。

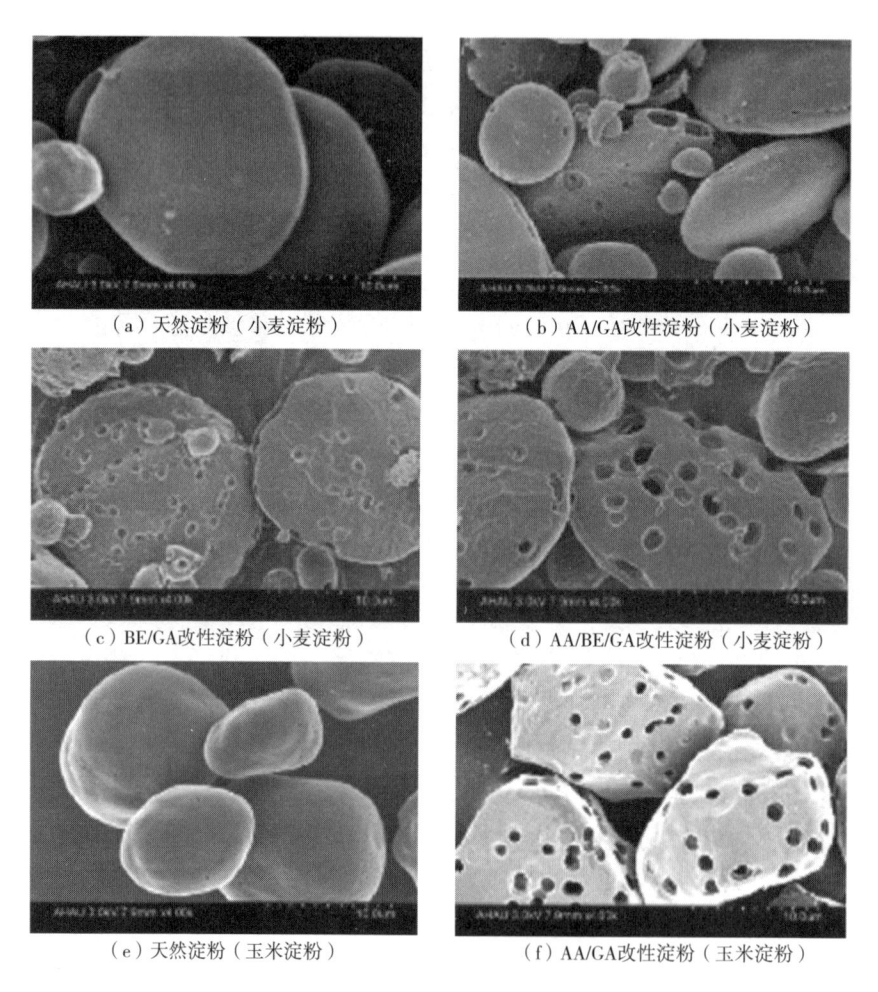

（a）天然淀粉（小麦淀粉）　　（b）AA/GA改性淀粉（小麦淀粉）

（c）BE/GA改性淀粉（小麦淀粉）　　（d）AA/BE/GA改性淀粉（小麦淀粉）

（e）天然淀粉（玉米淀粉）　　（f）AA/GA改性淀粉（玉米淀粉）

图 14-4　小麦淀粉与玉米淀粉不同处理下的 SEM 图

AA/GA 对玉米淀粉颗粒的影响比对小麦淀粉颗粒的影响更为强烈，这可能是由于最初在前者表面上出现孔隙。经 AA/GA 处理过的玉米淀粉颗粒会形成深的孔隙，因为由于表面的孔隙，酶能够轻易穿透并进入内部，而小麦淀粉颗粒的光滑表面可能会对酶的轻易穿透产生阻力。用另外两种酶（BE/GA）处理小麦淀粉颗粒会导致出现浅的表面孔隙。相反，用 BE/GA 处理玉米淀粉颗粒所产生的深孔数量比用 AA/GA 处理的淀粉颗粒要少。对小麦淀粉颗粒进行三种酶（AA/BE/GA）的修饰，会在其表面更脆弱的赤道凹槽上形成更大、更深的孔隙。对于玉米淀粉颗粒，用 AA/BE/AU 处理时，产生的深孔比其他两种酶处理产生的更深。在 AA/BE 处理中，BE 在支链淀粉上引入许多分支点以及较短的支链，通过 GA 增强水解作用。经 AA/BE 处理过的淀粉在结构和形态上为其做好了准备，以便于被 GA 渗透和作用。这解释了为什么三酶改性淀粉比双酶改性淀粉的孔隙性更强。酶（AA、BE 和 GA）之间存在显著的协同作用，随着每种酶的添加，逐渐形成更深层次的表面孔隙。毫无疑问，由于玉米淀粉会产生更大、更深的孔隙，而最初的小孔会导致其比小麦淀粉更容易水解。

七、粘贴属性

在一些项研究中，他们比较了块茎淀粉（马铃薯和木薯）和谷物淀粉（小麦和水稻）的糊化特性，以及单个酶（AA、AG 和 CGTase）对这些淀粉糊化特性的影响。这些未经处理的淀粉的糊化特性存在明显差异。例如，谷物淀粉的峰值黏度、峰值时间（BV）和最终黏度低于块茎淀粉。这可能是由于块茎淀粉的淀粉颗粒较大，其吸水能力比谷物淀粉的较小颗粒更强。谷物淀粉的较低溶胀能力意味着它们在热搅拌和机械应力下的抗性更强（BV 较低），与块茎淀粉相比。淀粉的直链淀粉含量与其最终黏度和回生之间存在直接的比例关系。这些黏度参数（FV 和 SV）越高，天然淀粉的回生和直链淀粉含量就越高。天然谷物淀粉的最终黏度可能较低，可能还有回生较低，这可能是由于它们的直链淀粉含量低于块茎淀粉。不同淀粉的糊化作用导致形成了具有不同糊化性能的多孔淀粉。糊化性能取决于淀粉来源，同一植物来源的多孔淀粉比不同植物来源的多孔淀粉更相似。这种酶的影响在块茎淀粉中比在谷物淀粉中更显著。文献记载，各种淀粉的酶敏感性取决于以下因素：淀粉来源（谷物、块茎、豆类或绿色水果）；表面颗粒活性区域（存在或不存在形态缺陷）；淀粉成分之间的结合强度（直链淀粉—直链淀粉和直链淀粉—

支链淀粉）；直链淀粉与支链淀粉的比例；结晶度；多态性（A、B或C）；直链淀粉—脂质复合物；酶的类型以及水解反应条件。

通过 AG 处理得到的孔状淀粉比天然淀粉的峰值黏度更低，尤其是水稻孔状淀粉的峰值黏度最低，这可能是由于酶解后其直链淀粉含量较大。谷物淀粉的总溶解固体和表观黏度值较低，但经 AG 处理后，水稻淀粉的表观黏度较低。在这些酶处理对糊化性能的影响中，不同的影响增强了。经 AA 处理后，块茎淀粉显示出显著的（$P<0.05$）马铃薯淀粉和木薯淀粉的直链淀粉含量从 26.53%分别降至 21.81%，导致其物理性质、生化性质和功能性质的下降。总的来说，对谷物淀粉和块茎淀粉进行 AA 处理，导致各种水解淀粉的直链淀粉含量在不同程度上降低。

此外，只有木薯淀粉的糊化温度和糊化稳定时间有所下降；相比之下，经 AG 处理后，马铃薯淀粉的这些参数有所改善。不同的酶处理对块茎淀粉和谷物淀粉的糊化性能有不同的影响。有时，同一种酶对同一类别（如小麦和水稻或马铃薯和木薯淀粉）的淀粉的糊化影响是不同的。一般来说，由于谷物淀粉中存在形态缺陷，而块茎淀粉颗粒的表面相对坚硬光滑，AA 似乎更有利地攻击并破坏了谷物淀粉的无定形区域，而不是块茎淀粉。经 CGTase 处理后，马铃薯淀粉的糊化参数显著（$P<0.05$）下降。

另外，据报道，经 GCTase 处理后，小麦和木薯淀粉的峰值黏度、峰值温度、糊化力和稳定性较低，但持水力较高。相比之下，经 CGTase 处理后，水稻淀粉的持水力和稳定性有所增加；对水稻淀粉进行类似处理后，其峰值温度和糊化力有所下降。上述分析表明，由于颗粒表面形态的明显差异，谷物淀粉比块茎淀粉更容易酶解。

很难对各种淀粉的糊化热以及酶对其的影响进行合理化解释，因为似乎不存在这样的相互关系。在天然淀粉中，马铃薯淀粉的焓值最高，其次是木薯淀粉、小麦淀粉和水稻淀粉。这并不一定意味着天然马铃薯淀粉比其他淀粉更稳定或具有更高的结晶度，因为这种考虑涉及其他因素和参数。在天然淀粉中，马铃薯淀粉由于存在磷酸酯和其对淀粉链的排斥活性，而具有最高的溶胀能力，这使水分子容易渗入淀粉颗粒。这样一种淀粉怎么能是最稳定或最耐热和机械搅拌的呢？除了多孔水稻淀粉显示出更高的 ΔH 外，所有经过酶处理的淀粉的焓变都低于其天然淀粉。多孔水稻淀粉的这种异常行为表明，多孔水稻淀粉的结晶和非结晶区域的性质与其他淀粉不同。

八、淀粉的老化

淀粉回生是一种后糊化过程。它试图在糊化过程中重新创造一些失去的结晶度；当糊化的淀粉冷却时，淀粉链中直链淀粉含量的短期或瞬间相互作用构成淀粉分子或支链淀粉的长效作用被称为回生。回生通过使结晶度略有增加和熵略有减少，将糊化过程中产生的无定形性和熵增加的破坏性作用最小化。回生过程中发生的改变通常通过广角 X 射线衍射法、^{13}C 核磁共振法、差示扫描量热法、傅里叶变换红外光谱法和分光光度法进行监测。

构成回生过程的三个阶段依次为成核、扩展和成熟。在对淀粉回生进行广泛研究后，已经确定了一些显著的事实：回生淀粉具有 B 型晶体模式；线性直链淀粉链的重新结合速度比高度支化的支链淀粉链快；较长的支链淀粉链比短链的支链淀粉回生速度更快。在碱性介质中，负电荷相互排斥，在这种情况下不会发生回生；回生淀粉的熔点低于天然淀粉。

淀粉老化是淀粉糊化后的一个过程，给食品行业带来了许多食品质量问题。具体来说，对许多淀粉类食品的感官和储存品质的有害影响使淀粉老化引起了食品行业的关注。淀粉颗粒不溶于水，其主要成分是直链淀粉和支链淀粉。通过物理、化学、酶解或多种淀粉改性方法对天然淀粉中发现的直链淀粉和支链淀粉的分支点和结构的重新排列可以减少老化。因此，酶解是延缓老化的首选方法，因为它通过干扰淀粉链的重新结合而具有环保和抑制老化的作用。

通过以下酶（4αGT、46αGT、α-1,4-葡聚糖支链酶、环糊精酶和产生低聚糖的淀粉酶）改变淀粉的侧链分布来延缓淀粉老化的尝试已有相关文献报道。使用能增加支链淀粉与直链淀粉比例的 GBEs 对淀粉进行改性，可以延缓短期支链淀粉的老化和长期支链淀粉的老化，导致支链淀粉的老化减缓，其再结晶延迟的时间比直链淀粉长。

食品行业一直在努力解决淀粉在长期储存期间的老化问题。在一项实验中，天然马铃薯淀粉经过 GBE 处理，并使用差示扫描量热法（DSC）对结果进行了研究。经过酶处理后，改性马铃薯淀粉的 GTTs 和糊化热（ΔH）低于天然马铃薯淀粉。具体来说，天然马铃薯淀粉的 ΔH 为 11.57J/g，而改性马铃薯淀粉在 10min 后为 8.09J/g，30min 后为 6.11J/g。这些结果表明，改性马铃薯淀粉的 GTTs 和 ΔH 低于天然马铃薯淀粉，表明前者比后者更不稳定，结构更脆弱。这表明改性马铃薯淀粉中存在大量的短支链淀粉分子，降低了淀粉晶体的堆积效率，导致 GTTs 和 ΔH 降低。这些结果表明，经 GBE 处理后，淀粉的结构发生了改变。经 GBE 处理的马铃薯淀粉的 ΔH 值较低，表明马铃薯淀粉中长链的比例增加，从而防止淀粉老化。这些处理形成短链也被归因于减少淀粉老化。简而言之，GBE 处理增加支链淀粉的分支化以及减少直链淀粉的量，延缓了淀粉的老化，有利于食品工业的活动。

九、流变性能

为了改善天然木薯淀粉的功能性，对其进行了三酶（AA/BA/TG）处理，并对其流变性能进行了研究。结果表明，当 TG 处理时间在 2~4h 范围内时，酶改性淀粉表现出更大的弹性模量、黏性模量和较小的损耗角正切值。相比之下，当 TG 处理时间在 8~10h 范围内时，观察到相反的效果。这些关于流变性能的结果在多改性过程中对最后改性阶段的影响很大。改性过程的第一和第二阶段为最后阶段（TG）的作用在结构和形态上做好了准备。最终产品的特性完全归因于最后阶段的影响。然而，不可否认的是，第一和第二阶段通过创建表面裂缝、孔隙和弱化淀粉结构来创造有利条件，为最后阶段做准备，其效果是显而易见的。在这个特定的例子中，这三种酶（AA/BA/TG）的作用可能是如下：首先，用 AA 水解天然木薯淀粉生成小分子量的 α-葡聚糖；其次，BA 增加从 α-葡聚糖非还原端 α-1,4-糖苷键的水解，形成麦芽糖残基；再次，α-葡聚糖被转化为具有较短支链长度的 β-葡聚糖，易受 TG 作用；最后，决定性阶段是 TG 对 β-葡聚糖的作用，TG 通过转糖基作用催化后者，将 α-1,4-糖苷键转移到 α-1,6-糖苷键上，从而产生一种新的、支链密度更高、短链数量更多的高度支化的产物。

这项广泛研究以天然木薯淀粉为底物，并使用三种酶（AA/BA/TG），得出了众多结果。研究发现对照组和酶处理过的淀粉糊均为非牛顿流体，具体为假塑性流体。这是由于与对照淀粉糊相比，随着剪切速率的增加，其糊的表观黏度降低。酶处理过的木薯淀粉黏度的这种显著降低归因于以下原因：TG 或 AA/BA/TG 的改性导致直链淀粉链之间的缠结减少，这也降低了直链淀粉水平，从而降低了改性淀粉的黏度；在酶处理之前，存在较长的支链长度，而在改性后转变为相对较短的支链长度，这些效应通常会降低淀粉链之间的分子内和分子间力，从而维持一定程度的秩序和对称性。酶解作用破坏了这些秩序，并减少了淀粉颗粒中聚合成分之间的缠结，从而降低了淀粉糊的表观黏度。淀粉糊黏度的重要性不容小觑，因为淀粉的应用依赖于此，天然木薯淀粉的高黏度限制了其利用，因此酶解在降低淀粉糊黏度方面的重要性凸显出来。研究结果表明，随着热风干燥处理时间的增加，酶处理木薯淀粉的黏度降低。此外，对照组和酶改性木薯淀粉糊的行为表明它们为非牛顿流体；具体而言，随着热风干燥处理时间的增加，假塑性类型及其特性进一步减弱。

还讨论了对照组和酶改性木薯淀粉的流变性能变化，包括在25℃下，对于两种10%的淀粉糊，在不同热解聚糖处理时间下，随角频率（ω）的变化的储能模量（G'）、损耗模量（G''）和损耗角正切值（$\tan\delta = G''/G'$）。G'表示遵循胡克定律的固体的弹性性质，G''表示黏性液体性质。在本研究中，对于对照组和酶改性木薯淀粉糊，G'和G''与ω成正比，所有样本的G'值均大于G''值，表明典型的弱凝胶网络具有黏弹性特性。在具有成分相互作用的体系中，流变性能的变化通常通过$\tan\delta$来评估。后者小于1（$\tan\delta<1$）表示更具有固体行为的弹性材料。另外，$\tan\delta>1$表示更具有黏性液体行为的性质。对于所有淀粉样品，即对照组和酶处理的木薯淀粉，$\tan\delta$均小于1，表明弹性性质占主导地位，而液体黏性特性则相对较弱。

十、傅里叶变换红外光谱法

以下证据表明，在β-淀粉酶作用后，可溶性玉米淀粉颗粒的红外特征峰未发生显著差异，如图14-5所示，通过傅里叶变换红外光谱（FTIR）对天然淀粉和经β-淀粉酶改性的淀粉进行表征。首先，天然玉米淀粉和经BA处理过的淀粉的FTIR光谱基本相似。天然玉米淀粉和经β-淀粉酶改性的淀粉中还有其他类似的宽峰和带。近3390.91cm^{-1}的峰表示淀粉和水羟基的存在。2924.31和1640cm^{-1}的带可归因于C—H拉伸振动和连接水弯曲振动。在指纹区域（1200~1000cm^{-1}），出现了3个特征峰，分别为1153.33、1080.00和1022.22cm^{-1}。1153.33和1080.00cm^{-1}的峰可归因于无水葡萄糖环的C—O拉伸振动。在1022.22cm^{-1}处的尖锐峰值很可能归因于淀粉中C—O—C的C—O伸缩振动，表明存在α-1,6-糖苷键。天然可溶性玉米淀粉和经BA处理过的淀粉的傅里叶变换红外光谱有大量的相似之处。例如，γ（C—H）范围表明天然淀粉和水解淀粉中D-吡喃糖单元的构型没有变化，最有可能呈现C1椅式构型。天然玉米淀粉用双酶（AA/GA）进行改性，并利用傅里叶变换红外光谱对天然玉米淀粉和酶解产生的孔隙玉米淀粉的分子结构和官能团进行了研究和比较。

酶解后，特有的吸收峰没有改变。这归因于酶（AA/GA）无法改变分子结构。这也意味着孔隙玉米淀粉（改性淀粉）的官能团与天然玉米淀粉相比没有改变。然而，改性后，孔隙的产生降低了颗粒淀粉的密度，导致独特吸收峰的强度降低。

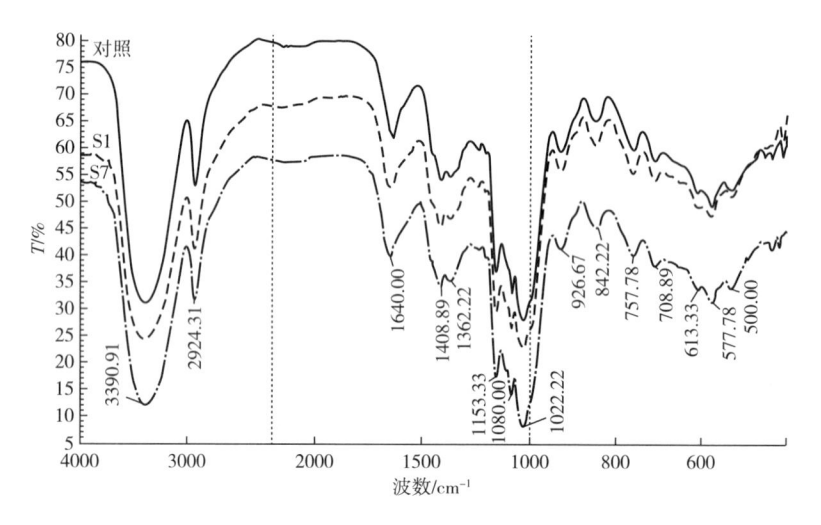

图 14-5　经 β-淀粉酶降解的可溶性淀粉颗粒的傅里叶变换红外光谱

第四节　酶法改性淀粉的应用

用各种酶对淀粉进行改性会改变大分子的技术功能特性。酶对淀粉的作用会导致产生去支链淀粉，其中包含线性短链，并形成具有更高凝胶强度的热可逆凝胶。这些改性淀粉可以表现出类似脂肪的碳水化合物特性，形成热可逆凝胶，能够有效地替代菜肴中的一种或多种脂肪，并提供一系列类似脂肪的口感特性，从脂肪到丝滑再到黏性，因此可用于低热量食品、烘焙食品、面条、替代明胶、冰激凌和油水乳液中的乳化稳定剂。

一、面包

用冷冻面团制作的面包在质地和老化特性方面表现不佳。在冷冻食品中使用未经改性的淀粉会导致在冻融过程中发生严重的质地变化。使用环糊精葡聚糖转移酶（CGTase）和分支酶来改变一种具有良好冻融稳定性的玉米淀粉，并将其命名为 CBAC。在多次冻融循环中，向面团中添加酶改性的玉米淀粉可以保持面团的特性和面包体积。经过三次冻融循环后，用 5% 的 CBAC 制作的面包比对照面团保留了 19% 的水分。更大的水分保持潜力将导致面包质地更柔软。相比之下，用 CBAC 处理过的面团制作的面包在整个储存过程中表现出较低的回生和持久的柔软性，这可能是由于形成了许多 DP<10 的短支链。这些低分子量、短支链的支链淀粉在防止脱水收缩方面非常有效，从而赋予面包抗老化的特性。CBAC 是一种清洁标签淀粉选择，在重复冻融循环和面包储存过程中具有很强的食品稳定性和抗老化特性。有学者设计了一项研究，旨在通过浸渍淀粉修饰酶 MA 和淀粉麦芽糖酶来原位修饰淀粉。结果表明，MA 有助于产生去支链淀粉，在储存期间减少回生和面包硬度。此外，支链淀粉的短链对肠道中胰淀粉酶的攻击具有抗性，从而产生较低的血糖反应。将含有马铃薯块茎的不成比例酶和含有苎麻叶的 β-淀粉酶的混合物应用于改善无麸质面包的特性。根据质地分析，回生、直链淀粉含量从 14% 减少到 9% 以及支链淀粉链长（DP<9）都有所降低。通过不成比例酶将直链淀粉的葡聚糖部分转移到支链淀粉上可能是直链淀粉含量降低的原因。此外，直链淀粉含量也与硬度成正比。在这种情况下，直链淀粉含量低，导致面包松软，比容高。

二、冰激凌中的乳化剂和稳定剂

以不同的葡萄糖当量（DE）为原料，制备了 α-淀粉酶诱导的 OSA 改性玉米淀粉酶解产物。这种酶解 OSA 玉米淀粉可以作为乳化剂应用于油水乳液体系中。用 OSA 改性和用 α-淀粉酶解的玉米淀粉增强了玉米淀粉的乳化能力，其 HLB 值大于 10，可应用于油水乳液中，这种乳化剂在冰激凌中能提高冰激凌的可膨胀性和感官评分。经 α-淀粉酶酶解的芋头淀粉在冰激凌中的稳定效果比用瓜尔胶稳定的冰激凌更好。在 0.5% 的水平下酶解芋头淀粉可有效提高冰激凌的泡沫稳定性、黏度和膨胀率，优于用传统稳定剂（即瓜尔胶）制备的冰激凌。与其他标准食品添加剂相比，这有几个优点，包括价格低廉、口感最佳以及低熔点以提高储存稳定性。

三、凝胶剂和植物源性明胶

明胶是食品加工中常用的水溶性胶体，但一些消费者群体无法接受，并且由于其动物来源，也不能用于素食、清真或犹太食品中。通过从嗜热菌嗜热链球菌 HB8 细菌中提取的嗜热淀粉酶在大肠杆菌中对马铃薯淀粉进行改性。经淀粉芽孢杆菌酶改性的马铃薯淀粉在浓度为 3% 或更高时表现出热可逆胶凝行为。就凝胶模块的剂量依赖性而言，经淀粉酶改性的马铃薯淀粉在食品应用中可以作为明胶的可接受替代品。因此，经淀粉酶改性的马铃薯淀粉可以作为植物源明胶的替代品使用，特别是在不考虑凝胶透明度的情况下。作为动物源明胶的替代品，这种酶改性淀粉被用作素食者在软果冻和酒糖型糖果等糖制品中对明胶的替代品。经 4-α-葡聚糖转移酶（4αGTase）处理的淀粉作为食品原料越来越受欢迎，因为它们具有独特的热可逆凝胶特性。由于反复加热和冷却循环，这些热可逆凝胶类似于明胶，可以多次液化或硬化。此外，经 4αGTase 酶改性的淀粉可以在众多食品应用中替代明胶，包括果冻糖制品、口感改善的低脂乳制品和奶油质地。

四、低脂酸奶

水胶体是食品添加剂，能增强低脂奶制品的丰富度和口感。明胶因其热调节融化特性而被用于低脂酸奶中，但由于其动物来源，一些消费者群体不太接受。经淀粉酶处理的淀粉具有热可逆凝胶化特性，因此可以作为植物源的明胶替代品。淀粉酶处理过的淀粉的融化引发了其作为脂肪替代品的潜在功能，因为存在类似于脂肪颗粒微观结构的离散区域。对各种酸奶变体的感官研究显示，微量经淀粉酶处理的淀粉能将低脂酸奶（1.5%）的奶油感提升到全脂酸奶（5%）的水平，并作为有效的奶油增强剂在酸奶中发挥作用，同时将能量值（脂肪衍生）从 45.0kcal/100g 降至 21.5kcal/100g（1kcal = 4.186kJ）。这些经淀粉酶处理的淀粉在口腔中的物理融化产生的奶油感是由于物理融化和唾液淀粉酶水解的结合。经淀粉麦芽糖酶处理的淀粉比麦芽糖糊精有效 4 倍，后者通常用于脂肪含量为 3% 的凝固型酸奶中作为脂肪替代品。通过使用经淀粉亚硫酸和淀粉酶改性的马铃薯淀粉，可以保持低脂酸奶的质地和黏度。

五、油炸鸡块中油脂摄入量减少

食品行业已将重点转向更健康的选择。油炸能赋予产品一些重要且令人满意的特性，包括质地和色泽的形成、口感和风味。然而，烘焙方法无法完全复制油炸鸡肉块的独特品质。为了模仿油炸鸡肉块的品质，研究人员研究了在烘焙鸡肉块配方中使用酶处理过的淀粉作为传递油脂的手段。玉米（正常和蜡质）、水稻（长、中、蜡质）的淀粉通过淀粉酶水解至水解度为20%~25%，并涂上50%的菜籽油，以形成淀粉—油基质。酶处理过的淀粉的冷面糊黏度显著降低；然而，在整体配方中，酶处理过的淀粉与小麦粉相比，没有观察到明显的差异。淀粉酶酶解各种植物资源的淀粉，以创造一个多孔的表面，能够轻松吸收并将液体油供应到干燥的配方中，用于烘焙鸡肉块的应用。仅烘焙的鸡肉块通过使用包含来自不同来源的油包酶处理淀粉的涂层配方，其感官品质得到了提升，在酥脆口感和口感方面与传统的半烘焙和油炸鸡块样本相当。此类信息将通过跳过油炸阶段同时保持理想的油炸食品特性来提高垃圾食品的营养价值。

六、冰激凌中的脂肪替代品

酶改性和去支链的淀粉含有线性短链，表现出类似脂肪的碳水化合物，并能有效地替代脂肪以减少饮食中的热量摄入。鉴于总脂肪摄入量与心血管健康之间的人口统计学关系，高脂肪饮食由于热量摄入增加而增加了健康风险。在常见食品中用酶改性淀粉替代脂肪有助于降低与热量相关的健康风险。酶改性红薯淀粉在低热量冰激凌配方中作为脂肪替代物，可成功使用高达20%。用酶改性红薯淀粉替代的低脂冰激凌在感官上是可以接受的，其乳脂化和融化率较低。乳脂化和融化率的降低确实是由红薯淀粉的使用引起的，红薯淀粉具有黏性，可能会降低乳化能力。同时，它还显示出冰激凌混合物中总固形物和黏度的增加。用改性红薯淀粉替代脂肪，使冰激凌的脂肪含量从9.85%降低到7.9%，因此得出结论，酶改性红薯淀粉在冰激凌的配方中作为脂肪替代品能够得到很好的利用。

七、运动饮料中不良味道的掩盖

来自嗜热脂肪芽孢杆菌的葡聚糖转移酶分支酶被用于从淀粉中制造环状簇糊精，一种高度分支的环状糊精（HBCD），已被应用于运动饮料中，作为喷雾干燥的助剂，以及用于消除不良味道等。在活动期间，与其他基于碳水化合物的运动饮料相比，基于HBCD的运动饮料显著缩短了胃排空时间。参与者几乎没有不良的消化问题，并且也能够进行锻炼而不感到疲劳。

八、功能化合物的控释及封装剂

近年来,由于酶改性多孔淀粉在食品加工、制药、医疗保健、化学加工、化妆品、农业等领域的应用潜力,对其的研究兴趣日益浓厚。酶改性淀粉表面呈现出微小的孔隙,这些孔隙必须延伸到颗粒内部,这表明它们可用于食品中,以确保调味料、添加糖、香料以及芳香化合物的充分分泌,而不是保护氧化成分免受氧气和阳光的影响。经淀粉酶处理的淀粉会产生一种具有强大黏附性能的衍生物,主要应用于食品着色涂料中。酶水解淀粉的多孔形状在保持粉末状以方便加工的同时,可用于封装液体的吸收和控制释放。使用玉米淀粉改性淀粉和阿拉伯树胶作为壁材制备的微胶囊表现出显著的稳定性、对维生素 C 的保护作用,并且在消化道中持续释放。这可以用以下事实来解释:淀粉的酶处理会导致在微胶囊表面形成空洞;维生素 C 被困在这些空洞中,并被阿拉伯树胶进一步包囊。

水包油包水(W/O/W)乳液在食品工业中用于补充敏感的微量营养素、掩盖不良味道和控制释放化合物。然而,这些乳液的热力学不稳定性和不受控制的化学释放限制了它们在食品工业系统中的应用;因此,需要采取措施来提高它们的稳定性。有研究报告称,在 W/O/W 乳液中使用 $4\text{-}\alpha\text{-}$ 葡聚糖转移酶改性的淀粉可以提高其封装效率,并增强其对加热和剪切应力的稳定性,表明这些淀粉可以用于制备低表面活性剂浓度的 W/O/W 乳液。进一步研究了含有经 $4\text{-}\alpha\text{-}$ 葡聚糖转移酶改性的大米淀粉的 W/O/W 乳液在内部水相介质中对热、剪切、反复冻融等恶劣环境条件的稳定性,并对其封装效率进行了量化。由于 4-葡聚糖转移酶改性淀粉的热可逆凝胶形成能力,将 4% 的这些淀粉添加到微乳液的内水环境中,在热加工过程中保留了更多的封装效率,并提高了 W/O/W 乳液在剪切过程中的耐久性。4-葡聚糖转移酶处理过的淀粉中,有 10%~20% 的比例在极端温度下改善了颜色释放,使其适合用于温度触发释放的产品。这使得在食品行业中,可以使用 4GTase 处理过的淀粉来减少 W/O/W 微乳液中人工乳化剂(如聚甘油聚蓖麻油酸酯)的比例。有研究者使用 $4\text{-}\alpha\text{-}$ 葡聚糖转移酶对大米淀粉和玉米淀粉进行了改性,以制备改性凝胶,并进一步研究了它们的盐释放特性和封装效率。4αGTase 改性的大米和玉米淀粉凝胶的盐释放频率以及微乳液的封装效率和稳定性都受到凝胶的质量、数量和机械特性的影响。这 4αGTase 改性的淀粉凝胶减少了含 W/O/W 微乳液的氯化钠溶液的渗透溶胀，表明 4αGTase 改性的淀粉可用于构建具有增强稳定性的 W/O/W 微乳液凝胶，在食品和制药行业中可作为基于淀粉的新型封装剂。

九、药片黏合剂

通过普鲁兰酶或异淀粉酶制备的脱支淀粉具有出色的弹性模量特性。它们是一种出色的直接压片结合剂，能使药片具有高光泽、光滑的质地。它们可用于制备药物制剂，如胶囊和片剂，以实现活性剂的即时或延迟释放。用低、中、高程度脱支酶解改性的去支玉米淀粉显示出，去支玉米淀粉具有亲水性，这会导致形成具有强大凝胶网络的合适水凝胶，使其成为片剂中用作超崩解剂以延长活性药物释放的合适候选物。当去支玉米淀粉作为药物中的辅料使用时，它会在水相中在酶解改性的基于去支玉米淀粉的可咀嚼口服片剂顶部形成聚合物涂层，控制药物释放超过 12h。

十、早餐谷物的涂层

即食早餐麦片经过甜味剂涂层处理，以减少水分吸收，从而防止其在牛奶中变得软烂，延长其保质期。另外，过量摄入糖分与超重、高血压和龋齿有关，出于这些健康考虑，有必要寻找替代的涂层材料。使用异淀粉酶对具有不同直链淀粉含量的玉米淀粉进行脱支处理，以产生脱支淀粉，然后通过喷涂将其沉积在即食片状早餐麦片上，并评估其作为即食片状早餐麦片表面涂层材料的性能。结果显示，与未涂层和葡萄糖涂层早餐麦片相比，经过脱支淀粉涂层处理的早餐麦片在牛奶浸泡 3min 后，牛奶吸收量更低，脆度更高。此外，具有高直链淀粉含量的改性玉米淀粉涂层还增加了即食早餐麦片的膳食纤维含量。玉米淀粉的酶解去支处理使其具有疏水性，能够在水溶液中迅速形成凝胶网络。这提供了出色的屏障性能，使其能够被用作早餐谷物的涂层。使用酶解制备的去支淀粉来替代甜味涂层似乎是一个可行的选择。

十一、面条

酶改性导致淀粉水解成具有不同冻融和回生倾向的低分子量淀粉。这些改性淀粉可用于食品中，通过替代植物源性明胶来改善食品的质地品质。它们具有改善的凝胶结构和质地、更大的压缩力以及减少的凝胶破裂。酶改性淀粉已被报道具有增强的凝胶质地。李、崔等使用从挤压面条中分离出的热

稳定 α-淀粉酶和中温 α-淀粉酶来改性小麦淀粉。当酶被引入面团中，随后提取淀粉时，挤压面条显示出淀粉糊化和发达的孔隙结构，这有助于挤压面条的再水化和口感，与未使用酶的面条相比。他们建议使用浓度为 1.6 的 MS-αA 作为制作挤压面条的最佳选择。

参考文献

[1] 郁映涛，肖刘洋. 超声波结合酶解对玉米淀粉多层级结构及其吸附性能的影响 [J]. 食品科学，2024，45 (5)：174-183.

[2] 唐罗，周淑蓝. 小麦淀粉的酶法改性研究进展 [J]. 食品与发酵工业，2024，50 (8)：305-314.

[3] 程雯. β-淀粉酶对小麦淀粉结构特性、糊化性质及回生性质的影响研究 [D]. 无锡：江南大学，2022.

[4] Geetika, Goutam U, Kukreja S. Role of starch branching enzymes in regulating potato starch: an overview [J]. Plant Cell Biotechnology and Molecular Biology, 2021, 22 (1718): 102-107.

[5] Han Z, Han Y, Wang J, et al. Effects of pulsed electric field treatment on the preparation and physicochemical properties of porous corn starch derived from enzymolysis [J]. Journal of Food Processing and Preservation, 2020, 44 (3): 14353.

[6] Rha C-S, Kim H G, Baek N-I, et al. Using amylosucrase for the controlled synthesis of novel isoquercitrin glycosides with different glycosidic linkages [J]. Journal of Agricultural and Food Chemistry, 2020, 68 (47): 13798-13805.

[7] Villas-Boas F, Yamauti Y, Moretti M M, et al. Influence of molecular structure on the susceptibility of starch to α-amylase [J]. Carbohydrate Research, 2019 (479): 23-30.

[8] Guo L, Tao H, Cui B, et al. The effects of sequential modifications on structures and physicochemical properties of sweet potato starch granules [J]. Food Chemistry, 2019 (277): 504-514.

[9] Asiri S A, Flöter E, Ulbrich M. Enzymatic modification of granular potato starch-effect of debranching on morphological, molecular, and functional properties [J]. Starch-Stärke, 2019, 71 (9/10): 1900060.

[10] Lacerda L D, Leite D C, Soares R M D, et al. Effects of α-amylase, amyloglucosidase, and their mixture on hierarchical porosity of rice starch [J]. Starch/Stärke, 2018, 70 (11/12): 1800008.

[11] Li X, Wang Y, Lee B H, et al. Reducing digestibility and viscoelasticity of oat starch after hydrolysis by pullulanase from bacillus acidopullulyticus [J]. Food Hydrocolloids, 2018 (75): 88-94.